中国电子教育学会高教分会推荐
高等学校应用型“十三五”规划教材

大学计算机应用基础

主编　陈建铎　牛作领

参编　孙文高 张俊芳 薄博文

西安电子科技大学出版社

内 容 简 介

本书按照教育部“工科计算机课程教学指导委员会”对高等学校计算机基础教育课程的基本要求编写而成，主要介绍了计算机基础知识，Windows 7的功能与使用，Word 2010文字处理软件、Excel 2010表格处理软件、PowerPoint 2010演示文稿制作软件的功能与使用以及计算机网络基础与应用等内容。

本书既可作为高等学校本科及各类专科学生学习计算机基础知识的教材，也可作为公务员及各类企事业单位工作人员的培训教材。

图书在版编目(CIP)数据

大学计算机应用基础 /陈建铎，牛作领主编. —西安：西安电子科技大学出版社，2017.8(2018.7重印)
(高等学校应用型“十三五”规划教材)
ISBN 978-7-5606-4651-0

Ⅰ. ① 大… Ⅱ. ① 陈… ② 牛… Ⅲ. ① 电子计算机—高等学校—教材 Ⅳ. ① TP3

中国版本图书馆CIP数据核字(2017)第193246号

策　　划　李惠萍
责任编辑　李惠萍　马静
出版发行　西安电子科技大学出版社(西安市太白南路2号)
电　　话　(029)88242885　88201467　　邮　　编　710071
网　　址　www.xduph.com　　电子邮箱　xdupfxb001@163.com
经　　销　新华书店
印刷单位　陕西天意印务有限责任公司
版　　次　2017年8月第1版　2018年7月第2次印刷
开　　本　787毫米×1092毫米　1/16　印　张　16.5
字　　数　388千字
印　　数　5001～9500册
定　　价　34.00元
ISBN 978-7-5606-4651-0/TP
XDUP　4943001-2

前　言

随着中学计算机课程的开设与学习，多数高中毕业生已经初步掌握了一些计算机知识和应用技能。但是经调查，绝大多数学生仅了解一些上网和 Word 文字录入技术，对于较深层次的知识和技能依然欠缺。因此有必要在大学一年级继续给新入学的学生开设“大学计算机应用基础”课程。而且，计算机信息技术发展很快，应用软件的版本不断更新，让刚入学的大学生尽快掌握计算机的最新知识、最新软件应用技术，就显得更有必要。

本书按照教育部“工科计算机课程教学指导委员会”对高等学校计算机基础教育课程的基本要求编写而成。通过对本书的学习，学生可以尽快掌握计算机的最新知识和应用技能。

由于各个学校对计算机基础课程的学时限制比较多，分配的课时比较少，因而本书共设 6 章，主要介绍计算机的基础知识以及常用办公软件和网络技术。各章配有上机实习，把理论知识与实践教学融为一体。第 1 章计算机基础知识，主要介绍计算机的产生与发展、计算机系统组成、计算机中数的表示、计算机病毒与数据安全；第 2 章 Windows 7 的功能与使用，主要介绍 Windows 7 基本功能、基本操作、文件与文件管理、Windows 7 系统设置和 Windows 7 常用软件的使用；第 3 章 Word 2010 的功能和使用，主要介绍 Office 的组成与特点、Word 2010 基本功能、Word 文档的基本操作、表格处理、图文混排、高级排版与管理以及文档打印；第 4 章 Excel 2010 的功能与使用，主要介绍 Excel 2010 的基本功能、工作表与工作簿、公式与函数、数据图表、数据清单以及数据透视表；第 5 章 PowerPoint 2010 的功能与使用，主要介绍 PowerPoint 2010 的特点、演示文稿的基本操作、制作、外观设计、放映以及演示文稿的输出；第 6 章计算机网络基础与应用，主要介绍计算机网络的基本概念、计算机网络互联、Internet 基础、Windows 7 中网络的连接与使用以及 FTP 文件传输。

在编写本书过程中，我们把基本概念、软件功能、常用命令及最新技术融合在一起，努力做到语言简练、通俗易懂。通过上机实习，使读者边学边练，达到理论联系实际和学以致用的目的。

书中第 1 章由牛作领编写，第 2 章由孙文高编写，第 3、4 章由薄博文编写，第 5 章由张俊芳编写，第 6 章由陈建铎、牛作领共同编写。全书由陈建铎、牛作领统稿、审校。

由于编者水平有限，书中难免存在疏漏之处，恳请广大教师、同行专家及各位读者批评指正。

编　者

2017 年 6 月

目　录

第 1 章　计算机基础知识

教学目的

☑ 了解计算机的产生、发展及其应用领域
☑ 熟悉计算机系统的组成
☑ 掌握计算机中数的表示方法
☑ 了解计算机病毒的相关知识及预防病毒的常用方法

1.1　计算机的产生与发展

1.1.1　计算机的产生

在历史长河中，人类发明和创造了许多算法与计算工具。例如，我国唐宋时期发明了算盘，欧洲 16 世纪出现了计算圆图、对数计算尺等。1642 年法国物理学家帕斯卡(Blaise Pascal)发明了齿轮式加法器。1822 年英国剑桥大学教授查尔斯·巴贝奇(Charles Babbage)提出了“自动计算机”的概念，并于 1834 年设计出一台分析机，分析机由输入装置、处理装置、存储装置、控制装置和输出装置组成。1847 年英国数学家乔治·布尔(George Boole)创立了逻辑代数。1944 年由美国哈佛大学霍华德·艾肯(Howard Aiken)设计，IBM 公司制造并投入运行的 Mark I 计算机，是按巴贝奇的设计思想制造的，它是现代电子数字计算机的雏形。这一时期，数学家冯·诺依曼(John Von Neumann)提出了“存储程序”的思想。

1946 年 1 月，美国科学家研制成的第一台电子数字计算机“埃尼阿克(ENIAC，Electronic Numerical Integrator And Calculator)”，使用了 18 800 多个电子管、1500 多个继电器，占地 170 m^2，重 30 t，功率为 150 kW，内存储器容量为 17 KB，字长 12 位，每秒可进行 5000 次加法运算。但由于存储器容量小，没有完全实现冯·诺依曼“存储程序”的思想。1951 年，在冯·诺依曼的亲自主持下研制成功的 EDVAC(Electronic Discrete Variable Automatic Computer)计算机，完全实现了“存储程序”的思想，故称之为冯·诺依曼计算机。

1.1.2　计算机的发展历程

自第一台计算机问世以来，计算机经历了 5 次大的更新换代，主要标志是构成硬件系统的器件和计算机系统结构的变化。

第一代，1946—1957年，主要器件是电子管和继电器，内存储器使用的是延迟线，外存储器使用的是穿孔纸带和卡片，编程语言是最基本的机器语言和汇编语言。

第二代，1958—1964年，主要器件是晶体管，内存储器使用的是磁芯存储器，外存储器使用的是磁鼓、磁带和磁盘，编程语言是汇编语言和高级语言，比如FORTRAN、COBOL和ALGOL等。

第三代，1965—1971年，主要器件是小规模集成电路，内存储器仍以磁芯存储器为主，外存储器使用的是磁盘和磁带，编程语言使用的高级语言种类增加，功能增强。

第四代计算机(1972至今)，主要器件是大规模或超大规模集成电路，内存储器使用的是半导体存储器，外存储器使用的是磁盘、磁带和光盘。

在第四代计算机产生数年后人们又期待第五代计算机的诞生，但是又认为不能再单纯用电子器件的规模来衡量计算机的发展，需要在性能上有大的突破，于是开始了智能化计算机的研究。近年来，出现了生物计算机、量子计算机和光子计算机的研究。

我国自1956年开始研制计算机，1958年研制成功第一台电子管计算机，1964年研制成功晶体管计算机，1971年研制成功集成电路计算机，1983年研制成功每秒运算1亿次的“银河-Ⅰ”巨型机，之后又相继研制成“银河-Ⅱ”、“曙光”、“天河”等高性能的系列计算机。

1.1.3 计算机的应用领域

最初，计算机主要用于科学计算，但是随着科学技术和人类社会的发展，计算机又广泛用于自动控制、数据库与信息管理、邮电通信、计算机辅助工程、人工智能等很多方面。

1. 科学计算

科学计算是指用计算机解决科学研究和工程设计中所提出的数学问题，比如高能物理研究、地震预测、大型工程设计、气象预报以及航空航天等领域提出的计算问题。在此基础上，相继派生出计算力学、计算物理、计算化学和生物控制论等新兴学科，它们都是在计算机的支持下发展起来的。

2. 自动控制

计算机具有很强的数值计算与逻辑分析能力。因此在现代自动控制中，计算机是其控制中枢。比如自动化生产线、无人工厂、航天飞行器、无人机、水下潜艇、航空母舰以及GPS定位等，都是依靠计算机进行控制的。

3. 数据库与信息管理

计算机有很强的信息存储和处理能力，用于数据库与信息管理。比如户籍与人事档案管理、金融与银行业务、情报检索与处理、财务管理、物流、计划、统计等，都是依靠计算机提供的数据库和信息管理技术进行操作的。

4. 邮电通信

计算机与通信技术结合，促进了计算机网络的实现，也推动了邮电事业的发展。如今各种跨地域的邮电通信、卫星通信以及其中的大型交换机，都是由计算机进行控制的，通过互联网络，可传送电子邮件、信函，进行可视化通信等。尤其是当前漫游全球的手机通信都是依靠嵌入式微处理器实现的。

5. 计算机辅助工程

计算机辅助工程包括三个方面，即计算机辅助设计、计算机辅助制造和计算机辅助教学。

1) 计算机辅助设计(CAD，Computer Aided Design)

计算机辅助设计是指利用计算机的计算和图形处理功能进行工程设计，最后输出图纸。它是一门新的学科，可进行各种几何形体的建模、绘图、机械零部件设计、电路设计、建筑结构设计以及力学分析等。

2) 计算机辅助制造(CAM，Computer Aided Manufacturing)

计算机辅助制造可分为广义CAM和狭义CAM。广义CAM是指利用计算机完成从原材料到产品的全部制造过程以及产品的成本核算与管理。狭义CAM是指利用计算机控制制造过程中的某些环节。比如数控机床，是根据操作员输入的工艺流程的数据和程序对工件进行加工和处理的。

3) 计算机辅助教学(CAI，Computer Aided Instruction)

计算机辅助教学把计算机作为一种新型媒体，用于教学和教学管理，比如网上教学、远程教育、汽车/飞机/航天飞行器驾驶员培训、国防模拟战场演练等。

6. 人工智能

人工智能是用计算机模拟人脑的智能行为，使其具有逻辑思维、逻辑推理、自主学习和知识重构的能力。人工智能的研究领域包括模式识别、知识工程、机器学习、自然语言处理、智能机器人和神经网络等。

7. 互联网与物联网

互联网是计算机与通信技术相结合的产物，已经成为集文本、声音、图像及视频等多种媒体信息于一体的全球化信息资源系统，可实现一个地区、一个国家甚至全球计算机软硬件资源的共享。通过互联网，可“漫游世界”、收发电子邮件、搜索信息、传输文件、实现网上购物及网上办公等。物联网用计算机网络把各种具有网络接口的设备连接起来，实现全方位的信息管理与控制。

8. 图形图像及音频信号处理

通过信息处理、模式识别、遥感以及互联网等技术，可以实现图形图像及音频信号处理，比如文物与破损照片复原、指纹/相貌识别、大地测量、交通安检以及多媒体影像等。

9. 电子商务与电子政务

1) 电子商务

电子商务(Electronic Commerce)是计算机信息管理在商业领域中的实现，通过计算机网络进行商务活动，实现网上购物、商品交易和在线电子支付等商业运营活动。

2) 电子政务

电子政务是计算机信息管理在政府部门实现自动化办公的过程。它用现代信息网络和数字技术实现公务、政务、商务、事务等一体化的管理与运行。电子政务使政府可跨越部门、超越空间和时间进行业务流程再造和协同办公，为民众提供完整而便利的服务。

10. 智能仪器仪表与家用电器

智能仪器仪表是把各种测量技术与计算机结合起来，采用人工智能技术把信号测量、分析、综合处理结合起来，从而构成智能化的仪器仪表，再配以通信接口，可与控制网络连接。另外，如今许多家用电器、影像设备以及儿童玩具等都引入了嵌入式微处理器，实现了人们常说的“电脑控制”。

当前计算机无处不在、无处不用，与我们的工作、学习乃至日常生活息息相关。

1.1.4 计算机的主要分类

现代计算机的分类方法很多，依据不同的分类方法有不同类型的计算机。

(1) 按照数据表示方式和处理对象的不同，计算机分为模拟计算机和数字计算机。

模拟计算机是用连续的模拟信号表示物理量，并对其进行加工处理。数字计算机是用离散的电信号(也称为脉冲信号)表示物理量，以此产生数字信号，并对数字信号进行加工处理和计算。目前人们所说的计算机主要是指数字计算机。

(2) 按照用途的不同，计算机分为通用计算机和专用计算机。

专用计算机是指专为解决某一特定问题而设计制造的电子计算机，一般有固定的程序，例如专用工业控制计算机、语言翻译机、收款机、游戏机等。

通用计算机是指各个行业都能使用的计算机，不但能用于科学计算、信息处理，还能用于图形图像处理、网页动漫设计、上网查询资料等。

(3) 根据规模的不同，计算机可分为巨型机、大型机、小型机、微型机和嵌入式计算机。

巨型机主要指计算机的规模大，字长长，存储器容量大，指令功能齐全，采用多 CPU 结构，运算速度快，综合处理能力强。大型机次之，中、小型机再次之。微型计算机体积小、携带方便，主要有台式计算机、笔记本电脑、单片机和嵌入式计算机。所谓嵌入式计算机，一种是嵌入式芯片，与其他电子线路连接，构成计算机应用系统；另一种是把计算机的主要部件直接嵌入到其他集成电路的芯片中去，实现计算和控制功能。

随着微电子技术的发展，巨型机以及大、中、小型计算机之间的界线越来越模糊，今天的大型机明天可能变成中、小型机，今天的小型机明天可能变成微型机、单片机。

1.1.5 计算机的主要性能指标

计算机已经成为人们工作和生活中必不可少的工具，其主要性能指标有字长、存储器容量、运算速度和主时钟频率等。

1. 字长

字长是指计算机一次能直接处理的二进制数的位数，它与计算机中的运算器密切相关。字长越长，计算精度越高。常见的字长有 8 位、16 位、32 位、64 位及 128 位等。

2. 存储器容量

存储器以字节为单位。由于存储器容量一般都很大，常用千字节(KB)、兆字节(MB)或吉字节(GB)来表示。

3. 运算速度

运算速度是指计算机每秒执行基本指令的条数，基本单位是次/秒，常用单位是百万次/秒、千万次/秒、万亿次/秒、千万亿次/秒等，常用表示方式是 MIPS(百万次/秒)。

4. 主时钟频率

主时钟频率简称主频，是 CPU 正常工作时的时钟频率，基本单位是 Hz，常用表示方式是 MHz 或 GHz。一般来讲，主频越高，CPU 的速度也就越快。

此外，常用的性能指标还有功耗、无故障率、电源电压以及软件兼容性等，这里不再一一介绍。

1.1.6　计算机的发展趋势

计算机技术是当前发展最快的科学技术之一，未来的发展趋势主要是巨型化、微型化、网络化、智能化、多媒体化和新型计算机体系结构。

1. 巨型化

巨型化是指计算机向大规模、高速度、大存储量的超级大型计算机方向发展，它是一个国家实力的象征，用于军事及尖端科学技术领域。

2. 微型化

微型化是指进一步减小计算机的体积，增强其功能，降低其价格。对于嵌入式计算机，可进一步增强其功能，便于与其他电子线路连接，提高系统功能。

3. 网络化

网络化，一是增进计算机的网络功能，便于快捷联网，共享网络资源；二是设计高性能的网络设备，以构成各种规模和用途的计算机网络。目前所说的物联网，就是计算机网络的发展和延伸。

4. 智能化

智能化是让计算机模拟人的行为，使计算机具有学习、思维、逻辑判断和知识积累等功能，进而实现人脑的功能。计算机与机械设备结合可构成机器人，能够对受控对象实现智能化控制与管理。

5. 多媒体化

多媒体化是指利用计算机把文字、声音、图形、图像等多种媒体信息综合为一体，并进行加工处理，广泛用于计算机辅助教学、工程设计、电子图书、商业运营、家庭影院、远程医疗、视频会议、现场实时监控等方面。

6. 新型计算机体系结构

新型计算机体系结构是指使用新的设计思想、新的器件和结构方式，研制全新型的电子计算机，比如光子计算机、生物计算机和量子计算机等。

1.2 计算机系统组成

计算机系统是由计算机硬件系统和计算机软件系统组成的，如图 1.1 所示。

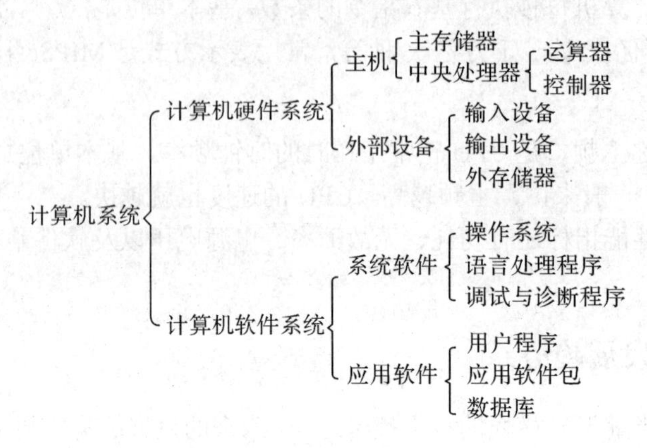

图 1. 1 计算机系统组成

1.2.1 计算机硬件系统基本组成

计算机硬件系统，由运算器、控制器、存储器、输入设备和输出设备等五个部分组成，如图 1.2 所示。

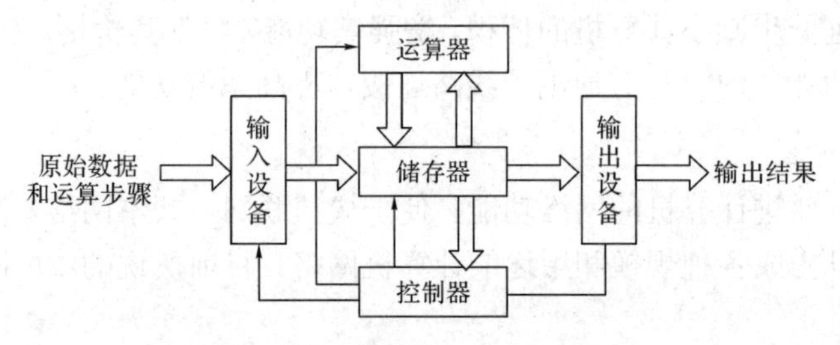

图 1.2 计算机硬件系统基本组成

1. 运算器

运算器也称为算术逻辑部件(ALU，Arithmetic and Logic Unit)，主要由寄存器、加法器和控制电路组成，用来实现算术与逻辑运算。其中算术运算包括加、减、乘、除；逻辑运算包括“与”、“或”、“非”等。运算器一次所能处理的数称为一个字，用二进制的形式表示，其位数称为字长，比如 8 位、16 位、32 位和 64 位等。

2. 控制器

控制器用来对指令进行译码，并按译码结果向有关部件发控制信号，即执行指令。运算器、控制器合称为中央处理器(CPU，Central Processing Unit)。由于中央处理器常制作在一块集成电路芯片中，因此又称为微处理器(MPU)。人们常说的 80486、Pentium IV、Itanium 等，表示的就是微处理器。

3. 存储器

存储器是用来存储程序和数据的部件，与中央处理器合称为主机。它由许多存储单元组成，每个单元有一个编号，称为地址。对于位数多的数据分段存储，每段 8 位，称为一个字节。存储器以字节为基本单位，所有字节单元的总数称为容量，常以 KB(1024 个字节)、MB(兆，1 048 576 个字节)或 GB(KMB)表示。

设置在计算机内部，由 CPU 直接存取的存储器称为内部存储器或者主存储器，简称为内存或主存，主要用来存放正在运行的程序或正在被处理的数据。由于内存容量一般较小，常在外部配以容量更大的存储器，称为外存储器或者辅助存储器，简称为外存或辅存，比如常见的磁盘、磁带及光盘等。

4. 输入设备

输入设备是用来向计算机输入程序、数据和命令的设备。它把输入的数据、程序或命令字转换成二进制代码，输入给计算机。常用的有键盘、鼠标器等，多媒体计算机常配有话筒、手写板、摄像机、扫描仪等输入设备。

5. 输出设备

输出设备是用来输出计算机运算结果、程序清单或加工处理后的结果的设备。常用的有显示器、打印机、绘图机、投影仪等。

输入设备和输出设备统属外围设备，简称为 I/O(Input/Output)设备，也是计算机的重要组成部件。

上述五个组成部分是计算机的主要硬件设备，由公用线路连接，这些线路称为总线(Bus)。总线按功能分为数据总线(DB，Data Bus)、地址总线(AB，Address Bus)和控制总线(CB，Control Bus)，分别用来传送数据、地址和控制信号。

1.2.2　常用微型计算机硬件系统

常用微型计算机硬件系统如图 1.3 所示，由主机箱、显示器、键盘、鼠标和音响设备构成。

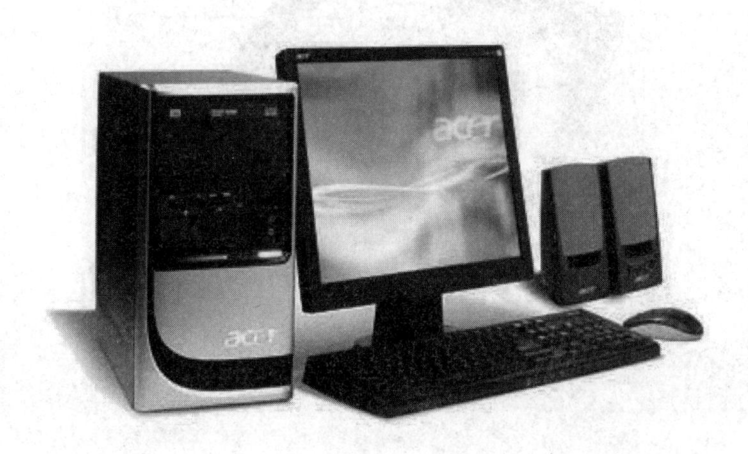

图 1.3　常用微型计算机硬件系统

显示器、键盘、鼠标和音响设备统称为外围设备。若需要打印输出，可配置打印机、绘图仪；若需要联网，还可配置调制解调器等通信设备。各组成部件通过专门的电路连接，这种电路统称为总线。

1. 主机箱

在微型计算机系统中，中央处理器、主存储器等芯片安装在一块印刷电路板上，称为主机板，简称主板，放在一个机箱内，这个机箱称为主机箱。在主机板上有若干个接口插座(也称为插槽或槽口)，可插入与打印机、显示器、磁盘驱动器等设备连接的接口电路板，即适配器或称接口卡。目前，常把接口电路直接设计在主板上，称为大板结构。

在主机箱内除了主机板外，还有硬盘驱动器、光盘驱动器、电源、扬声器和用于散热的电风扇。主机板和主机箱统称为主机。

在主机箱的正面设有光盘插口，可插入光盘盘片。在主机箱的正面和背面有多个插口，用来与键盘、鼠标、显示器、打印机、U 盘或通信设备连接。

2. 外存储器

外存储器也称辅助存储器(简称为外存或辅存)，容量大，用来存放暂不执行的程序和不被处理的数据。常用的有硬盘、U 盘和光盘，关机后数据不会丢失，是计算机必不可少的辅助存储器。

开机时，外存储器中的程序和数据调入主存；关机时，有用的程序和数据送外存储器保存。

1) 硬盘存储器

硬盘是构成计算机系统的主要外部存储器，如图 1.4 所示。硬盘主要由磁头、盘片、驱动器和读/写控制电路组成。盘片用硬质材料制成，上面涂敷磁性材料，用来记录二进制数据，典型产品是采用温彻斯特技术制成的温氏盘。硬盘把磁头、盘片、磁头、导轨以及主轴等封装成一个整体。

图 1.4　硬盘结构图

盘片常以每分钟 3600 转、5400 转或 7200 转的速度旋转，最高已达每分钟 10 000 转，通过浮在盘面上的磁头记录读取数据。盘片旋转时，在磁头的下面划出一个圆，称为磁道，数据记录在磁道上。磁头处在不同的位置，可划出一道道同心圆(磁道)。全部磁道从外向里编号，称为磁道号。每个磁道分成若干段，每段称为一个扇段，所有同一区域的扇段构成扇形，因此扇段也称为扇区。通常，一个扇区的容量为 512B。一般磁盘多采用多盘片多磁头结构，各盘片同轴旋转。这样，各磁头下面的磁道就构成一个柱面。在记录数据时，某一盘片的一条磁道记录满后，不移动磁头，而把剩余数据记录到同一柱面的其他盘片上。因此硬盘的地址顺序是：柱面号、盘面号和扇区号。若一个扇区的容量为 512 个字节，那么硬盘容量为

$$512B \times 磁头数 \times 柱面数 \times 扇区数$$

目前，用于微型计算机的硬盘的容量一般在数百 GB 以上，通过专门的接口与主机连接，常见接口有 IDE、EIDE、UltraDMA 和 SCSI 接口等。其中前三种采用美国国家标准协会(ATA)的标准，因此也称 IDE/ATA 接口。

2) 光盘存储器

光盘存储器由光盘盘片和激光器构成，外形如图 1.5 所示。它利用激光的单色性和相干性，使数据通过调制激光聚焦到记录介质上，读出时，利用低功率的激光扫描数据轨道(亦称为光道)，再对反射光检测、解调，以获取数据。

图 1.5　光盘存储器

光盘的存储密度高，价格低廉，其盘片易于更换，使用寿命长，一般在 10 年以上，而数据传送速率较低。从使用的角度来看，光盘可分为以下几种：

① 只读存储光盘(CD-ROM)，由一种称作母盘的原盘压制而成，可以复读不能再写，一般存储容量在 650～760 MB 左右。比如市面上的视频录像盘、数据音响唱盘等。CD-ROM 由厂商制作，常镀膜保护。

② 一次写入光盘(WROM)，可刻录一次。若一次没有刻满，可以追加续刻。写入后可以反复读出，一般容量为 650 MB。

③ 可擦重写(ReWrite)光盘，记录的数据可以擦除，然后再写。擦除和写入分别由两束激光、分两次完成，比如 MO 光盘、PD 光盘、CD-RW 光盘等，其价格比较高。

④ 直接重写(OverWrite)光盘，仅用一束激光，一次完成擦除和写入，根据介质的工作机理可分为相变型光盘和磁光型光盘。

⑤ 数字视频光盘(DVD，Digital Video Disk)，集计算机技术、光学记录技术和影视技

术于一体，满足了人们对大存储容量、高性能的存储媒体的需求，单片容量可达 4.7～17.7 GB。

3) 可移动存储器

可移动存储器是指目前广泛使用的轻便可移动存储器。常用的有 U 盘存储器和移动硬盘，如图 1.6 和图 1.7 所示。可移动存储器体积小，重量轻，存储容量大，断电后数据不丢失，经 USB 接口与主机连接，使用方便。其中 U 盘存储器采用一种 Flash Memory 集成电路芯片来存储数据，寿命长，可擦写 10 万次以上。

图 1.6 U 盘存储器

图 1.7 移动硬盘

3. 输入设备

输入设备是用来向计算机输入程序和数据的设备，常用的有键盘、鼠标和扫描仪。

1) 键盘(Keyboard)

键盘是微型计算机中最主要的输入设备，用来输入程序、数据和操作命令，以实现对计算机的控制。它通过 5 针插头与主机板上的 COM 接口相连，以串行方式传输数据。目前用得较多的是 101 标准键盘，如图 1.8 所示。

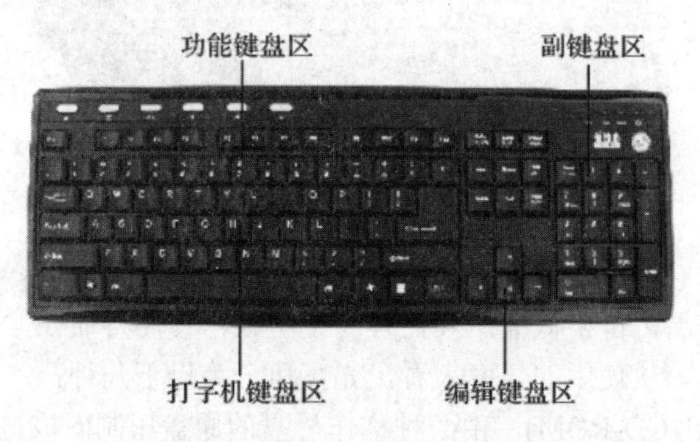

图 1.8 键盘

根据按键功能，101 标准键盘可分为 4 个区。

(1) 功能键盘区有 12 个功能键 F1～F12，这些键在不同的软件系统中有不同的定义，用户也可以根据需要自行定义。

(2) 打字机键盘区，也称为字符区，包括以下几类：

字母键：英文字母 A～Z，a～z；

数字键：0～9；

运算符号键：+，-，*，/，(，)，<，>，=；

特殊符号键：!，#，$，&，_，%，{，}，[，]，?，\，·，|，、，'，" 等；

特殊功能键：Ctrl、Alt、Del、Enter、Space、Shift、Esc、Tab、CapsLock、Backspace 等。

(3) 副键盘区(也称为数字小键盘区)有 10 个数字键和运算符号键，另外还有回车键和一些控制键。所有数字键均有上下两种功能，由数字锁定键 Num Lock 选择。该键按下，指示灯亮，选择按键上面的数字；再按一次，指示灯灭，选择按键下面的功能符号。

(4) 在编辑键盘区、打字机键盘区和数字小键盘区有许多用于编辑或控制的功能键，作用如下：

Ctrl 控制键，主要与其他键配合组成复合控制键，例如同时按下 Ctrl 和 C 键，终止当前程序运行，同时按下 Ctrl、Alt、Del 三个键，使机器重新启动(热启动)。

Alt 交替换挡键，与其他键组合成特殊功能键或复合控制键，例如与功能键 F1 组合终止程序运行。

Del 删除键，删除光标右边的字符。

Ins 插入键，在光标处插入若干个字符，光标右移。

Enter 回车键，又称换行键，结束输入一行的操作，光标移到下一行行首。

Space 空格键，每按一次，光标右移，留下一个空格；与 Ctrl 键配合使用，可进行中英文输入方式切换。

Esc 强行退出键，在菜单命令操作中按该键，退出当前操作。

Tab 制表定位键，一般定 8 个字符位，按该键，光标右移(或者左移)8 个字符位。

Shift 上挡键，对于具有双重字符的按键，同时按下该键，选择按键上面的符号，若不同时按下该键，选择下面的字符。

CapsLock 大小写字母锁定键。字母输入时，按下该键，指示灯亮，选择大写；再按该键，指示灯灭，选择小写。

Backspace 退格键，每按一次，光标及右边的字符向左退回一格，光标处原来字符被删除。

Scroll Lock 屏幕锁定键，按下该键屏幕停止滚动，再按该键继续滚动。

Print Screen 屏幕打印键，按下该键屏幕显示的内容送打印机打印。

Pause Break 暂停键，按下该键暂停执行程序或命令，再按任意键，恢复执行。

←　光标左移一格。

→　光标右移一格。

↑　光标上移一行。

↓　光标下移一行。

Home　光标移到屏幕左上角或文件开始处。

End　光标移到屏幕末行或文件末尾。

PgUp　屏幕显示上一页。

PgDn　屏幕显示下一页。

Num Lock　数字小键盘上下两种功能选择。

2) 鼠标器(Mouse)

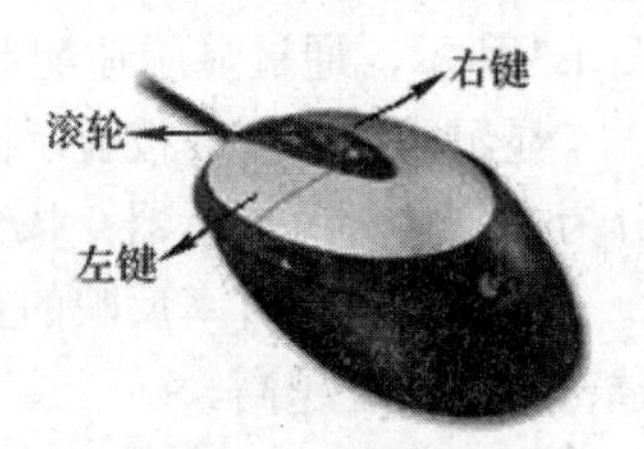

图 1.9　鼠标器

鼠标器简称鼠标，如图 1.9 所示，是一种手持式快速屏幕坐标定位设备，通过专用电缆与主机箱上的串行插口连接，借助于屏幕，输入人们所需要的信息，使用方式分为移动、按击和拖曳。鼠标在桌面或专用平板上滑动，光标在屏幕上同步移动，光标位置确定后可按鼠标上的确认键，完成一次信息输入操作。

目前使用的主要是三键鼠标。各键的功能由所使用的软件定义，一般而言，左键是确认键，右键是快捷菜单键或专用功能键，中键是屏幕滚动键。从结构和制造原理上分，鼠标有多种类型，常用的是光电式鼠标。

3) 扫描仪(Scanner)

扫描仪是用来输入文稿、图片、照片、胶片的设备。目前扫描仪的种类很多，比如平板式扫描仪、手持式扫描仪、滚筒式扫描仪、馈纸式扫描仪、工程图纸扫描仪、底片扫描仪、3D 扫描仪、笔式扫描仪、条码扫描仪以及实物扫描仪等。

扫描仪主要由光学部件、机械传动部件和转换电路组成，在相应软件的支持下，对文稿、图片等进行扫描。其中平板式扫描仪如图 1.10 所示，可用多种接口与主机板连接，目前使用较多的是 USB 接口。在机械传动部件的带动下，它的光源和感光器从平板的一端移动到另一端，即对稿件进行预扫描，确定目标物的位置，然后再进行实际扫描。扫描仪的主要性能指标有分辨率、灰度层次、扫描速度和扫描幅面等。其中分辨率是指每英寸多少个像素点，单位是 DPI。

图 1.10　平板式扫描仪

在输入设备中，除了上述键盘、鼠标器和扫描仪之外，常见的还有字盘阅读器、书写器、光笔、游戏摇杆等；在构成多媒体计算机时，还有语音输入器、录音机、摄像机、数字照相机、光盘等；作为网络终端时，还需配置调制解调器或网卡等。

4. 输出设备

输出设备是用来将计算机处理的结果，以人们能够识别的方式表现出来的设备，主要有显示器、打印机，对于工程设计和多媒体计算机，还有绘图仪及音频和视频输出设备。

1) 显示器

显示器又称为监视器，用来显示用户输入的数据、程序、命令或计算机的运算结果。目前台式计算机多采用 CRT 显示器或液晶显示器，笔记本式计算机采用液晶显示器，如图 1.3 所示，通过显示适配器与主机连接。

显示器的类型：按显示内容可分为字符显示器、图形显示器和图像显示器；按颜色可分为单色和彩色显示器；按分辨率可分为高、中、低三挡。

分辨率：分辨率反映的是显示器的清晰度。字符和图像是由一个个像素组成的，像素越密，清晰度越高。

低分辨率：300 × 200 左右。

中分辨率：640 × 350 左右。

高分辨率：640 × 480，1024 × 768，1280 × 1024 等。

显示适配器也称为显卡，常用类型有 VGA、Super VGA、TVGA、AGP 等，支持高分辨率彩色显示，显示色彩 256/1024 种以上。当显示色彩在 1024 种以上时，称为真彩显示。目前的多媒体微型机多采用 AGP 图形加速卡，分辨率为 800 × 600、1024 × 768 和 1280 × 1024，可实现真彩显示。

2) 打印机

打印机主要分为击打式的针式打印机和非击打式的激光打印机与喷墨打印机。目前，主要使用的是激光打印机和喷墨打印机。

(1) 激光打印机采用的是类似于复印机的静电照相技术，其组成如图 1.11 所示，主要有感光鼓、激光器、充电器、消电清除器、碳粉盒、显像辊、转印轮、走纸机构等。它把打印内容(字符、图形、图像)转换成感光鼓上以像素组成的位图，再转印到纸上。

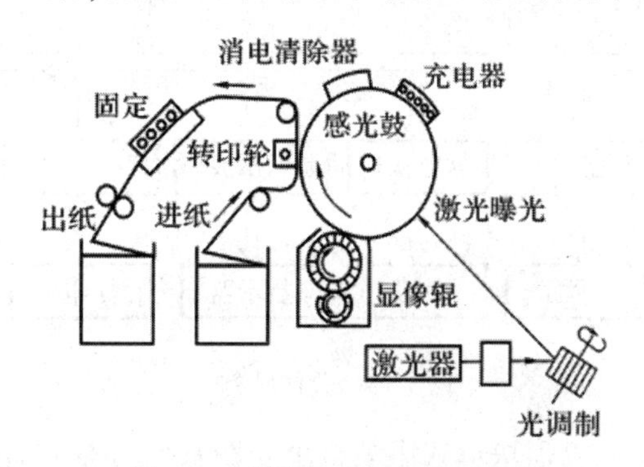

图 1.11　激光印字机组成示意图

由于激光打印机是通过转印的方式印字，因此也称为印字机。例如 EPSON 系列打印机速度快、噪声低、精度高，分辨率为 600～1200 dpi，打印速度为 12～120 ppm。

(2) 喷墨打印机体积小，打印噪音低，使用专用纸可打印出与照片相媲美的图片。其组成如图 1.12 所示，主要由打印头、打印头移动机构以及走纸装置组成。其核心是打印头，由喷头和墨盒组成。

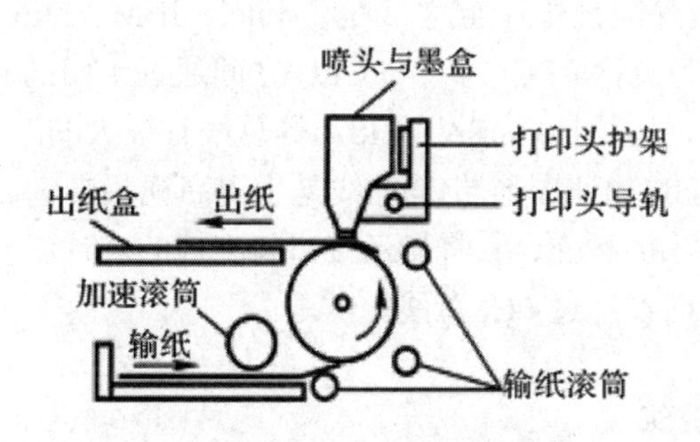

图 1.12　喷墨打印机组成示意图

目前，喷墨打印机按喷头的工作方式，可分为压电式喷墨和热喷墨两大类型；按照墨汁的材料性质，又可分为水质材料、固态油墨和液态油墨等类型，分辨率一般在 1440 dpi 以上。

除了上述几种常用输入/输出设备外，多媒体计算机还可配置摄像机、录像机、录音机、电视机、音响设备等；在计算机通信中，可使用调制解调器、数传机作为输入/输出设备。另外，相对于主机，外存储器磁盘、光盘、磁带也可以视为输入/输出设备。

5. 总线结构与常用系统总线标准

1) 总线结构

所谓总线结构，是把组成计算机的各组成部件通过专门的电路连接起来，以实现信息传送。其中传送数据的称为数据总线，传送地址的称为地址总线，传送控制信号的称为控制总线，三者统称为“总线”。总线结构如图 1.13 所示。

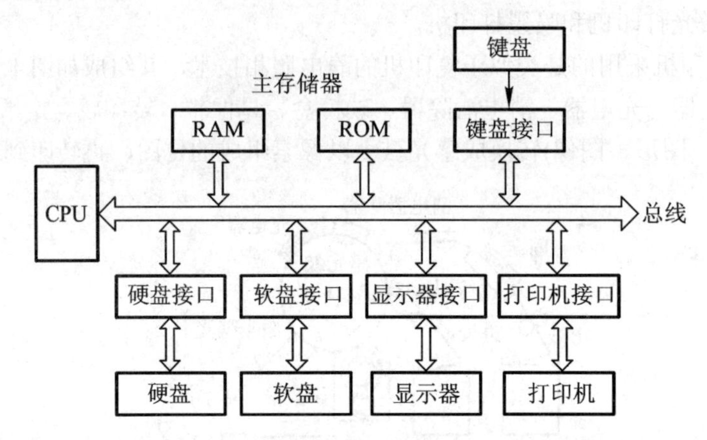

图 1.13　总线结构

采用总线结构，可实现以模块形式组装整个硬件系统的各个部件，便于扩充和维护。

2) 常用系统总线标准

系统总线在结构形式和传输速率等方面需要遵循统一的标准，常用标准有 ISA 总线、PCI 总线和 AGP 总线。

(1) ISA 总线。ISA(工业标准结构)总线是早期个人计算机采用的 8 位系统总线标准，以后把数据线扩充到 16 位，目前，该标准已经很少使用。

(2) PCI 总线。PCI(外围设备互连)总线是由 Intel、IBM、DEC 公司所制定的外围设备互连总线标准，目前广为流行。PCI 总线与 CPU 之间通过专门的芯片组进行连接，匹配性强，速度快，稳定性好，比早期的 ISA、EISA 等总线有很大的改善。

(3) AGP 总线。AGP(加速图形端口)总线是为提高视频带宽而设计的总线标准。AGP 总线实际上是对 PCI 技术的扩充，它将显示接口与主板的芯片组直接相连，让图形或影像数据直接传送到显示卡而不经过 PCI 总线。

1.2.3 计算机软件系统

软件泛指计算机中的程序和数据。从使用的角度来看，软件分为两类：一类是用来管理计算机，协调其内部工作的程序，称为系统软件；另一类是为解决某些问题，方便用户使用，或根据用户的需要而设计的程序或者建立的数据库，称为应用软件。

系统软件包括操作系统、语言处理程序和一些服务性程序。

1. 系统软件

1) 操作系统

操作系统(OS，Operating System)是计算机软件中的核心程序，用来管理计算机中的硬件和软件，合理组织计算机的工作流程，为用户提供一个良好的使用环境。在微型计算机中，文件存放在磁盘上，需要时调入内存执行或加工处理。因此，在微型计算机中的操作系统又称为磁盘操作系统(DOS，Disk Operating System)。目前常用的操作系统还有 Windows、UNIX、OS/2 和 Linux 等。

DOS 操作系统包括 5 个方面的功能，即 CPU 管理、内存储器管理、作业管理、设备管理和文件管理。

(1) CPU 管理。计算机工作时，对需要运行的程序以进程或者作业的方式进行调度，分配给处理器执行。CPU 管理主要是进行 CPU 的分配调度。尤其是多道程序或多用户的情况下，合理分配 CPU 的使用时间，可提高计算机的整体工作效率。

(2) 内存储器管理。内存储器管理就是按一定的策略管理存储器，支持用户访问，使各用户的程序和数据顺利存取。目前常采用虚拟存储技术，扩充内存逻辑空间，提高访问存储器的速度。

(3) 设备管理。管理所有设备资源，合理调度，提供给处理器或用户使用。由于输入输出设备的工作速度低于 CPU 的速度，操作系统要按照设备的类型采用不同的策略分配和回收设备，提供给用户使用。

(4) 文件管理。在计算机系统中，把逻辑上相对完整的程序或数据的集合称为文件。文件管理是对存放在计算机中的文件进行逻辑组织和物理组织，对用户按文件名存取，实现从逻辑文件到物理文件之间的转换。同时，实现文件的共享、保护和加密。

(5) 作业管理。在计算机工作时，待执行的一个任务称为作业。作业管理用来实现作业的调度和控制，对已经装入内存的作业按用户的意图控制其运行。

2) 语言处理程序

语言处理程序是用来把汇编语言程序或各种高级语言程序转换成机器语言程序的程序，可分为三种类型，即汇编程序、编译程序和解释程序。通常将汇编语言程序以及用各种高级语言编写的程序称为源程序，经汇编或者编译而生成的机器语言程序称为目的程序或者目标程序。

将汇编语言程序转换成机器语言程序的程序称为汇编程序，常用的有 ASM、MASM 等。将高级语言程序转换成机器语言程序的方式有两种，一种是编译，另一种是解释。前者是由编译程序进行的，源程序经编译后生成机器语言的目标程序；解释是对源程序语句逐条转换并执行，而不生成目标程序。

常用高级语言有 BASIC、FORTRAN、Turbo C、Pascal 等，这些语言都配有相应的编译或者解释程序。另有一些高级语言配有集成环境，使编译通过窗口菜单来进行，例如 QBASIC、Turbo C、Turbo Pascal 等。另外，还有可视化程序设计语言 Visual Basic、Visual C++，均通过窗口进行操作。

3) 其他系统软件

其他还有许多工具软件和服务程序，比如调试程序 Debug/Pctools、系统诊断程序

QAPLUS、文件压缩程序 WinRAR、硬盘管理程序 DM/ADM/ADMPLUS、系统配置程序、设备管理程序、网络管理与通信程序、病毒防护程序以及中文汉字处理程序等。

2. 应用软件

应用软件包括用户根据需要自己设计的各种程序以及一些软件商为用户提供的字表处理程序、图形/声音/影像处理程序、数据库管理程序以及各种游戏程序等。

1) 文字处理软件

文字处理软件主要用于文字录入、表格处理与编辑以及打印输出等操作，常用的有 WPS、Lotus、Microsoft Office，其中 Microsoft Office 是一种办公套件，包括字处理、电子表格、演示文稿制作以及数据库管理等程序。

2) 图形处理软件

图形处理软件主要用于绘图及相关处理，包括平面图形设计、三维动画制作等，常用的有 AutoCAD、3DS、Flash 和 Photoshop 等。

3) 声音处理软件

随着多媒体技术的发展，对声音的加工处理程序应运而生，而且发展迅速，主要有录音及编辑程序、播放程序等，常用的有 Cool Edit、Sound Forge 和 Wave Edit 等。

4) 影像处理软件

影像处理对于计算机的配置要求较高，主要用于影像的播放和转换，常用的有超级解霸、Windows Media Player 等。

5) 数据库管理软件

数据库管理软件是提供给用户进行各种数据库信息管理及其应用程序设计的程序，常用的有 FoxBASE、FoxPro、Oracle、Access、SQL Server 等。

1.3 计算机中数的表示

在计算机中，所有的程序和数据都是以二进制代码的形式表示和存储的。

1.3.1 进位计数制

进位计数制是按进位的方法来计数，简称进位制。在计算机中常用的有十进制数、二进制数、八进制数和十六进制数等。在某个进位制中，一个数符所表示数的大小不仅与其值有关，而且与该数所在位置有关。大小相同、位置不同时表示数值的大小也就不同。例如十进制数 446 中的两个 4，左面一个表示 400，右面一个表示 40，也就是人们常说的百位和十位。这在数学上称为“权”。用这种方式表示的数称为“加权数”或“权码”。基数不同时，各位的“权”也就不同。若用 R 表示基数，各位的权依次为

$$\ldots,\ R^4,\ R^3,\ R^2,\ R^1,\ R^0,\ R^{-1},\ R^{-2},\ R^{-3},\ R^{-4},\ \ldots$$

对于任意数 $N_2N_1N_0.N_{-1}N_{-2}$ 都可以表示为

$$N_2N_1N_0.N_{-1}N_{-2} = N_2 \times R^2 = N_1 \times R^1 + N_0 \times R^0 + N_{-1} \times R^{-1} + N_{-2} \times R^{-2}$$

上述展开式称为按权展开式。在计算机中，常用进位计数制各位的“权”如表 1.1 所示。

表 1.1　权

进位制	权
二进制	…，2^3，2^2，2^1，2^0，2^{-1}，2^{-2}，…
八进制	…，8^3，8^2，8^1，8^0，8^{-1}，8^{-2}，…
十进制	…，10^3，10^2，10^1，10^0，10^{-1}，10^{-2}，…
十六进制	…，16^3，16^2，16^1，16^0，16^{-1}，16^{-2}，…

1. 二进制数

二进制数是指基数 R = 2，其数符只有 0 和 1。例如 1011.011B 是一个整数部分 4 位，小数部分 3 位的二进制数，常用字母 B 作为后缀说明，按权展开式为

$$1011.011B = 1 \times 2^3 + 0 \times 2^2 + 1 \times 2^1 + 1 \times 2^0 + 0 \times 2^{-1} + 1 \times 2^{-2} + 1 \times 2^{-3}$$

2. 八进制数

八进制数的基数 R = 8，数符有 0，1，…，7。例如 1207.062Q 是一个整数部分 4 位，小数部分 3 位的八进制数，常用字母 Q 作为后缀说明，按权展开式为

$$1207.062Q = 1 \times 8^3 + 2 \times 8^2 + 0 \times 8^1 + 7 \times 8^0 + 0 \times 8^{-1} + 6 \times 8^{-2} + 2 \times 8^{-3}$$

3. 十进制数

十进制数的基数 R = 10，其数符有 0，1，…，9。例如 2011.055D 是一个整数部分 4 位，小数部分 3 位的十进制数，常用字母 D 作为后缀说明，按权展开式为

$$2011.055D = 2 \times 10^3 + 0 \times 10^2 + 1 \times 10^1 + 1 \times 10^0 + 0 \times 10^{-1} + 5 \times 10^{-2} + 5 \times 10^{-3}$$

在实际应用时，十进制数的后缀 D 可以缺省。

4. 十六进制数

人们书写时，二进制数一般很长，书写不方便。因此，常写成十六进制数，即基数 R = 16，其数符有 0，1，…，9，A，B，C，D，E，F。例如 5A37.DF9H 是一个整数部分 4 位，小数部分 3 位的十六进制数，常用字母 H 作为后缀说明，按权展开式为

$$5A37.DF9H = 5 \times 16^3 + A \times 16^2 + 3 \times 16^1 + 7 \times 16^0 + D \times 16^{-1} + F \times 16^{-2} + 9 \times 16^{-3}$$

1.3.2　不同进位计数制之间的转换

在日常工作和学习中，人们普遍使用的是十进制数，而在计算机中的程序和数据都是以二进制码的形式表示和存储的，这就需要在输入数据时把十进制数转成二进制数，再由计算机输出时把二进制数转换成十进制数。转换方法有多种，下面仅介绍最基本的几种。

1. 十进制数转换为非十进制数

1) 十进制整数转换成非十进制整数

最简便方法是“除 R 取余”法，也称为基数除法，是用待转换的十进制整数除以基数

R，取其余数作为相应非十进制数的最低位；然后再用商除以 R，其余数作为非十进制数的次低位。一直进行下去，直到商为 0，确定非十进制数的最高位后为止。

【例 1.1】 将十进制整数 34 转换成二进制数。采用“除 2 取余”法，过程如下：

除数	被除数/商	余数
2	34	
2	17	……0
2	8	……1
2	4	……0
2	2	……0
2	1	……0
	0	……1（最高整数位）

除数 2 ⌊ 被除数 ……余数；商数

即 34D = 100010B

2) 十进制小数转换成非十进制小数

十进制小数转换成非十进制小数的常用方法是“乘 R 取整”法，也称为基数乘法，是用待转换的十进制小数乘以基数 R，取其整数作为相应非十进制小数的最高位；然后再用乘积的小数部分继续乘以 R，其整数作为相应非十进制小数的次高位。一直进行下去，直到乘积的小数部分为 0 或者达到转换精度时为止。

【例 1.2】 将十进制小数 0.325 转换成八进制数。采用“乘 R 取整”法，过程如下：

```
  0.325
×     8
-------
  2.600……        ……整数部分为 2（最高小数位）
  0.600
×     8
-------
  4.800          ……整数部分为 4
  0.800
×     8
-------
  6.400          ……整数部分为 6
  0.400
×     8
-------
  3.200          ……整数部分为 3
  0.200
×     8
-------
  1.600          ……整数部分为 1
  0.600
×     8
-------
  0.400
  4.800
```

即

$$0.325D \approx 0.246\ 31B$$

对于混小数，将整数部分与小数部分分别转换，然后加起来即可。

2. 非十进制数转换为十进制数

非十进制数转换成十进制数可用按权展开的方式进行，然后按照十进制规则计算。

【例 1.3】 将十六进制小数 B41.2H 转换成十进制数。采用按权展开法，过程如下：

$$\begin{aligned}\text{B41.2H} &= (11\times16^2+4\times16^1+1\times16^0+2\times16^{-1})\text{D}\\&=(2816+64+1+0.125)\text{D}\\&=2881.125\text{D}\end{aligned}$$

3. 其他进制之间的转换

1) 二进制数与十六进制数之间的转换

由于 $2^4=16$，因此4位二进制数正好对应1位十六进制数，如表1.2所示。

表 1.2　二进制和十六进制转换表

二进制	十六进制	二进制	十六进制
0000	0	1000	8
0001	1	1001	9
0010	2	1010	A
0011	3	1011	B
0100	4	1100	C
0101	5	1101	D
0110	6	1110	E
0111	7	1111	F

【例 1.4】 将二进制数 10111.11001B 转换为十六进制数。

解：从小数点向左或向右，每4位分为一段，不足4位时给左边或者右边补0，每一小段用相应的十六进制的数符表示，转换结果如下：

1 0111.1100 1B = 0001 0111.1100 1000B = 17.DC8H

二进制数转换成八进制数类似于二进制转换成十六进制，不同的是3位二进制数对应1位八进制数。

2) 十六进制数与二进制数之间的转换

由于 $2^4=16$，因此1位十六进制数对应4位二进制数，即1位十六进制数转换成4位二进制数。

【例 1.5】 将十六进制数 42B.F3H 转换成二进制数。

解：小数点的位置不变，将十六进制数的每一个数符用相应的4位二进制数表示：

42B.F3H = 0100 0010 1011.1111 0011B

八进制数转换成二进制数与之类似，1位八进制数对应3位二进制数。

3) 十六进制数与八进制数之间的转换

十六进制和八进制之间的转换，可先转换为二进制，然后再转换成八进制或十六进制，具体方法这里就不再赘述。

1.3.3 计算机中的信息编码

1. 数据单位

计算机中的数据都是采用二进制数表示的，故需引入数据单位的概念。

(1) 位(bit)称为比特，是计算机中数据的最小单位。一个二进制位只能表示 0 或者 1，要想表示更大的数，可增加位数。

(2) 字节(Byte)称为字节，是计算机存储数据的基本单位，1 Byte = 8 bit。存储器是由一个个存储单位构成的，所以存储器容量常以字节数来度量。字节的单位有 KB、MB、GB 和 TB。其中：1 TB = 1024 GB，1 GB = 1024 MB，1 MB = 1024 KB，1 KB = 1024 B。

(3) 字(word)，是计算机的运算器一次处理的二进制数，其位数称为字长。一个字通常由一个字节或多个字节组成。字长越长，计算机处理数据的速度越快，精度越高。不同的计算机，字长是不一样的，常见微处理器的字长有 8 位、16 位、32 位和 64 位等。

2. 文字信息的表示

在计算机中所有的数符都是用二进制数表示的，常用的就是 ASCII 码(American Standard Code for Information Interchange，美国标准信息交换码)。它用 7 位二进制数表示一个字符，在计算机存储器中占一个字节。ASCII 码共有 128 个编码，可表示 128 种数符和命令，如表 1.4 所示。其中 00H～1FH 和 7FH 用作控制符，其他表示字母和数符。

表 1.4 ASCII 码表

$b_6b_5b_4$ / $b_3b_2b_1b_0$	000	001	010	011	100	101	110	111
0000	NUL	DLE	SP	0	@	P	`	p
0001	SOH	DC1	!	1	A	Q	a	q
0010	STX	DC2	"	2	B	R	b	r
0011	ETX	DC3	#	3	C	S	c	s
0100	EOT	DC4	$	4	D	T	d	t
0101	ENQ	NAK	%	5	E	U	e	u
0110	ACK	SYN	&	6	F	V	f	v
0111	BEL	ETB	'	7	G	W	g	w
1000	BS	CAN	（	8	H	X	h	x
1001	HT	EM	）	9	I	Y	i	y
1010	LF	SUB	*	:	J	Z	j	z
1011	VT	ESC	+	；	K	〔	k	{
1100	FF	FS	，	<	L	\	l	|
1101	CR	GS	-	=	M	〕	m	}
1110	SO	RS	.	>	N	↑	n	~
1111	SI	US	/	?	O	↓	o	DEL

在实际使用时，ASCII 码常以二进制数或十六进制数的形式书写。例如英文字母 W 的

ASCII 码用二进制书写为 1010111B，用十六进制书写为 57H。

3. 中文汉字的表示

与西文字符相比，中文汉字数量大、字形复杂、同音字多，因此汉字编码不像英文字符编码(ASCII 码)那样简单。汉字需要多种编码，但是基本上可分为四种类型：国标码、机内码、汉字输入码和汉字字形码。在不同的处理环节，使用不同的编码。

1) 国标码

国标码是我国 1980 年颁布的国家标准 GB2312—80，即《中华人民共和国国家标准信息交换汉字编码》，简称国标码。它把汉字和字符分成 94 个区，每区 94 个位，每位一个汉字或者字符。这样最多可组成 94 × 94 = 8836 个字符代码，实际用了 7445 个。其中非汉字字符 682 个，分布在 1～15 区；汉字 6763 个，分为两级。一级汉字 3755 个，按照汉语拼音顺序排列，分布在 16～55 区；二级汉字 3008 个，按照偏旁部首排列，分布在 56～87 区；88～94 区空白。每个字符用两个字节的二进制数表示，实际上是用两个 ASCII 码。

例如“欢”字的国标码是 3B36H，“迎”字的国标码是 532DH。

之后，又推出了新国家标准 GB18030—2000，即《信息技术、信息交换汉字编码字符集、基本集的扩充》，共收录了 27 000 多个汉字，还包括主要少数民族文字，采用单、双、四字节混合编码，基本上解决了汉字和少数民族文字在计算机中使用的问题。

2) 机内码

机内码又称汉字内码或存储码，是计算机内部存储、传送或运算时使用的代码，是汉字系统设计的基础。

在计算机中，西文字符 ASCII 码的最高位为 0。而汉字国标码由两个字节的 ASCII 码组成，若每个字节的最高位也是 0，难以与西文 ASCII 码区分，因此在内部将每个字节的最高位置“1”，故称机内码。机内码也可表示为：机内码 = 国标码 + 8080H。例如上述“欢迎”二字的国标码是“3B36H　532DH”，而机内码是“BBB6H　D3ADH”。

3) 汉字输入码

汉字输入码是为输入汉字而设计的代码，也称外码。由于汉字输入设备和编码的方法不尽相同，所以输入法也不一样。按输入设备的不同，可分为键盘输入、手写输入和语音输入三大类型。目前广泛应用的是键盘输入码。根据编码原理，键盘输入码又可分为音码、形码、形音(音形)码和对应码等多种类型。

(1) 音码是用汉语拼音法输入，比如大家熟悉的微软全拼输入法、智能 ABC。近年来，又出现了 QQ 拼音输入法、百度输入法等。音码的优点是简单易学，缺点是重音多，对于不认识的汉字无法输入。

(2) 形码是以汉字的字形作为输入依据，比如五笔字型输入法等。形码的优点是输入速度快，见字识码，对不认识的字也能输入。缺点是难掌握，需专门学习，无法输入不会写的字。

(3) 形音(音形)码是以汉字的基本形为主音为辅，或者以音为主形为辅的编码法。形音码集中了音形两种编码的特点，简化了形码的拆字难度，同时有形码速度快的特点。比如自然码，是以音为主，音形并存的输入法。

另外，国标码也是一种汉字输入方法。

4) 汉字字形码

汉字字形码是指汉字输出时字形的数字编码。目前主要有点阵式字形码和矢量式字形码两种。

(1) 点阵字形码是以点阵方式表示汉字。每个点用二进制的“0”或“1”表示，白或者黑，从而表示字的形和体，如图 1.14 所示。

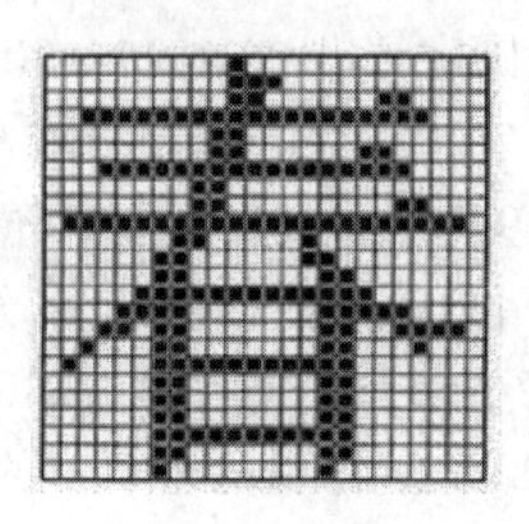

图 1.14　点阵字形

所有字形码的集合构成的字符集称为字形库。根据输出字符的不同要求，字符点的多少也不同。点阵越大，点数越多，分辨率越高，输出的字形也就越清晰美观。常用字形点阵有 16 × 16、24 × 24、32 × 32、48 × 48 及 128 × 128 等。

(2) 矢量表示法是将汉字视为笔画组成的图形。把汉字字形分布在一个精密的点阵上，如 128 × 128 点，抽取汉字每个笔画的特征坐标值，组合起来得到该汉字字形的矢量信息。由于每个汉字的笔画数不一样，抽取的特征值差别很大，所以每个汉字字形在矢量字形库中所占的字节数也不相同，读取过程比点阵汉字库复杂。但是矢量表示法表示的汉字字形通过坐标变换可方便地平移、缩放、旋转，更加美观、清晰。

在中文汉字处理系统中，除了上述四种编码之外，还有汉字在字库中的地址，即地址码。在国标码字库中，汉字的地址就是它的区位码，而对于汉字字形库中的汉字也有其地址。汉字输出时，要根据汉字机内码和字体要求，转换成相应字形库中的地址，取出其中的字形码。

1.4　计算机病毒与数据安全

计算机病毒(Computer Virus)是编制者在计算机程序中插入的破坏计算机功能或者数据的代码，影响计算机的运行和使用。随着计算机网络的发展，特别是手机用户越来越普及，计算机病毒的出现和传播已经造成了相当大的破坏，令计算机使用者深感烦恼。

1.4.1　计算机病毒的特征

计算机病毒是一个程序或一段可执行代码，具有自我繁殖、互相传染以及激活再生等生物病毒特征。计算机病毒能把自身附着在各种类型的文件上，当文件被复制或从一个用户传送到另一个用户时，就随同一起蔓延开来，主要特征表现为繁殖性、破坏性、传染性、潜伏性、隐蔽性和可触发性。

所谓繁殖性，就是病毒程序在运行的过程中自我复制，生成更多的病毒程序。破坏性会导致正常程序无法运行，或者删除内部的文件，破坏引导扇区和 BIOS，甚至破坏硬件环境。传染性是指把病毒程序复制到其他程序上去，经文件传送再复制到其他计算机上去。潜伏性是指计算机病毒可以依附于其他程序中，待时机成熟时发作。隐蔽性是指病毒程序有很强的隐蔽性，不被检查出来。可触发性和隐蔽性一样，当条件成熟时发作，进行破坏，比如到达某年某月某日时发作。

1.4.2　计算机病毒的分类

计算机病毒种类繁多，全世界广泛流行的病毒有上万种，而且每天都有新的病毒出现。根据其破坏性，计算机病毒可分为良性病毒和恶性病毒。所谓良性病毒，只是以某种形式展示自己的存在，不对计算机系统造成大的破坏。恶性病毒将造成破坏，有时甚至是无法挽回的破坏，因此必须引起每一位用户的重视。

按照病毒的存在方式与破坏方式不同，病毒有不同的分类，概括起来有以下几种：

1) 引导型病毒

引导型病毒通常隐藏在软盘或硬盘的第一扇区。当 DOS 运行时，其病毒与硬盘第一扇区一起被加载到内存中。因此，引导型病毒具有更大的传染性和破坏力。

2) 文件型病毒

文件型病毒常以可执行文件为载体，即隐藏在可执行文件中。当这些文件执行时，病毒程序随之执行，起到破坏作用，并且传染给其他文件。

3) 复合型病毒

复合型病毒兼具引导型病毒和文件型病毒的特性，不仅可以传染给可执行文件，也可以传染到磁盘的引导区。由于这个特性，使得这类病毒具有相当程度的传染性，一旦发病，其破坏性很强。

4) 中断截取病毒

顾名思义，中断截取型病毒通过控制 DOS 的中断向量，把所有受其感染的文件“假还原”，再把表面上完好但实质上遭到破坏的文件送回 DOS。当执行被感染这种病毒的文件时，会发现计算机运行速度很慢，原因在于将文件分配表 FAT 破坏了，最后还会导致死机。

5) 宏病毒

宏病毒一般是用高级语言编写的，寄生在 Microsoft Office 文档的宏代码中，在条件成熟时繁殖、传染及破坏 Office 文档的正常操作。目前，宏病毒在计算机病毒中占的比例很大，主要通过电子邮件、软盘、Web 下载或文件传输而传播蔓延。

6) 源码型病毒

源码型病毒攻击高级语言编写的源程序，在源程序编译之前插入，随源程序一起编译、链接，生成可执行文件。

7) 入侵型病毒

入侵型病毒可用自身代替正常程序中的部分模块或堆栈区。因此这类病毒只攻击某些特定程序，针对性强，一般情况下也难以被发现，清除起来也较困难。

8) 操作系统型病毒

操作系统型病毒可用其自身部分加入或替代操作系统的部分功能。因其直接感染操作系统，这类病毒的危害性也较大。

9) 外壳型病毒

外壳型病毒通常将自身附在正常程序的开头或结尾，相当于给正常程序加了个外壳。大部分的文件型病毒都属于这一类。

1.4.3 计算机病毒的防护

计算机病毒通过感染、变异、触发、破坏等特性，达到攻击计算机系统的目的。因此，需要采取一定的预防措施，一般可从以下几方面入手：

(1) 设置安全的密码，安装杀毒软件，比如当前用得比较多的 360 卫士。按照提示，定期扫描检查。

(2) 定期升级杀毒软件，及时给系统程序打上补丁，防止漏洞。

(3) 上网时不要乱点击链接和下载不知名的软件，防止恶意代码攻击或篡改注册表和 IE 主页。

(4) 不与陌生人和不熟悉的网友聊天，及时关闭无用的应用程序，防止病毒入侵，节约内存空间。

(5) 不接收陌生人的电子函件，对于熟人的电子函件也要认真检查，确定无异后才可使用。

(6) 对于文件扩展名怪异的附件，不要直接打开，不清楚时最好删除。

1.4.4 数据安全

对于任何一个计算机用户，数据安全至关重要。因为数据失去了，即使计算机的功能再强也就没有意义了。一般造成数据丢失的原因及可采取的防护措施有以下几点。

1. 用户误操作

由于长时间的网络操作，用户难免失误，删除或者覆盖了有用的数据。因此，一些应用软件采取了一些措施，避免操作人员的失误。比如在 Windows 环境下，若要删除某一文件，屏幕总要提示“确实要把‘某文件’移入回收站吗?”；在文件存盘时，若文件名相同，屏幕将提示“文件已经存在，是否替换原有文件?”。这时，用户应当认真核实。

2. 计算机病毒入侵造成数据破坏

计算机病毒删除或者修改了用户的程序和数据，故需使用专用查杀病毒的软件进行处理。目前检查病毒与消除病毒有两种手段：一种是在计算机中插入一块防病毒卡；另一种是使用防病毒软件，例如上述 360 安全卫士。

3. 计算机硬件设备损坏，造成数据丢失

在计算机或网络服务器中，数据一般存储在硬盘上。为防止硬盘损坏，常用数据备份。对于一般用户，可用 U 盘或者移动硬盘或笔记本电脑备份；对于计算机网络，可增置网络服务器、镜像硬盘阵列，在多台服务器或外存储器中备份。

1.5　上机实习要求

上机实习是学习计算机应用技术的一个重要环节。因此，本书在各章的末尾都配有上机实习，希望学员认真对待，按照以下要求进行。

(1) 每一次上机实习之前，要认真阅读实习目的、实习内容、实习步骤和教科书中与实习有关的内容。

(2) 上机实习时，态度要严肃、认真，依据实习要求按部就班地进行，要遵守机房或实验室的各项规章制度，爱护机器和各种教学设施，不随意接触强电，注意人身安全。

(3) 不使用盗版软件，不打开与上机实习无关的网站，不玩游戏，不观看不传播黄色文件，不传播病毒。

(4) 做好实习记录，每次实习结束，写出完整的实习报告，要求如下：

- 实习名称、内容和要求。
- 实习环境、实习过程、观察到的结果。
- 对于程序设计，打印程序清单；对于文本处理，打印文本清样。
- 自身的体会或建议。

本章小结

本章首先介绍了计算机的产生和发展、计算机的应用领域和分类及计算机的性能指标，然后介绍了计算机及其系统的组成，计算机中数的表示、字符编码，最后介绍了计算机病毒的概念、特性、防护措施与数据安全。

实　　习

认知计算机系统和应用

1. 实习目的

通过浏览网页、链接网站，查找计算机应用有关信息。

2. 实习内容

根据以下网址，进入相应网站，浏览网页内容，链接感兴趣的网站，查找本专业介绍。

http://www.chinanews.com.cn/

http://www.baidu.com/

http://www.xjgyedu.cn/

3. 实习步骤

(1) 打开 Internet Explorer 浏览器。

(2) 在浏览器的地址栏输入上述网址。

(3) 浏览网页内容，链接感兴趣的网站，查找计算机的发展趋势及其应用，了解计算机最新病毒及其防范方法；查阅资料，了解自己所学专业的相关介绍。

(4) 记录路径和看到的内容。

习 题 一

一、填空题

1. 按照冯·诺依曼思想，计算机由_________、________、_________、_________和________组成，各部件之间通过总线连接。

2. 第一代计算机的基本电子器件是_______，第二代是________，第三代是________，第四代是__________，第五代的特征目标是___________________________。

3. 一个完整的计算机系统是由_______________和_______________组成的。

4. 微处理器是由_______________和_______________组成的。

5. 在计算机中，主机是由_______________和_______________组成的。

6. 硬盘容量的计算公式是____________________________________。

7. 在中文汉字系统中，汉字编码主要有____________、____________、____________和等4种。

8. 计算机病毒实际上是一段____程序。

二、选择题

1. 计算机基本组成有运算器、存储器、输入设备、输出设备和(　　)。

A. 寄存器　　B. 控制器　　C. 显示器　　D. 打印机

2. 微型计算机中运算器的主要功能是(　　)。

A. 算术运算　　B. 逻辑运算

C. 算术逻辑运算　　D. 科学计算

3. 在计算机中(　　)合称为 CPU。

A. 运算器和存储器　　B. 控制器和存储器

C. 中央处理器和控制器　　D. 运算器和控制器

4. 下面的存储设备中，断电后其中信息会丢失的是(　　)。

A．RAM　　B．硬盘　　C．U 盘　　D．ROM

5. 下列设备中，不能作为输出设备的是(　　)。

A．打印机　　B．显示器　　C．鼠标　　D．音箱

6. 下面属于计算机硬件系统的是(　　)。

A．显示器、鼠标、键盘和硬盘

B．操作系统、打印机、显示器和光盘

C．网卡、显示器、驱动程序和软盘驱动器

D．主机、外设、操作系统和存储器

7. 操作系统是管理和控制计算机(　　)资源的系统软件。

A．处理器和内存　　　　B．主机和外设
C．硬件和软件　　　　D．系统软件和应用软件

三、计算题

1．把下列十进制数转换成二进制和十六进制数。

(1) 25　(2) 329　(3) 0.94　(4) 0.529

2. 把下列二进制数转换成十进制数。

(1) 10101110　(2) 1110010　(3) 11001010.101　(4) 10111011.001

3．把下列十进制数转换成八进制数和十六进制数。

(1) 59　(2) 74　(3) 82　(4) 94

四、问答题

1. 试说明计算机的基本组成和各组成部分的作用。
2. 简述计算机的主要应用与发展趋势。
3. 试说明计算机主要类型和性能指标。
4. 简述计算机主机系统的组成和各组成部件的作用。
5. 什么是计算机病毒，通常可采用哪些防范措施？

第2章 Windows 7的功能与使用

教学目的

☑ 了解 Windows 7 的特性及相关术语
☑ 学习和掌握 Windows 7 的启动和退出
☑ 学习和掌握 Windows 7 的基本操作和系统管理

2.1 Windows 7 概述

2.1.1 概述

1. Windows 7 概述

Windows 7 是由微软公司(Microsoft)开发的操作系统，内核版本为 Windows NT 6.1，可供家庭及商业工作环境、笔记本电脑、平板电脑、多媒体中心等使用。它延续了 Windows Vista 的 Aero 风格，并且在此基础上增添了些许功能。

Windows 7 可供选择的版本有：入门版(Starter)、家庭普通版(Home Basic)、家庭高级版(Home Premium)、专业版(Professional)、企业版(Enterprise)(非零售)、旗舰版(Ultimate)。

2009 年 7 月 14 日，Windows 7 开发完成，同年 10 月 22 日正式发布。10 月 23 日，微软对中国正式发布 Windows 7。

2. Windows 7 功能与特点

Windows 7 的设计围绕五个重点：针对笔记本的特有设计；基于应用服务的设计；用户的个性化；视听娱乐的优化；用户易用性的新引擎。Windows 7 相对以前版本具有以下新特点：

1) 提高易用性

Windows 7 实现了窗口快速最大化、半屏显示、跳转列表(Jump List)、系统故障快速修复等功能，最大限度方便用户的使用。

2) 提升启动速度

Windows 7 大幅缩减了 Windows 的启动时间，据实测，在 2008 年的中低端配置下运行，系统加载时间一般不超过 20 秒，而 Windows Vista 需要 40 秒。

3) 搜索使用信息更简单便捷

Windows 7 使本地和互联网搜索的操作更简单便捷，提高了应用程序和交叉提交数据的透明性。

4) 提高了系统数据的安全性

Windows 7 改进了系统数据安全管理，并把这种数据保护和管理扩展到外围设备；改进了基于角色的计算方案和用户帐户管理，在数据保护和坚固协作的固有冲突之间搭建起沟通桥梁，同时也开启了企业级的数据保护和权限许可。

5) Aero 特效

在多功能任务栏 Aero 效果更华丽，有碰撞效果、水滴效果，还有丰富的桌面小工具，不仅使执行效率提高，也使电池续航能力增强。在 AeroGlass 用户界面，Windows 7 可利用 CPU 进行加速，支持 DX10.1。

2.1.2　配置要求

由于 Windows 7 是一个功能很强的视窗操作系统，因此对微型计算机的硬件系统有较高的要求。其最小系统配置要求如表 2.1 所示。

表 2.1　Windows 7 最小系统配置

处理器(CPU)	1.0 GHz 或更高级别的处理器
	使用 Intel Pentium/Celeron 系列、AMD K6/Athlon/Duron 系列或兼容处理器
内存(RAM)	1 GB 内存(32 位)或 2 GB 内存(64 位)
硬盘	25 GB 可用硬盘空间(32 位)或 50 GB 可用硬盘空间(64 位)
显示卡和监视器	SuperVGA(800 × 600)或分辨率更高的视频适配器和监视器

最小系统配置要求只能基本满足 Windows 7 操作系统的运行，对于系统运行速度和一些特性并不能很好地发挥出来。如果要使系统运行得更流畅，更好得体现 Windows 7 操作系统的新特性，就要提升硬件的配置。推荐表 2.2 所示的配置，既节约成本，又能较好地发挥 Windows 7 的特性。

表 2.2　Windows 7 系统硬件配置

处理器(CPU)	2.0 GHz 或更高级别的处理器
	安装 64 位版本，安装支持 64 位运算的 CPU
内存(RAM)	1 GB 或 2 GB 的 DDR，最好使用 4 GB(32 位操作系统只能识别大约 3.25 GB 的内存，通过破解补丁可以使 32 位系统识别并利用 4 GB 内存)
硬盘	40 GB 及以上。系统分区后仍有 20 GB 的空间
显示卡和监视器	支持 DirectX 9 WDDM1.1 或更高版本(显存大于 128 MB)显卡。支持 DirectX 9 就可以开启 Windows Aero 特效
其他设备	DVD R/RW 驱动器，U 盘等其他存储介质，有互联网连接/电话联网/电话激活授权等

2.1.3 Windows 7 的启动与退出

1. 启动

Windows 7 安装成功，开机后 Windows 7 自动启动。开机步骤如下：

(1) 依次打开计算机外部设备的电源开关和主机电源开关。

(2) 计算机执行自检程序对计算机进行硬件测试，测试无误后开始执行系统引导程序，引导启动 Windows 7 系统。

(3) 根据使用该计算机的用户帐户数目，界面分为单用户登录和多用户登录两种。单击要登录的用户名，输入密码，当出现 Windows 7 系统桌面时启动完成。

2. 退出

当不再使用计算机时，应及时关闭，步骤如下：

(1) 依次关闭所有打开的应用程序及窗口(所有在任务栏显示的图标)。

(2) 单击如图 2.1 所示屏幕左下角的开始按钮，在弹出的菜单中单击“关机”命令。

(3) 依次关闭所有的外部设备电源开关，如显示器、打印机等。

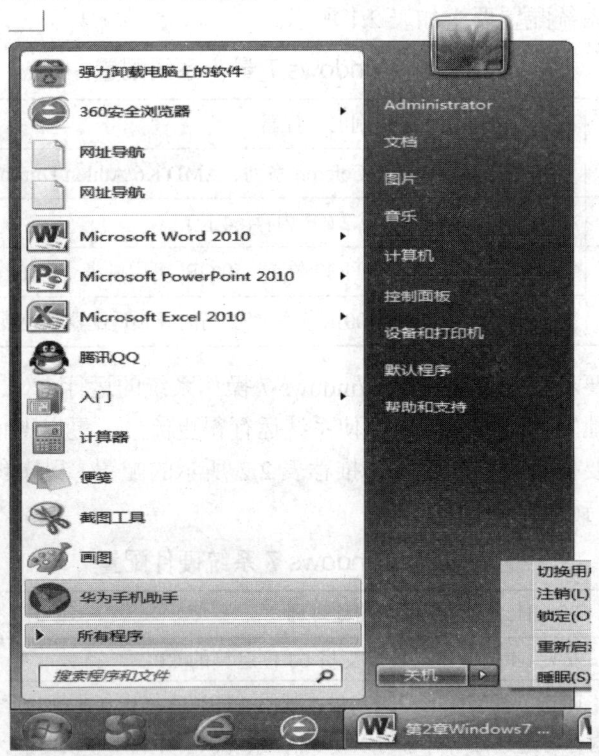

图 2.1 开始菜单

3. 其他操作

Windows 7 还提供了退出或暂停当前用户的操作，方法如下：

单击“开始”菜单中“关机”命令右侧的三角形按钮，弹出“关机”命令的级联菜单，如图 2.1 所示，选择其中的任一选项，即可执行相应的操作。下面分别进行介绍。

1) 切换用户

需要换成另一用户使用时，选择该命令，将当前用户的工作转入后台，另一用户转到前台。

2) 注销

结束当前用户操作，让另一用户使用，当前用户的所有程序都将关闭。

3) 锁定

如果用户暂时离开计算机而又不想让别人对系统进行操作，可使用锁定功能，将系统切换到登录状态。当再次进入系统时，需要输入正确的密码就可以自动恢复到锁定前的状态。如果用户没有设置登录密码，锁定功能就形同虚设。

4) 重新启动

当计算机遇到某些故障，或安装某些应用软件时，使用该功能，重新启动计算机。

5) 睡眠

睡眠是一种节能状态，Windows 7 会将当前打开的文档和程序保存到内存中，并使CPU、硬盘等处于低能耗状态；恢复时只需单击鼠标，即可恢复到锁定状态。

2.1.4 桌面

当系统正常启动后，屏幕显示如图2.2所示的Windows 7操作系统界面，主要由桌面、任务栏、“开始”菜单和通知区域组成。

图2.2 Windows 7操作系统界面

1. 桌面

桌面是实现计算机与用户对话的操作平台，主要有桌面背景、快捷图标和任务栏三个部分。每个图标代表一个对象或者任务，双击后即可打开相应文件(程序)或文件夹。作为Windows系统本身，桌面自带五个快捷图标，即“用户的文件”、“计算机”、“网络”、“回收站”和“Internet Explorer”。

2. 任务栏

任务栏位于屏幕的最底端，在系统运行期间显示打开的文件。任务栏可以隐藏或调整位置。通过任务栏可以启动和切换系统中所打开的应用程序，观察程序运行中的一些状态，也可以查找或切换操作系统提供的输入法等，具体操作将在 2.2 节介绍。

3. “开始”菜单

“开始”菜单如图 2. 3(a)所示。通过“开始”菜单可以打开文档、启动应用程序、关闭系统、搜索文件等。“开始”菜单分为以下四个部分：

1) 常用程序

图 2.3(a)中左边的大窗格显示计算机上程序的一个短列表，这个列表显示的内容是使用比较频繁的程序，其内容会随着时间的推移而变化。

2) 所有程序

图 2.3(a)中左边窗格下方的“所有程序”比较特殊，单击“所有程序”会改变左窗格显示的内容，显示计算机中安装的所有程序，同时“所有程序”按钮变成“返回”，如图 2.3(b)所示。

3) 搜索框

图 2.3(a)中左边窗格最底部有一个框，显示搜索程序和文件，输入搜索项可在计算机中查找安装的程序或所需要的文件。

4) 右窗格

图 2.3(a)中右边窗格提供了对常用文件夹、文件、设置和功能的访问按钮，单击后可打开相应的窗口界面，还可以注销 Windows 或关闭计算机。

(a) 默认“开始”菜单

(b) 单击“所有程序”后的菜单

图 2.3 Windows 7“开始”菜单

“开始”菜单的含义在于启动计算机程序，打开“文件”或设置窗口，具体有以下功能：

• 启动程序：通过“开始”菜单中的“所有程序”命令，可以启动已经安装在计算机中的所有应用程序。

• 打开窗口：通过“开始”菜单可以打开常用的工作窗口，如“计算机”、“文档”、“图片”等。

• 搜索功能：通过“开始”菜单中的搜索框，可以对计算机中的文件、文件夹和应用程序进行搜索。

• 管理计算机：通过“开始”菜单中的控制面板、管理工具、实用程序可对计算机进行设置与维护，如个性化设置、备份、整理碎片等。

• 关机功能：计算机关机必须通过“开始”菜单进行操作，另外还可以重启、待机、注销用户等。

• 帮助信息：通过“开始”菜单可以获取相关的帮助信息。

2.2　基 本 操 作

2.2.1　桌面图标的管理

桌面上的图标并不是固定不变的，可以添加、删除、设置大图标显示等。

1. 桌面图标排列

当桌面上图标太多时，可重新排列，单击鼠标右键，屏幕弹出如图 2.4 所示快捷菜单，通过“排序方式”和“查看”命令进行相应的排序和查看操作。

鼠标指向“排序方式”命令，屏幕显示下一级子菜单，如图 2.4 所示。在子菜单中可选择相应的方式重新排列图标，共有四种方式，即按名称、大小、项目类型和修改日期进行排序。

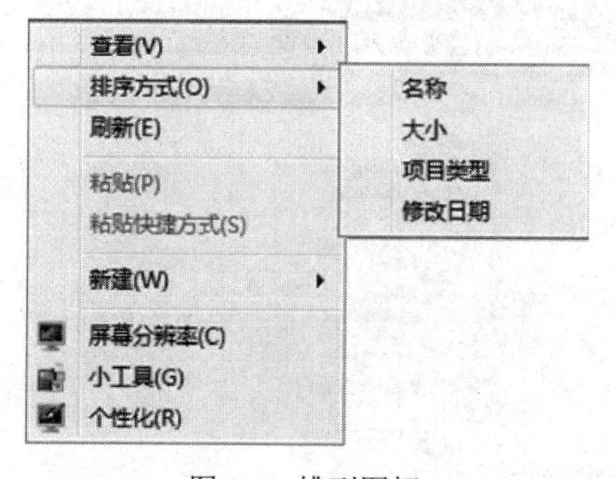

图 2.4　排列图标

2. 查看

桌面上图标的大小可以改变，并且可以控制显示与隐藏。在“查看”命令的子菜单中提供三组命令，如图 2.5 所示。

(1) 最上方的三个命令用于更改桌面图标显示的大小。

(2) 中间两个命令用于控制图标的排列方式。选择“自动排列图标”，图标将自动从左向右以列的形式排列；选择“将图标与网格对齐”，屏幕上出现网格，图标固定在指定的网格位置上，使图标相互对齐。

(3) 选择“显示桌面图标”，桌面上将显示图标，否则看不到图标。

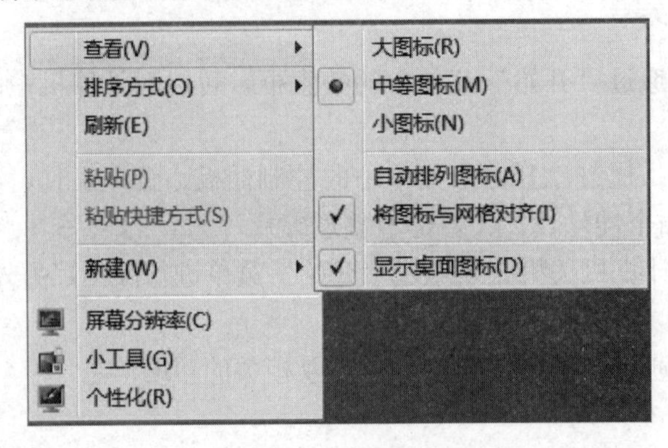

图 2.5 “查看”命令

2.2.2 Windows 窗口

1. 窗口的组成

Windows 操作系统的特点是以窗口的形式来管理计算机资源，窗口作为 Windows 的重要组成部分，构成了用户与 Windows 操作系统之间沟通的桥梁。因此，认识并掌握窗口的基本操作是使用 Windows 操作系统的基础。

在 Windows 7 操作系统中，窗口的外观都很相似，主要由地址栏、搜索框、菜单栏、列表区、工作区、信息栏、滚动条以及窗口边框组成。双击“计算机”图标，屏幕显示如图 2. 6 所示“计算机”窗口。

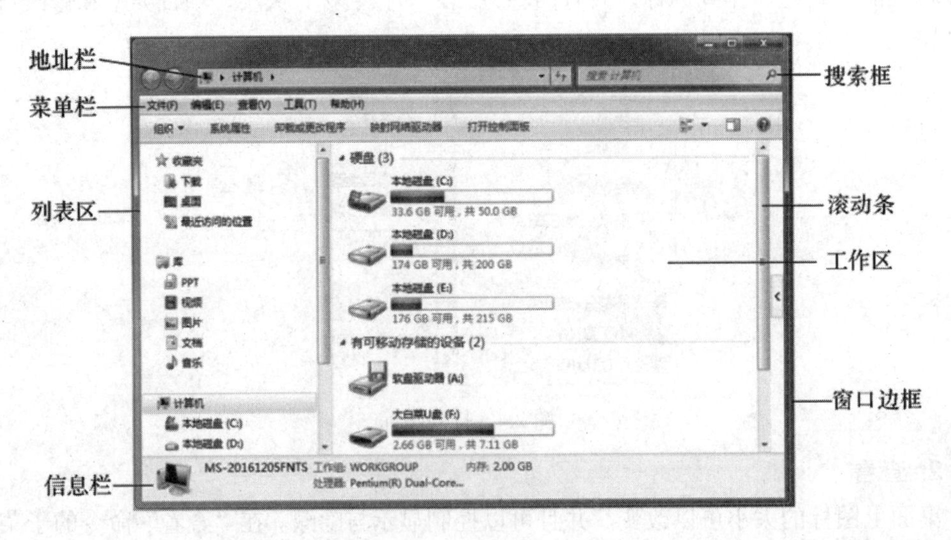

图 2.6 “计算机”窗口

- “地址栏”：用于显示当前所处的路径，采用了叫做“面包屑”的导航功能，如果要复制当前地址，只要在地址栏空白处单击鼠标，即可让地址栏以传统的方式显示。地址栏左侧为“前进”按钮和“后退”按钮，右侧为“刷新”按钮。

• “搜索框”：用于搜索计算机和网络中的信息，并不是所有的窗口都有搜索框。搜索框上方为控制按钮，分别是最小化按钮、最大化/还原按钮、关闭按钮。

• “菜单栏”：位于地址栏的下方，通常由“文件”、“编辑”、“查看”、“工具”和“帮助”等菜单项组成。每一个菜单项包含一系列的菜单命令，可以执行相应的操作或任务。

• “列表区”：将整个计算机资源分为四大类：收藏夹、库、计算机和网络，用于组织、管理及应用资源，使操作更高效。比如在收藏夹下“最近访问的位置”中可以查看最近打开过的文件和系统功能，方便再次使用。

• “工作区”：是窗口中的主要部分，用来显示窗口的内容，用户就是通过这里操作计算机的，如查找、移动、复制文件等。

• “信息栏”：位于窗口的底部，显示窗口的状态。例如，当选择了部分文件时，信息栏显示选中文件的个数、修改日期等。

• “滚动条”：分为垂直滚动条和水平滚动条，拖动滚动条上的滑块可以浏览工作区或列表区内不能显示的其他区域。

• “窗口边框”：用鼠标拖动边框，可以改变窗口的大小。

2. 窗口的操作

1) 最小化、最大化/还原与关闭窗口

窗口右上角是“最小化”、“最大化/还原”和“关闭”三个按钮。同 Windows 以前的版本一样，单击“最大化”按钮，可以使窗口占满整个屏幕，并且“最大化”按钮变为“还原”按钮，此时窗口不能移动；单击“还原”按钮，窗口恢复到最大化前的状态；单击“最小化”按钮，窗口缩小到任务栏上，成为一个标签；单击任务栏上对应的标签，可以将窗口恢复到原来的位置上；单击“关闭”按钮，关闭窗口。

2) 移动窗口

移动窗口就是改变窗口在屏幕上的位置。移动窗口的方法是将光标移到地址栏上方的空白处，按下鼠标左键拖动，到合适位置时释放鼠标。

另外，还可以使用键盘移动，方法是按下 Alt 键＋空格键，这时将打开控制菜单，再按 M 键(Move 首字母)，然后按键盘上的方向键移动，到达合适位置后，按回车键即可。

3) 调整窗口大小

Windows 窗口不但可以通过“最小化”、“最大化/还原”按钮来调整，还可以将鼠标指针放在窗口边框上或四个边角，当光标变成双向箭头时，通过按下鼠标左键拖动来调整其大小。

当窗口处于最大化或最小化状态时，既不能移动它的位置，也不能改变它的大小。

4) 窗口切换操作

(1) 利用 Alt＋Tab 组合键，可以在已经打开的窗口的图标之间切换，选定以后，松开 Alt 键，就可以把选定的图标所代表的窗口设成当前窗口。

(2) 单击任务栏上的标题栏按钮，可以把相应的窗口激活为活动窗口。

3. 任务栏操作

默认情况下，任务栏被锁定，不可以随意调整，但是，取消锁定之后，用户就可以对任务栏进行适当的调整了。

1) 改变任务栏的高度

在任务栏的空白位置处单击鼠标右键，在弹出的快捷菜单中选择”锁定任务栏”命令，如图 2. 7 所示，取消对任务栏的锁定状态。

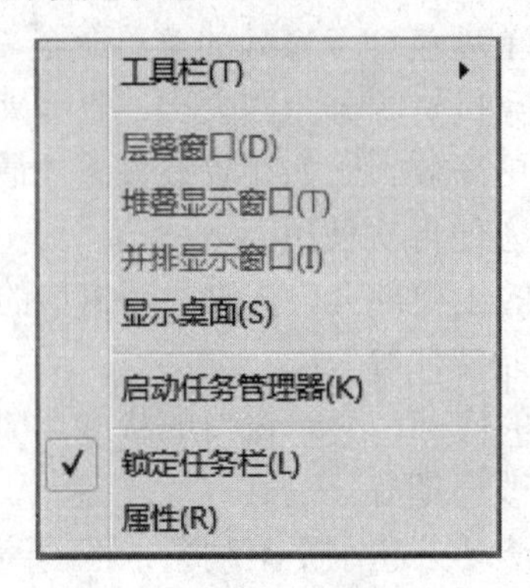

图 2.7 “任务栏”快捷菜单

将光标移到任务栏上边缘，当光标变为双向箭头时，按下鼠标左键，向上拖动鼠标，可以拉高任务栏。任务栏最大可以占半个屏幕，如果任务栏过高，按下鼠标左键，向下拖动鼠标，调整到合适高度。

2) 调整任务栏的位置

取消任务栏的锁定后，将鼠标移到任务栏空白处，按下鼠标左键，向左，向右，向上拖动，可以将任务栏移动到显示器的左边、右边和上方。

3) 隐藏和显示任务栏

在任务栏的空白位置处单击鼠标右键，在弹出的快捷菜单中选择“属性”，如图 2. 7 所示。

在弹出的对话框中选中“自动隐藏任务栏”命令，如图 2. 8 所示，任务栏自动隐藏，当鼠标移到显示器下侧时，任务栏自动显现。

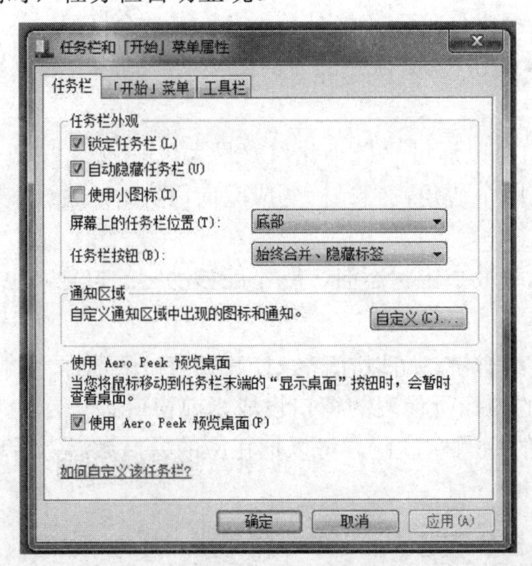

图 2.8 “任务栏和「开始」菜单”属性

取消选中“自动隐藏任务栏”命令，任务栏取消自动隐藏功能。

若同时打开多个窗口，处于当前工作状态的窗口的标题栏呈现高亮反底显示，称为当前窗口或前台窗口、活动窗口；其他窗口为非当前活动窗口或后台窗口。若要将其他窗口变为当前窗口，单击其任意位置，即激活。激活后，该窗口变成当前窗口。

2.2.3　对话框

对话框是用户设置更改参数与提交信息的窗口，在进行程序操作、系统设置、文件编辑时常用到对话框。

1. 对话框与窗口的区别

一般情况下，对话框包括标题栏、要求用户输入信息的设置选项、命令按钮等，如图 2.9 所示。

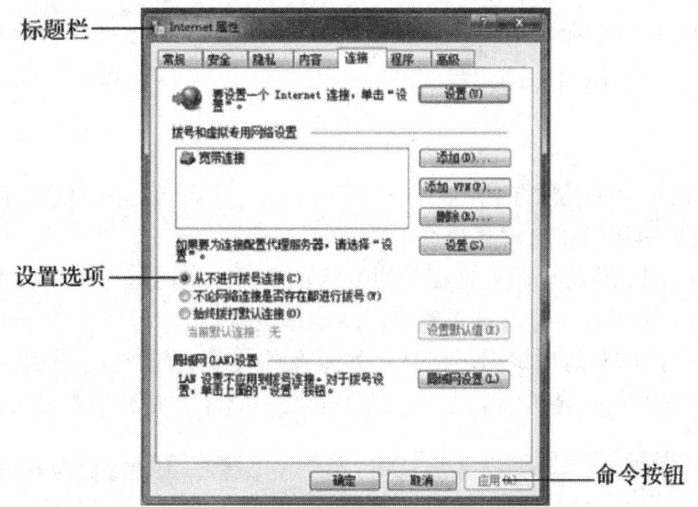

图 2.9　对话框

对话框与窗口有很多相同的地方，但它们是两个完全不同的概念，有着明显的区别。

(1) 作用不同。窗口用于操作文件，而对话框用于设置参数。

(2) 概念的外延不同。窗口包含对话框，在窗口环境下，通过执行某些命令，可以打开对话框；反之则不可以。

(3) 外观不同。窗口没有进行“确定”或”取消”按钮，而对话框有这两个命令按钮。

(4) 操作不同。窗口可以进行最小化、最大化/还原操作，可以调整大小，而对话框一般固定大小，不能改变。

2. 对话框的组成

构成对话框的组件比较多，但不是每一个对话框都包含这些组件，常常只用其中几个组件。常用组件有选项卡、单选按钮、复选框、列表框、数值框与滑块等。

(1) 选项卡也叫标签，当一个对话框中的内容比较多时，以选项卡的形式进行分类，在不同的选项卡中提供不同的选项。一般地，选项卡都位于标题栏的下方，单击可以切换，如图 2.10 所示。

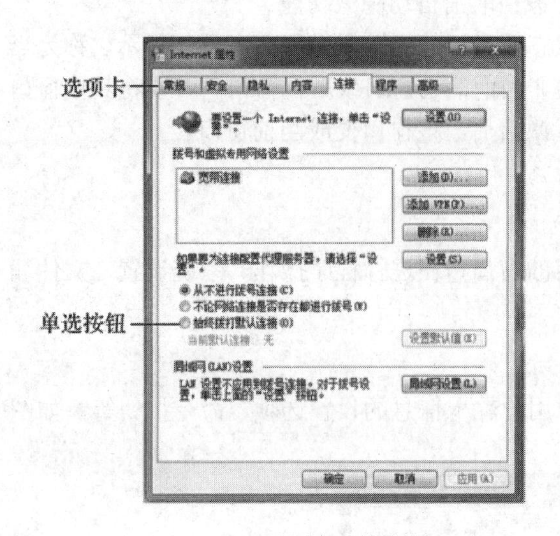

(a) 选项卡及单选按钮

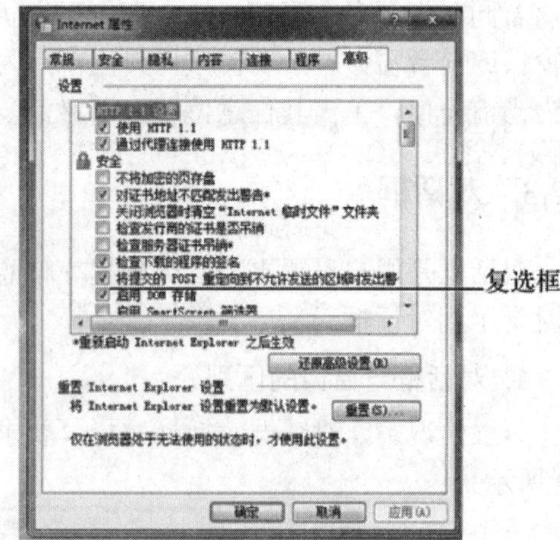

(b) 复选框

图 2.10 选项卡、单选按钮与复选框

(2) 单选按钮是一组互斥选项，只能选择其中的一个，被选中的单选按钮中间有一个圆点，未被选中的单选按钮内没有圆点，特点是“多选一”。

(3) 复选框之间没有约束关系，在一组复选框中可以同时选中一个或多个选项；被选中的复选框中有一个对勾，特点是“多选一或多选多”。

(4) 列表框列出所有选项供用户选择，如果选项较多，列表框右侧出现滚动条。通常情况下，一个列表中只能选择一个选项，选中的选项以深色显示，如图 2.11(a)所示。

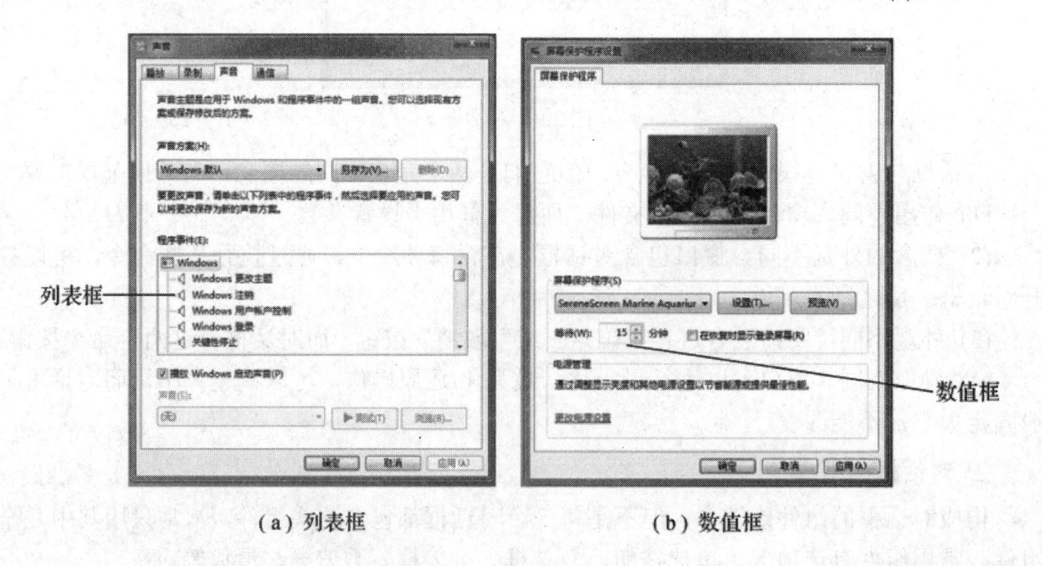

(a) 列表框 (b) 数值框

图 2.11 列表框与数值框

(5) 数值框是由用户输入数值的框，按其右边的提示输入文本或者数值，也可以如图 2.11(b)所示单击增减按钮改变数值。

(6) 滑块在对话框中出现的几率不多，由一个标尺与一个滑块组成，拖动滑块可以改变数值或等级，如图 2.12 所示。

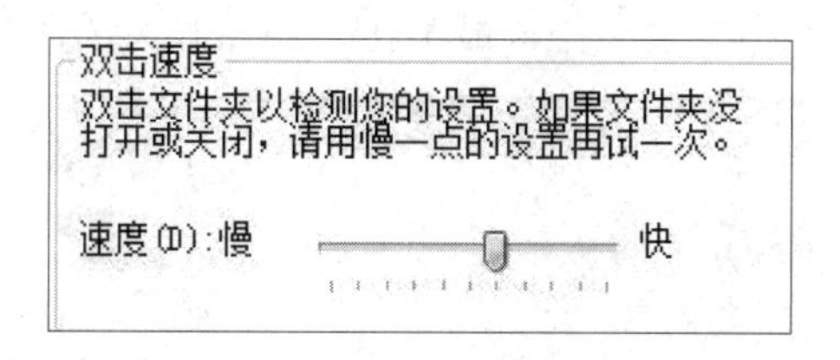

图 2.12　滑块

2.2.4　菜单

Windows 操作系统中“菜单”是指一组操作命令的集合。通过菜单命令，可以向计算机下达命令。Windows 7 中有四种菜单，分别是“开始”菜单、标准菜单、快捷菜单和控制菜单。“开始”菜单前面已经介绍，下面分别介绍标准菜单、快捷菜单和控制菜单。

1. 标准菜单

标准菜单是菜单栏的下拉菜单，如图 2.13 所示，一般位于窗口标题栏下方，集合了当前程序的特定命令。程序不同，对应的菜单也不同。单击菜单栏菜单名称，可打开下拉式菜单，其中包含多条命令，用于相关操作。

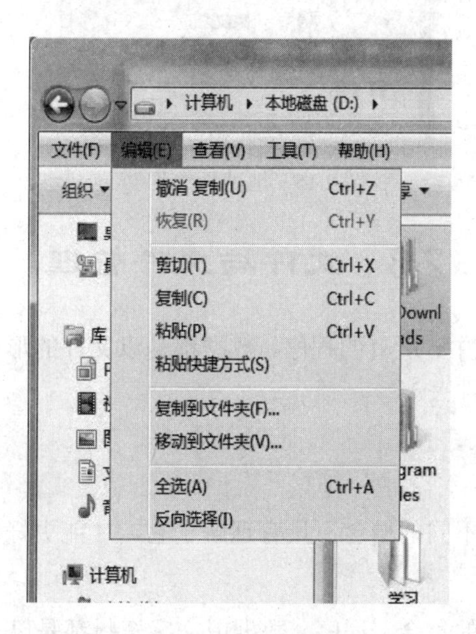

图 2.13　标准菜单

2. 快捷菜单

在 Windows 操作系统中，单击鼠标右键，可弹出一个快捷菜单，其中包含针对操作对象的若干命令。在不同的对象上，快捷菜单中的命令是不同的。在桌面空白处单击鼠标右键弹出的快捷菜单如图 2.4 所示。

3. 控制菜单

在窗口地址栏的上方单击鼠标右键，弹出的菜单称为“控制菜单”，如图 2.14 所示。控制菜单一般包括移动、大小、最大化、最小化、还原和关闭命令。

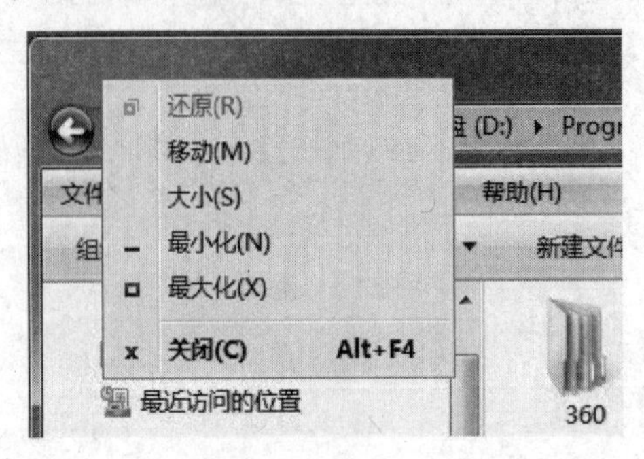

图 2.14　控制菜单

另外，在窗口的地址栏单击鼠标右键，也可以弹出一个菜单，这个菜单中的命令是对地址进行相关操作的，如图 2.15 所示。

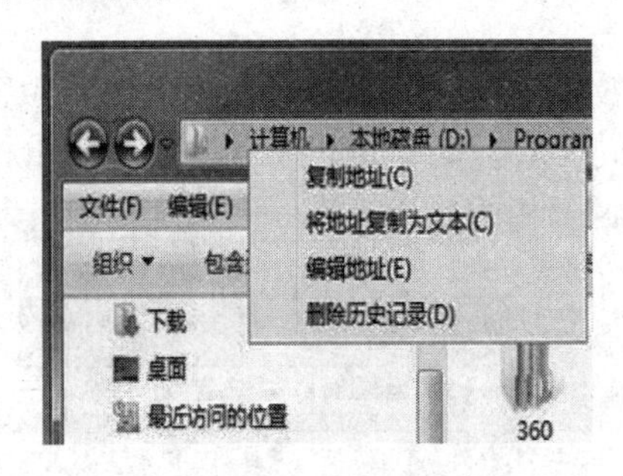

图 2.15　地址操作菜单

2.3 文件与文件管理

在 Windows 操作系统中，所有的程序、数据都是以文件的形式存储与处理的。在处理的过程中用到了文件和文件夹。

2.3.1 文件与文件夹

文件与文件夹是两个不同的概念，只有理解了它，才能更好地管理计算机。

1. 文件的定义

文件是一组相关数据的集合。程序、数据或文字资料都是以文件的形式存放在计算机的内存或外存中的。由于硬盘、软盘、U 盘可以永久性保留信息，所以文件可以长期保存。

为了方便文件运行、保存、检索、更名和删除，Windows 7 规定每个文件有一个名称(即文件名)，并赋予一个图标。文件夹是存储文件的场所，在同一个文件夹中不能有两个相同的文件名。

文件名最长有 255 个字符，英文字符不区分大小写。文件名分为两部分，前一部分是文件的主名，后一部分是文件的扩展名，表明文件的类型，两者之间由圆点分隔。当一个文件名中有多个“. ”时，最右边的“. ”后面的部分为扩展名。例如，在文件名 MyText.txt 中，.txt 为扩展名，表示文本文件；MyText.txt.docx 则表示 Word 文件。不同的扩展名，其文件类型的图标也不一样，通过文件图标可以知道文件的类型。

在 Windows 7 中，文件名可以是西文字符(包括空格)，也可以是中文字符。但是用西文字符命名时，不能使用“\ 、/、:、*、?、“、<、>、及|”等字符。如若在文件名中输入了字符“|”，则屏幕弹出如图 2. 16 所示的提示信息。在 Word 中，也会出现图 2. 17 所示的提示信息。

图 2.16　文件名错误提示信息

图 2.17　Word 文件名错误提示信息

2. 文件的属性

文件除了有文件名外，还有“只读”和“隐藏”等属性。在文件上单击鼠标右键，可以查看文件的属性，如图 2.18 所示。

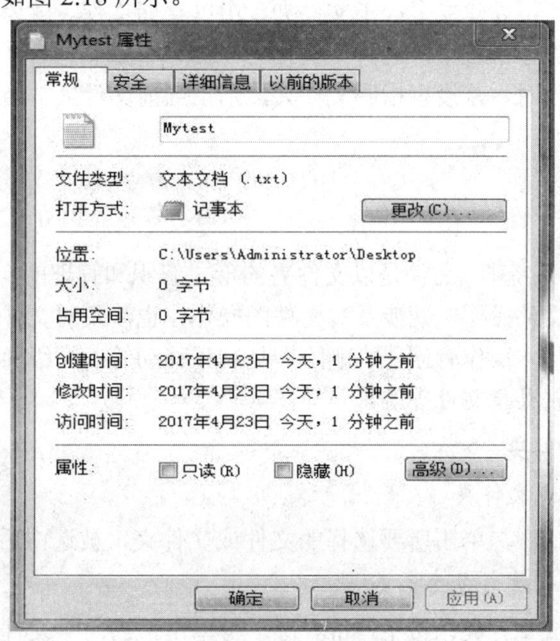

图 2.18　查看文件属性

“只读”属性表示该文件只能读，而不能修改。当该文件被复制时，复制后的文件也具有“只读”属性。若要对该文件进行编辑修改，应先将其“只读”属性取消。

“隐藏”属性是用来隐藏文件。例如，若将“MyText.txt”文件属性设置成“隐藏”，若在“文件夹选项”对话框“查看”选项卡的“高级设置”选项组中选择了“不显示隐藏的文件和文件夹”，在“我的电脑”或“资源管理器”窗口中就看不到该文件了；若选择了“显示所有文件和文件夹”，其图标变成暗淡状，表示该文件被隐藏，如图 2.19 所示。

图2.19 隐藏文件标图显示

3. 文件类型

在 Windows 中，文件的操作或结构特性由文件类型决定。文件类型标识所打开该文件所用的程序。例如 Word 文件的扩展名为 .docx，表示需用 Microsoft Word 程序打开。文件类型与文件扩展名相关联，例如，具有 .txt 或 .log 扩展名的文件是“文本文档”类型，可使用文本编辑器打开。

4. 文件夹

为方便文件管理，操作系统引入文件夹的概念。文件夹是用来存放文件或子文件夹的场所。文件夹有文件夹名，实际上就是 DOS 里面的子目录。每一个文件夹有一个图标，命名规则与文件命名规则相同，但是不能有扩展名。

Windows 操作系统规定一个硬盘可以分为多个逻辑盘，每一个逻辑盘视为一个根文件夹(根目录)，用符号“\”表示。如 C 盘的根目录用“C:\”表示，D 盘的根目录用“D:\”表示。在根文件夹下还可以建立多级子文件夹，用以存储文件。就像一棵倒立的树，文件类似于树叶，文件夹类似于枝干，这种结构称为“树状目录结构”。

对文件夹进行操作时，若没有指明文件夹，则指当前文件夹。当前文件夹是系统默认的操作对象。

2.3.2 文件管理

在 Windows 操作系统中，文件是以文件夹的形式组织和管理的，一个文件夹中可以有多个文件或文件夹。文件操作，既涉及对文件的操作，也涉及对文件夹的操作，可分为基本操作和高级操作。基本操作有创建、删除、复制和移动等；高级操作有修改文件或文件夹的属性、管理及设置共享文件夹等。

1. 选择文件或文件夹

1) 选择单一文件或文件夹

在资源管理器窗口中，单击所要选择的文件或文件夹，被选中后高亮显示。

2) 选择一组相邻的文件或文件夹

单击第一个文件或文件夹，按下 Shift 键，再单击最后一个文件或文件夹，被选中的文件高亮显示。

3) 选择不相邻的文件或文件夹

单击某一个文件或文件夹，然后按下 Ctrl 键，再用鼠标单击其他文件或文件夹。选定后如要撤销某一个文件或文件夹，按下 Ctrl 键，单击该文件即可。

4) 选择全部的文件或文件夹

按下 Ctrl + A 键，即组合键，可选中当前窗口中的所有文件或文件夹。

5) 选择除某一文件或文件夹以外的其他全部文件或文件夹

先选择某一文件或文件夹，再执行菜单的“编辑/反向选择”命令，可选择除该文件或文件夹之外的其他全部文件或文件夹。

2. 文件操作

1) 文件复制

资源管理器提供的复制操作是将选定的文件或文件夹存放到内存临时区域中。在实际工作中的复制操作是将选定的文件或文件夹的副本存储到其他文件夹中，二者是有区别的，所以在实际应用中，其操作分两步，即复制和粘贴。

(1) 选定要复制的文件或文件夹，单击“编辑”菜单中的“复制”命令。

(2) 打开目标文件夹，单击“编辑”菜单中的“粘贴”命令。

除了使用“编辑”菜单中的“复制”和“粘贴”命令外，还可用鼠标指向某个文件或文件夹，单击鼠标右键，在弹出的快捷菜单中执行“复制”和“粘贴”命令；也可以使用键盘上的组合键 Ctrl + C 和 Ctrl + V，前者是“复制”，后者是“粘贴”；还可以按下键盘上的 Ctrl 键，使用鼠标拖曳，将文件或文件夹从一个文件夹中拖到另一个文件夹中。

2) 文件移动

文件移动是将文件或文件夹移到其他位置，原来位置的文件或文件夹被删除，其操作分为两步，即剪切和粘贴。

(1) 选定要移动文件或文件夹，单击“编辑”菜单中的“剪切”命令。

(2) 选择其他文件夹，单击“编辑”菜单中的“粘贴”命令。

除了使用“编辑”菜单中的“剪切”和”粘贴”命令外，还可用鼠标指向某个文件或文件夹，单击鼠标右键，在弹出的快捷菜单中执行“剪切”和“粘贴”命令；也可使用键盘上的复合键 Ctrl + X 和 Ctrl + V，前者是“剪切”，后者是“粘贴”；还可以使用鼠标拖拽，拖曳时不需按下 Ctrl 键。

3) 文件更名

文件更名是指对原有文件或文件夹重新命名。操作方法是选定需要更名的对象，再在“文件”菜单中执行“重命名”命令；或者单击鼠标右键，在弹出的快捷菜单中执行“重命名”命令；也可以在文件名称上不连续单击鼠标两次，使文件名处于可编辑状态，然后输入新的文件名，输入完后按回车键或将鼠标指向其他位置单击。

4) 文件运行

文件运行是指运行 Windows 7 应用程序，其文件扩展名为“.exe”，双击其图标即可运行；或者在资源管理器的地址栏中输入记事本的全路径名称“C:\windows\notepad.exe”，回车后，即可运行。

5) 打开文件或文件夹

文件或文件夹只有打开后才能使用。首先双击“计算机”，再双击驱动器，比如本地磁盘 C:，然后双击要打开的文件夹或文件名，或者单击鼠标右键，在弹出的快捷菜单中执行“打开”命令。对于可执行文件，打开后立即执行。

6) 删除文件

删除文件可在驱动器或文件夹窗口中进行，也可在资源管理器窗口中进行。首先选中要删除的文件或文件夹，然后执行“文件”菜单中的“删除”命令或单击鼠标右键，在弹出的快捷菜单中执行“删除”命令。这时屏幕提示“确实要把此文件放入回收站吗？”对话框，由用户确认，以免误操作。

另外，也可以将文件或文件夹的图标直接拖到“回收站”来删除。放入“回收站”的文件并没有被立即删除，可以恢复。如果要彻底删除，需要在“回收站”中再进行一次删除操作。

此外，对于选中的文件或文件夹还可用“编辑”菜单中的“剪切”命令或键盘上的 Del 键删除。要想一次彻底删除文件，在执行“删除”命令时，按下 Shift 键，这时屏幕提示“确实要永久性地删除此文件吗？”对话框，由用户确认，以免误操作。

7) 创建快捷方式

快捷方式是在桌面上快速启动程序或打开文件或文件夹的一种方法。创建的方法是选中文件夹或文件名，单击鼠标右键，在弹出的快捷菜单中选择“创建快捷方式”。创建快捷方式可以设置在文件夹或“程序”菜单中，也可以拖到桌面上。在桌面上使用时，只要双击其图标就可以了。

2.3.3 回收站

回收站是暂存被删除的文件的地方。初次删除的文件，被送往回收站。双击桌面上的“回收站”图标，屏幕显示如图 2. 20 所示的“回收站”窗口。

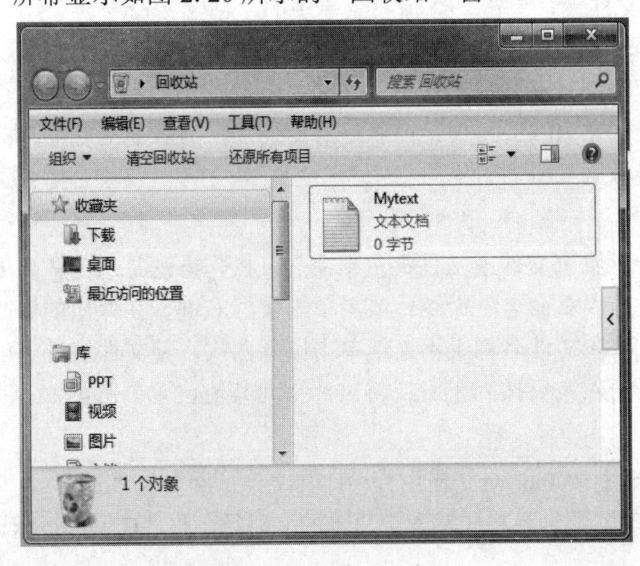

图 2.20 “回收站”窗口

回收站中的文件可以恢复到原来的位置。若要恢复，选中要恢复的文件，单击“还原此项目”，即可还原到原来的位置；也可单击鼠标右键，在快捷菜单中执行“还原”命令。

若要彻底删除回收站的文件，首先选中该文件，再执行一次“删除”操作，或者按键盘上的“Del”键；也可以执行“清空回收站”命令，彻底删除所有文件。删除时，屏幕弹出“确认删除”对话框，如图 2.21 所示，单击“是”，文件被彻底删除，不能再还原；也可以直接单击“清空回收站”按钮，彻底删除回收站中所有的文件或文件夹。

图 2.21　“确认文件删除”提示

2.4　Windows 7 系统设置

为了使操作系统在运行过程中突出用户的个性特点，同时保障系统安全流畅，需要对操作系统进行相应的设置。

单击“开始”按钮，进入“开始”菜单，打开“控制面板”窗口，如图 2.22 所示。控制面板有两种显示方式，一种是按类别显示，将同类相关设置放在一起，集合在八个类别中，用户单击不同的类别，可选择其中的项目，进行相关设置。

图 2.22　“控制面板”窗口

另一种是按照“大图标”或“小图标”的方式显示，单击“查看方式：类别”右边的下拉按钮，可选择“大图标”或“小图标”选项来查看“控制面板”中的项目列表。

默认情况下，控制面板按照类别方式显示，在每个类别图标下面，有常用的设置选项，方便用户进行设置。如果需要详细设置，可单击相应的图标，进入类别设置窗口，从中选择需要的设置选项。

2.4.1 系统和安全

单击“控制面板”中的“系统和安全”图标，打开如图 2. 23 所示的“系统和安全”窗口，其中有“操作中心”、“Windows 防火墙”、“系统”、“Windows Update”、“电源选项”、“备份和还原”等多个选项。每个选项还有下一级更加具体的选项，例如“管理工具”选项下还分有“释放磁盘空间”、“对硬盘进行碎片整理”、“创建并格式化硬盘分区”、“查看事件日志”以及“计划任务”等五个选项。利用这些选项可对计算机进行相应的设置与管理。

图 2.23 “系统和安全”窗口

下面以“对硬盘进行碎片整理”为例，介绍“系统与安全”中的系统设置方法和过程。

单击“系统和安全”窗口中的“管理工具”选项中的“对硬盘进行碎片整理”命令，打开如图 2.24 所示的“磁盘碎片整理程序”窗口，选中要进行碎片整理的磁盘分区，例如 D 盘，单击“磁盘碎片整理”命令或按键盘上的“D”键。系统先对磁盘进行分析，分析完后自动进行碎片整理操作，整理完毕，单击窗口右下角的“关闭”按钮，关闭窗口。

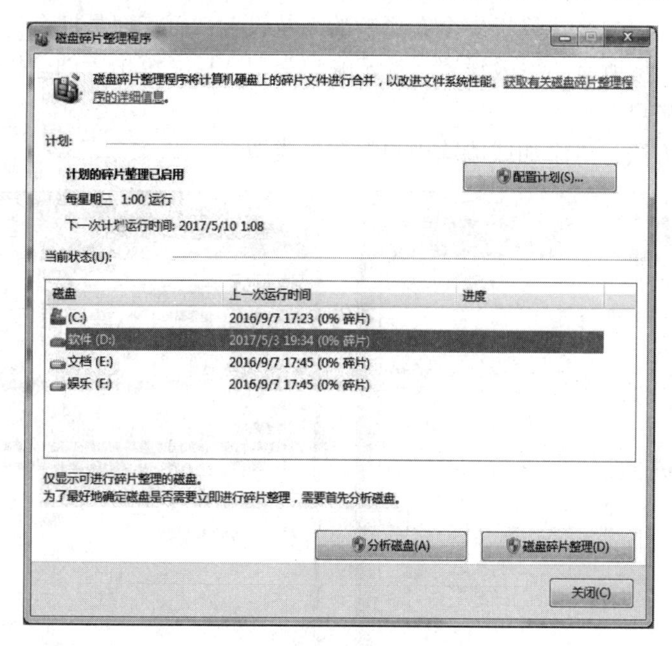

图 2.24　“磁盘碎片整理程序”窗口

2.4.2　用户帐户和家庭安全

单击“控制面板”上的“用户帐户和家庭安全”选项，打开“用户帐户和家庭安全”窗口，如图 2.25 所示，其中包括“用户帐户”、“家长控制”、“Windows CardSpace”和“凭据管理器”四个选项。

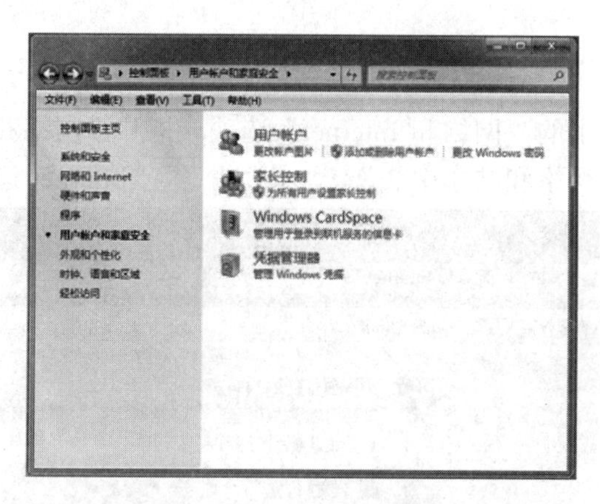

图 2.25　“用户帐户和家庭安全”窗口

下面以“用户帐户”为例予以说明。在“用户帐户”下面包含“更改帐户图片”、“添加或删除用户帐户”以及“更改 Windows 密码”三个二级选项。

Windows 是多用户操作系统，除管理员外，还可创建多个普通用户。单击“添加或删除用户帐户”，打开“管理帐户”窗口，如图 2.26(a)所示。在窗口左下方选择“创建一个新帐户”命令，打开如图 2.26(b)所示窗口，首先在用户名称里输入要创建的帐户名，如：My User，然后选中创建标准用户还是创建管理员。标准用户可以使用大多数软件，但是不可以更改对其他用户或计算机安全有影响的系统设置；而管理员拥有计算机的完全访问权，可以对计算机做所有的更改设置。选定帐户类型之后，单击“创建帐户”按钮，就可以添加一个新的帐户。

其他的操作方法与“添加或删除用户帐户”类似。

(a) 管理帐户

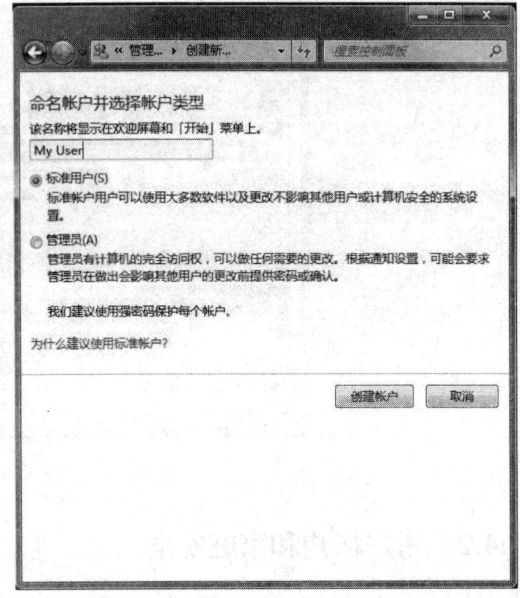

(b) 创建新帐户

图 2.26 “管理帐户”窗口

2.4.3 网络和 Internet

单击“控制面板”上的“网络和 Internet”选项，打开“网络和 Internet”窗口，如图 2.27 所示，其中包括“网络和共享中心”、“家庭组”、“Internet 选项”三个选项。

图 2.27 “网络和 Internet”窗口

单击“网络和共享中心”选项，打开如图 2.28 所示的窗口，单击“查看活动网络”中的“本地连接”，打开如图 2.29 所示的“本地连接 状态”对话框，单击“属性”命令，打开“本地连接 属性”对话框，如图 2.30 所示。在列表框中选择“Internet 协议版本 4 (TCP/IPv4)”，然后单击“属性”命令，打开“Internet 协议版本 4 (TCP/IPv4)属性”对话框，如图 2.31 所示。

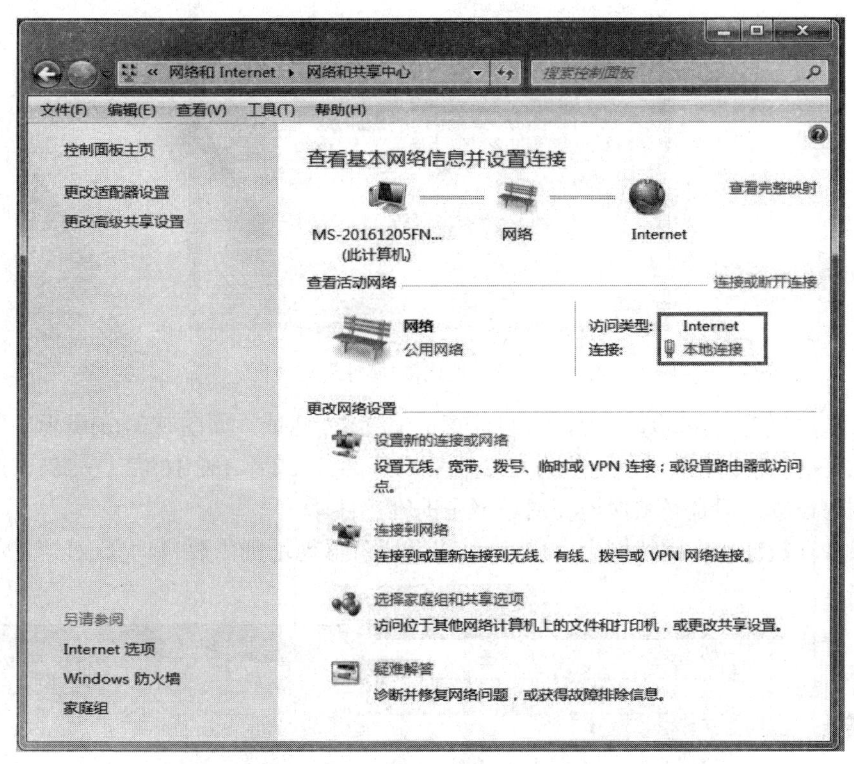

图 2.28　“网络和共享中心”窗口

图 2.29　“本地连接 状态”对话框

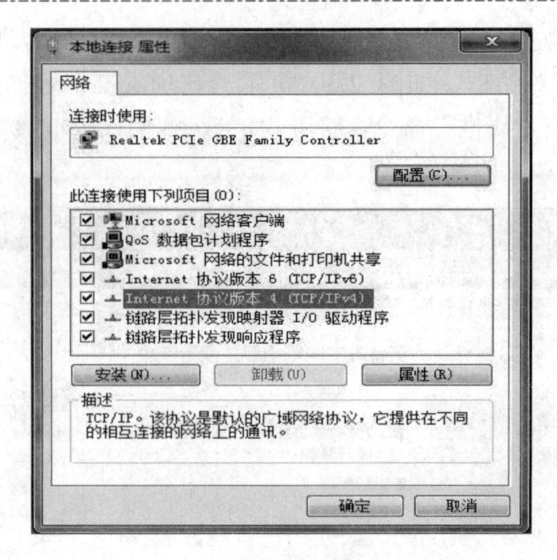

图 2.30 “本地连接 属性”对话框

如果计算机连接在局域网中，需给计算机配置 IP 地址，如图 2.31(a)所示，局域网所使用的 IP 网段为专用网段，一般为 192.168.0.1～255，或者 192.168.2.1～255，用户可在这个范围内设置，但是必须保证在局域网中的唯一性。

如果计算机连接在因特网上，IP 地址以及服务器地址则需要自动获取，如图 2.31(b)所示。

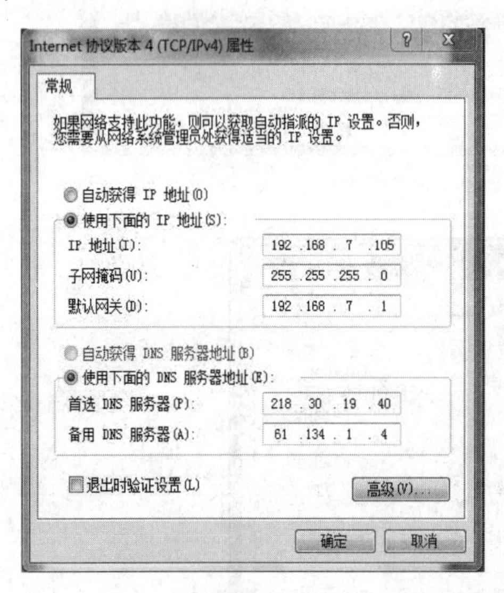

(a) 设置 IP 地址

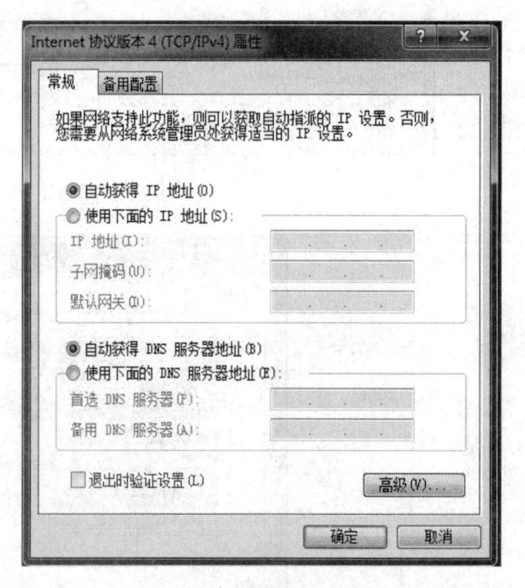

(b) 自动获取 IP 地址

图 2.31 “Internet 协议版本 4(TCP/IPv4)属性”对话框

2.4.4 外观和个性化

在 Windows 7 操作系统中可以创建自己的主题，比如更改桌面背景、窗口边框颜色、声音和屏幕保护程序等，来表现用户的个性化。

在“控制面板”中，单击“外观和个性化”选项，打开“外观和个性化”窗口，如图

2.32 所示，其中包括“个性化”、“显示”、“桌面小工具”、“任务栏和「开始」菜单”、“轻松访问中心”、“文件夹选项”、“字体”、“NVIDIA 控制面板”八个选项。

图 2.32　“外观和个性化”窗口

在“外观和个性化”窗口中单击“个性化”，打开如图 2.33 所示的“个性化”窗口，在该窗口下方单击“桌面背景”图标，打开如图 2.34 所示“桌面背景”窗口，可从中选择 Windows 自带的图片或者使用自己的图片。单击“图片位置”右边的下拉框，可以选择 Windows 自带的图片，单击“浏览”按钮，则可以任意选择在计算机中存储的自己喜欢的图片。选择好背景图片后，单击“保存修改”按钮，完成桌面背景的设置。

图 2.33　“个性化”窗口

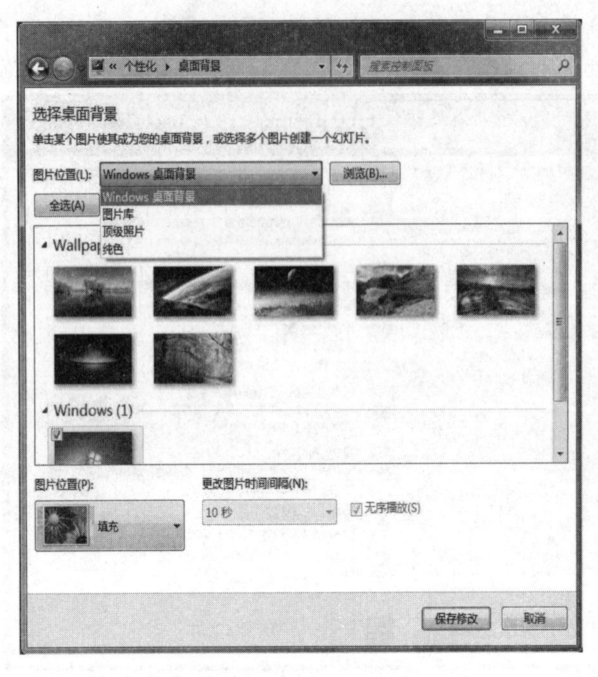

图 2.34 “桌面背景”窗口

更换桌面背景后，如果想要使窗口边框、任务栏和“开始”菜单的颜色与当前主题的颜色关联，在“个性化”窗口中单击“窗口颜色”图标，打开“更改窗口边框、「开始」菜单和任务栏的颜色”窗口，选择颜色，调整好色彩的透明度和浓度，然后单击“保存修改”按钮，完成设置。

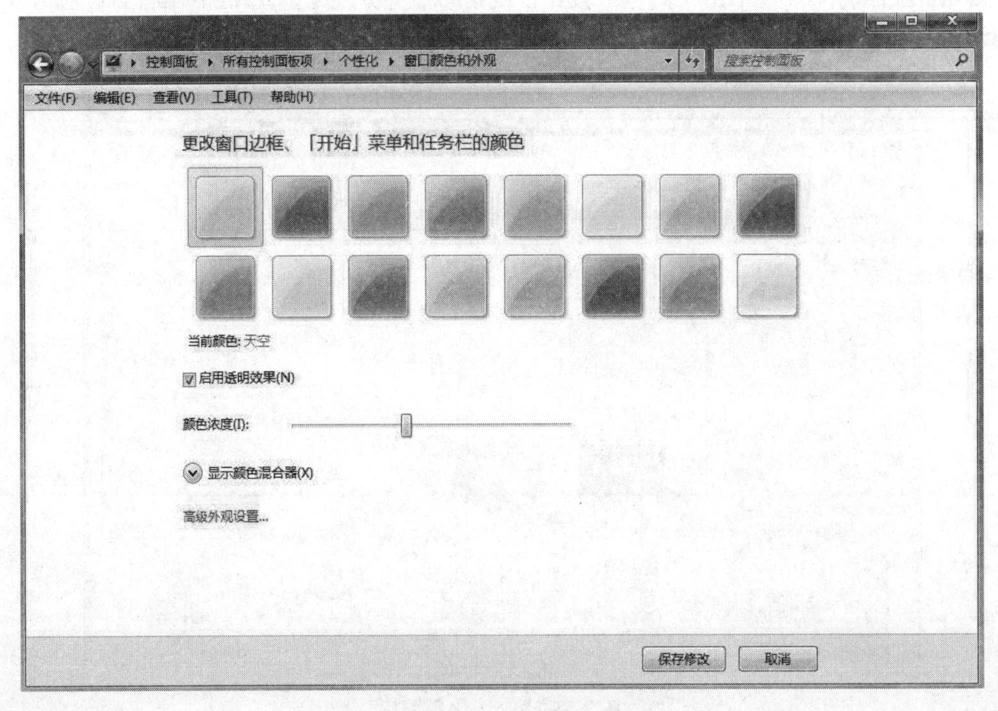

图 2.35 “窗口颜色和外观”窗口

2.4.5　硬件和声音

在“控制面板”中，单击“硬件和声音”选项，打开“硬件和声音”窗口，如图 2.36 所示，其中包括 Windows 7 所有的硬件和声音设置选项，可对计算机进行相应的设置。

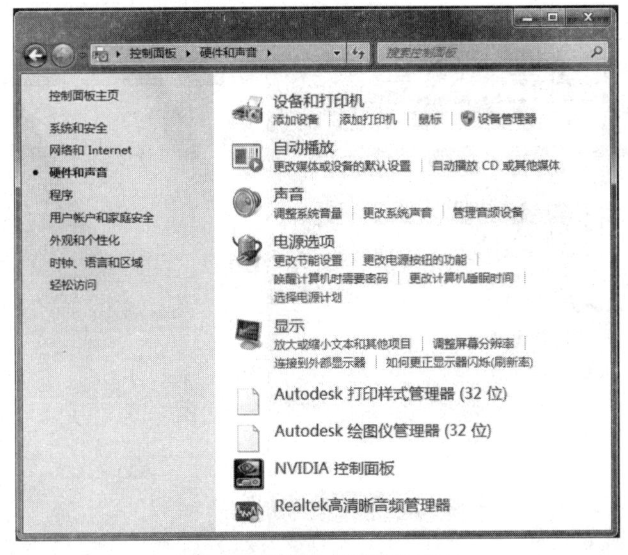

图 2.36　“硬件和声音”窗口

1. 设置系统声音

计算机在发生某些事件时会播放不同的声音。这些声音，可通过对系统的设置进行更改。在“硬件和声音”窗口，单击“声音”选项，打开“声音”对话框，选择“声音”选项卡，在“声音方案”下拉列表中选择声音方案，在“程序事件”列表框中选择不同的事件，如图 2.37 所示，然后单击“测试”按钮，可听到该方案中每个事件的声音方案。Windows 7 中附带了多种针对常见事件的声音方案，选定后，单击“确定”按钮。

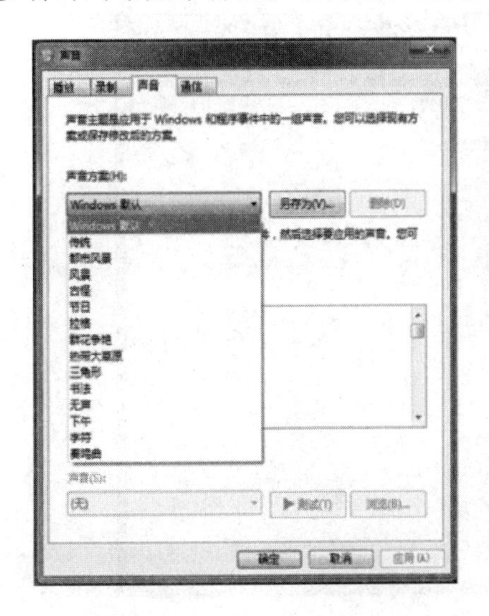

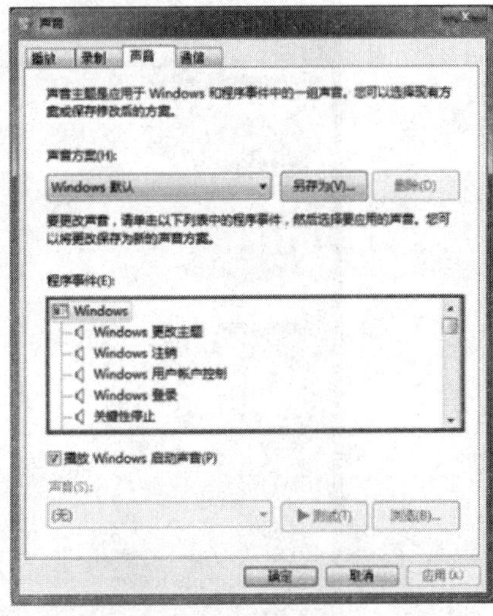

图 2.37　“声音”对话框

2. 设置屏幕分辨率

屏幕分辨率设置屏幕图像显示的清晰度。在显卡可用调整范围内，分辨率越高，图像越清晰。屏幕分辨率的调整方法如下：

在图 2.36 中，执行“调整屏幕分辨率”命令，打开“屏幕分辨率”窗口，如图 2.38 所示。

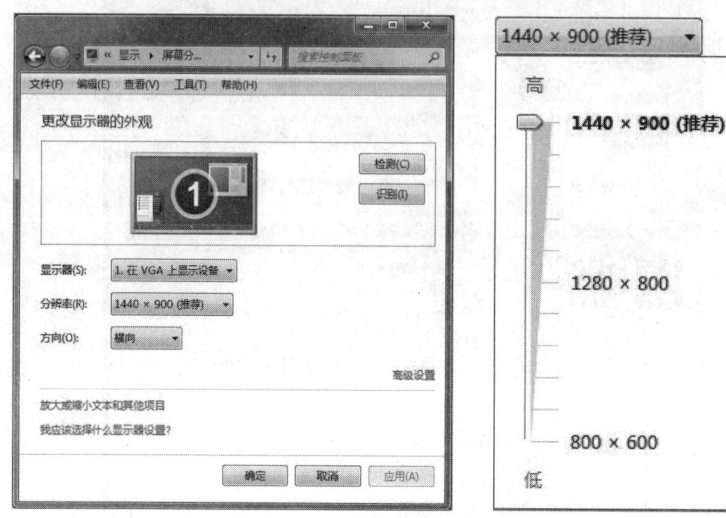

图 2.38 “屏幕分辨率”窗口

单击“分辨率”右面的下拉按钮，展开分辨率调整框，用鼠标拖动调整框里的滑块，可调整屏幕的显示分辨率，调整过程中，上面方框里会显示当前的分辨率数值。

2.4.6 时钟、语言和区域

单击“控制面板”中的“时钟、语言和区域”图标，打开如图 2.39 所示的“时钟、语言和区域”窗口，用户可选择设置“日期和时间”以及“区域和语言”。

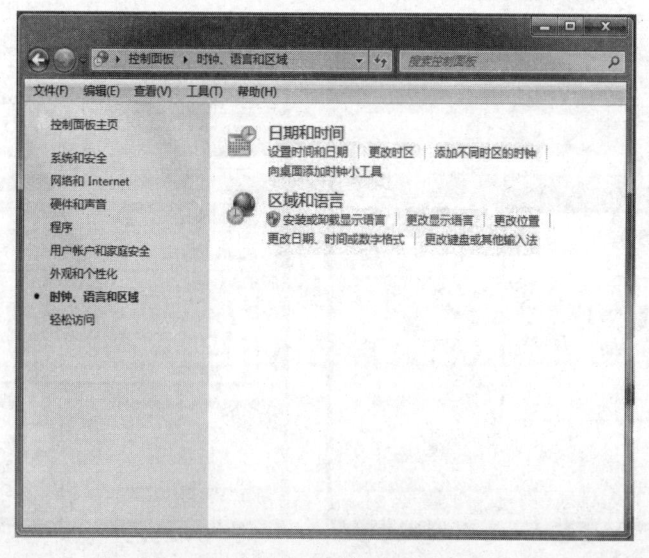

图 2.39 “时钟、语言和区域”窗口

1. “日期和时间”设置

执行“日期和时间/设置时间和日期”命令，屏幕弹出如图 2.40 所示的“日期和时间”对话框，单击“更改日期和时间”按钮，或者在键盘上按“D”键，打开“日期和时间设置”对话框，如图 2.41 所示。在该对话框中可对时间和日期进行设置，然后单击“确定”按钮。

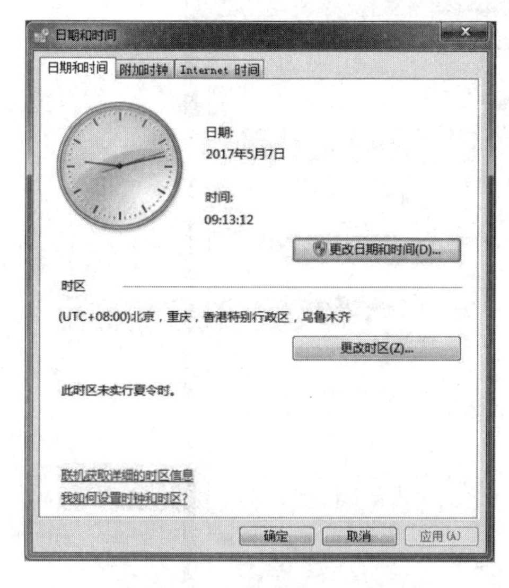

图 2.40 “日期和时间”对话框

图 2.41 “日期和时间设置”对话框

2. “区域和语言”设置

单击图 2.39 中的“区域和语言”选项，屏幕弹出如图 2.42 所示对话框，其中有四个选项卡：格式、位置、键盘和语言、管理。系统默认显示“格式”选项卡，在该选项卡中可以调整系统的日期和时间的格式。

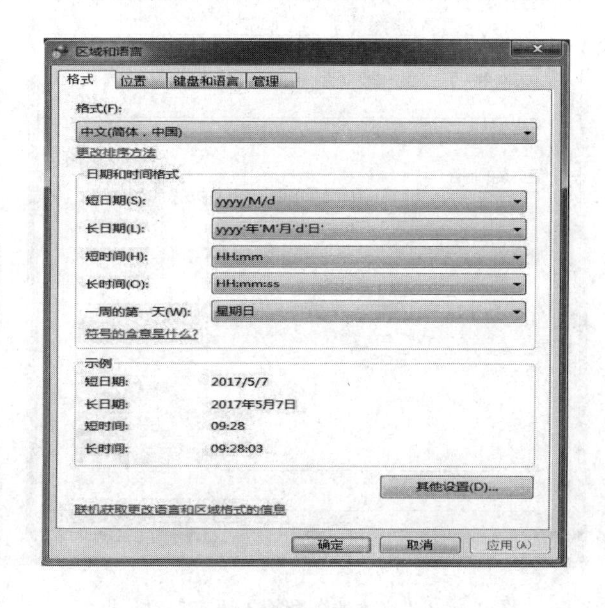

图 2.42 “区域和语言”对话框 1

单击图 2.43 中的“键盘和语言”选项卡，选择“更改键盘”按钮，打开“文本服务和输入语言”对话框，如图 2.44 所示，在“常规”选项卡下，可以添加或删除已经安装的输入法、查看输入法的属性以及通过“上移”、“下移”按钮调整输入法切换时的先后顺序等。

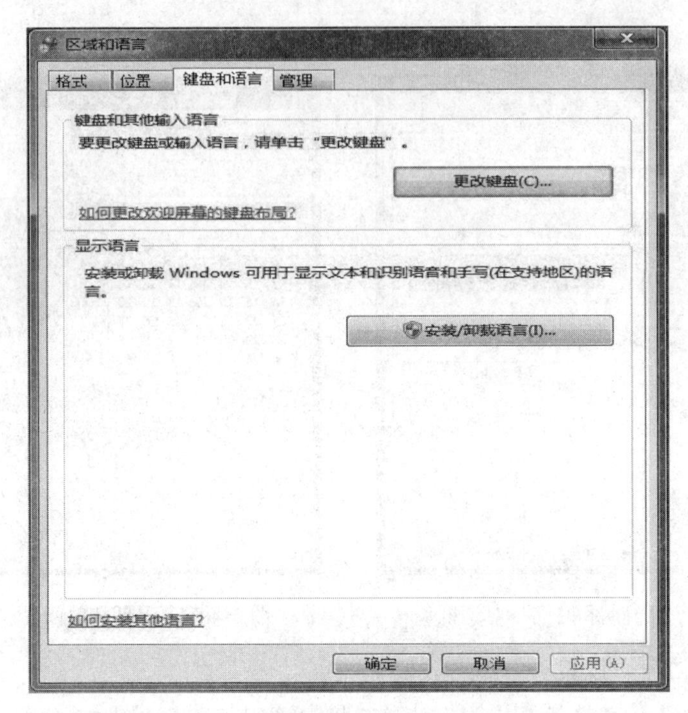

图 2.43 “区域和语言”对话框 2

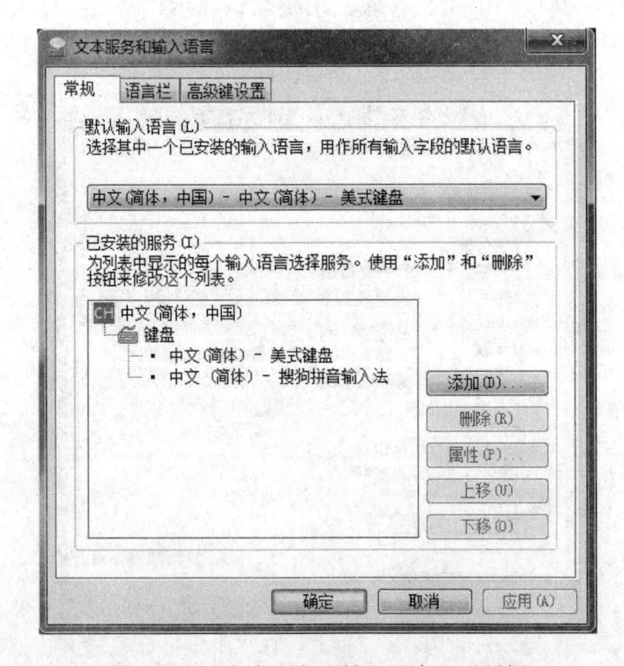

图 2.44 “文本服务和输入语言”对话框

2.4.7　程序

通过“控制面板”中的“程序”选项，可对系统安装的程序进行卸载、更改或修复操作。

单击“控制面板”中的“程序”图标，在打开的窗口中选择“程序和功能”选项下面的“卸载程序”命令，也可直接执行“控制面板”中“程序”图标下面的“卸载程序”命令，打开如图 2. 45 所示“卸载或更改程序”窗口，在列表框中显示的是用户已经安装好的所有应用程序。

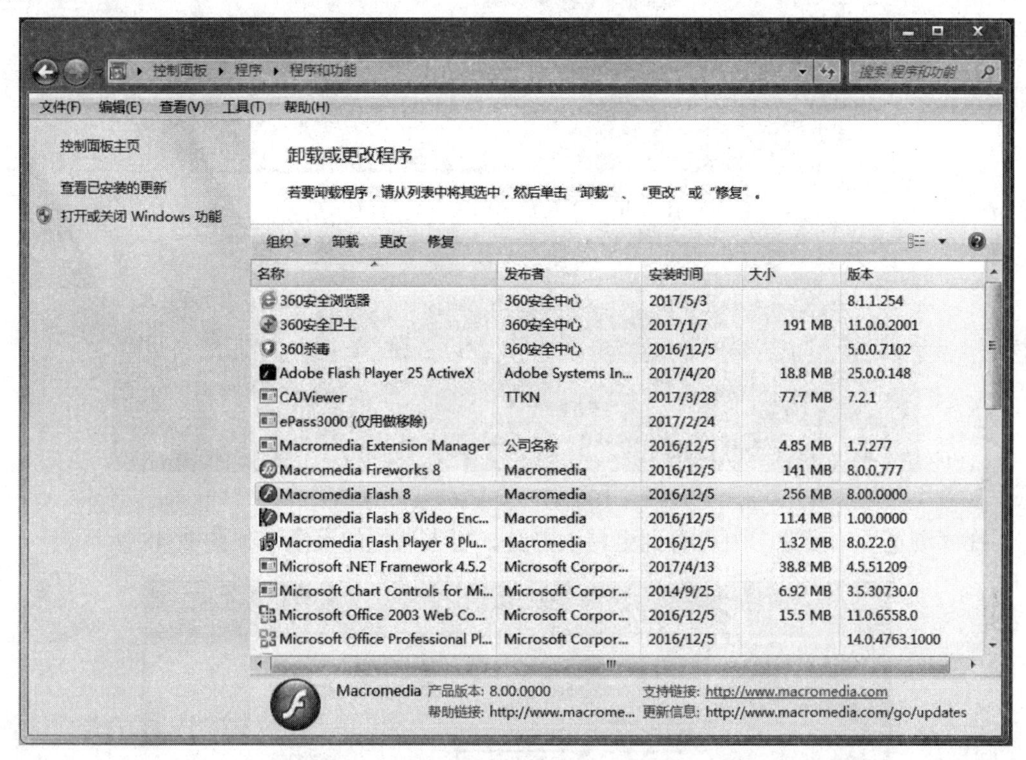

图 2.45　“添加或删除程序”对话框

如果卸载或更改某应用程序，需在列表中选中，然后单击“卸载”、“更改”或者“修复”命令，然后按照系统提示操作即可。

2.4.8　轻松访问

长时间对着电脑，是一件容易疲劳的事情，这样就需要一个轻松的环境。在“控制面板”中单击“轻松访问”图标，在打开的窗口中选择“轻松访问中心”命令，打开如图 2.46 所示的“轻松访问中心”窗口。在这里，可对电脑进行“启动放大镜”、“启动讲述人”、“启动屏幕键盘”、“设置高对比度”等设置。

单击“启动屏幕键盘”命令，可在屏幕上打开软键盘，然后可用鼠标就完成打字功能，如图 2.47 所示。

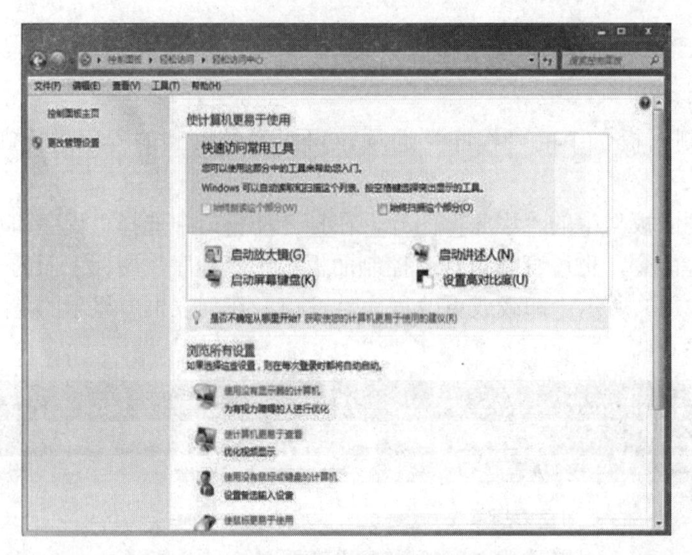

图 2.46 “轻松访问中心”窗口

图 2.47 屏幕键盘

在“浏览所有设置”中可看到更易于办公、更人性化的设置，如图 2. 48 所示。

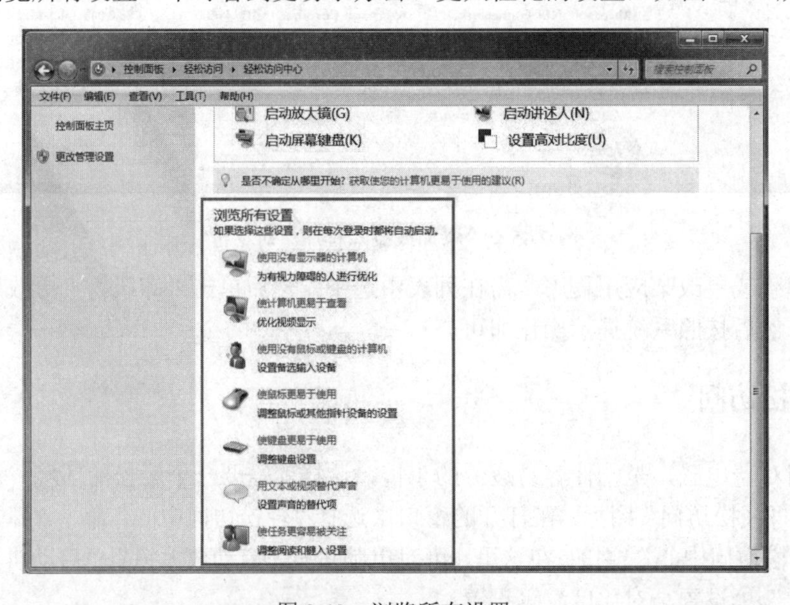

图 2.48 浏览所有设置

其中有“为有视力障碍的人进行优化”、“优化视频显示”、“设置备选输入设备”、“调整鼠标或其他指针设备的设置”、“调整键盘设置”等多项方便用户操作的设置，可满足不同用户的不同需求，为用户提供舒适的环境。

2.5　Windows 7 常用软件的使用

2.5.1　写字板

写字板是 Windows 系统自带的一个文档处理程序，利用它可在文档中输入和编辑文本，插入图片、声音和视频等，还可以对文档进行编辑、设置格式和打印等操作。写字板其实就是一个小型的 Word 软件，虽然功能比 Word 弱一些，但是应对一些普通的文字工作绰绰有余。

在桌面上执行“开始/所有程序/附件/写字板”命令，可打开“写字板”窗口，如图 2.49 所示。“写字板”窗口由写字板按钮、标题栏、功能区、标尺、文档编辑区和状态栏组成。

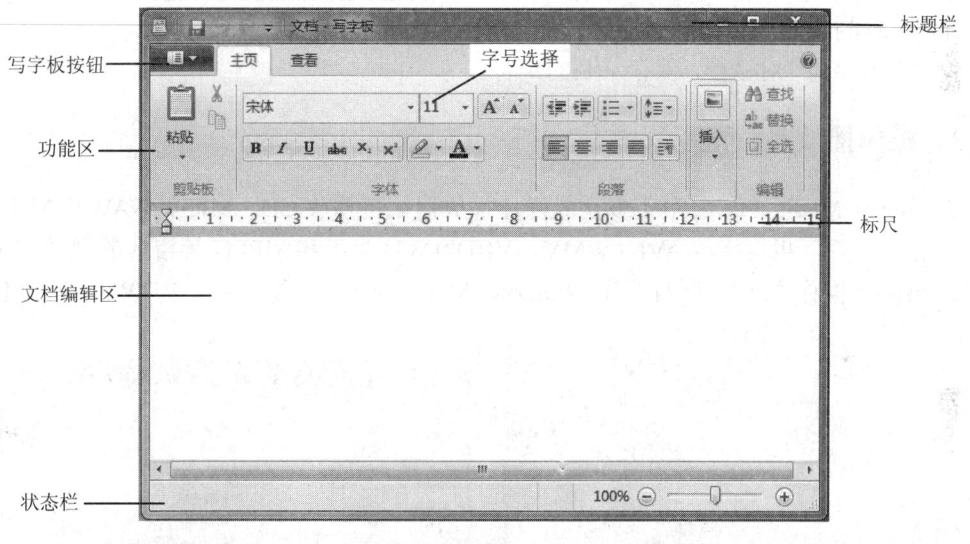

图 2.49　“写字板”窗口

- 写字板按钮：通过“写字板按钮”可新建、打开、保存、打印文档或退出写字板。
- 标题栏：位于窗口最顶端，左侧是快速访问工具，中间是标题，右侧是控制按钮。
- 功能区：设有常用的工具，以便用户直观访问和应用，不需要在隐藏菜单里寻找。
- 标尺：用于控制段落的缩进。
- 文档编辑区：用于输入文字或插入图片，完成编辑与排版工作。
- 状态栏：显示当前文档的状态参数。

启动写字板程序之后，系统自动创建一个文档，可直接输入文字。写字板操作与后面介绍的 Word 2010 基本一样，只是功能弱一些，这里不再详述。

默认情况下，写字板处理的文档是 RTF 格式，另外还有纯文本文档、Office Open XML 文档、Open Document 文档等。

RTF 文档：这类文档可包含格式信息(如不同的字体、字符格式、制表符格式等)。

纯文本文档：指不含任何格式信息的文档，在这种类型的文档中，不能设置字符格式和段落格式，只能简单地输入文字。

Office Open XML 文档：是 Office 2007 以上版本默认的文件格式，它改善了文件和数据管理、数据恢复，以及与行业系统的互操作性。

Open Document 文档：是一种基于 XML 规范的开放文档格式。

2.5.2 录音机

Windows 7 自带录音机应用程序，可录制自己的声音或音乐，还可混合、编辑和播放声音，也可以将声音链接或插入到另一个文档中。

在桌面上执行“开始/所有程序/附件/录音机”命令，打开“录音机”窗口，如图 2.50 所示。在装有声卡、扬声器、麦克风或者其他音频输入设备后，单击“开始录制”按钮，即可录制声音，此时“开始录制”按钮变为“停止录制”。录制完成后，单击“停止录制”按钮，弹出“另存为”对话框，保存录制的声音。

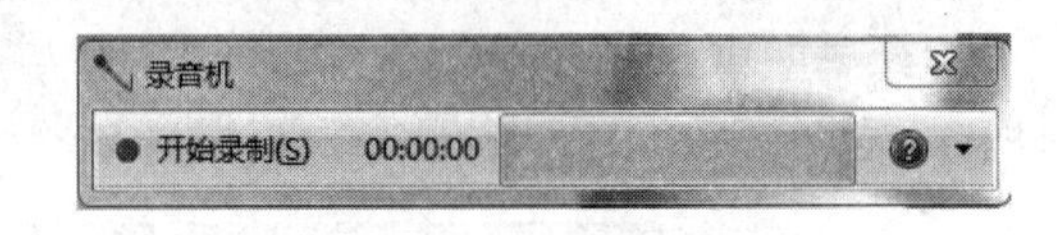

图 2.50 “录音机”窗口

2.5.3 媒体播放器

Windows Media Player 自带多功能媒体播放器，可播放 CD、MP3、WAV 和 MIDI 等格式的音频文件，也可播放 AVI、WMV、VCD/DVD 光盘和 MPEG 等格式的视频文件。

在桌面上执行“开始/所有程序/Windows Media Player”命令，打开“Windows Media Player”窗口，如图 2.51(a)所示。

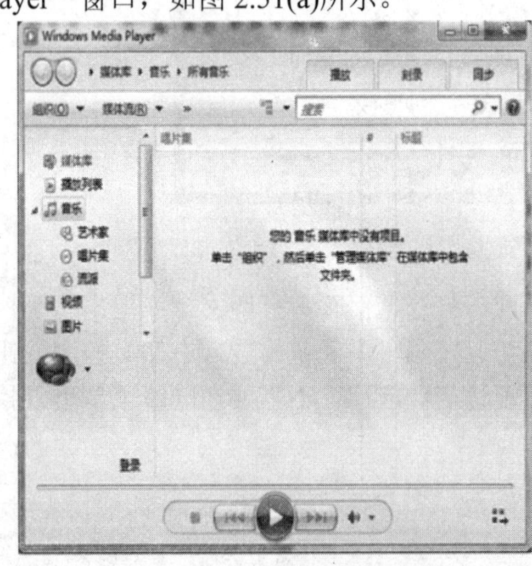

(a) Windows Media Player 窗口

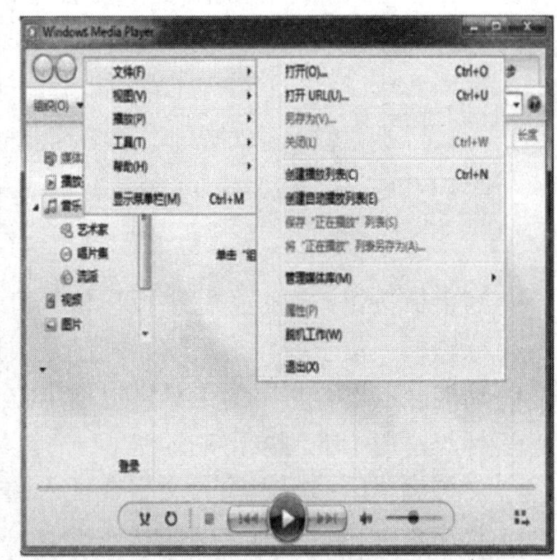

(b) 执行“文件/打开”命令

图 2.51 “Windows Media Player”窗口

按下 Alt 键或者在标题栏下方单击鼠标右键，从下拉菜单中执行“文件/打开”命令，如图 2.51(b)所示，屏幕弹出“打开”对话框，从中选择要播放的音频或视频文件。

播放音频或视频时，Windows Media Player 播放器窗口的下方有一排播放控制按钮，如图 2.52 所示，可用来控制视频或音频文件的播放。当鼠标指向某按钮时，屏幕显示相应的提示信息，各按钮的功能如下：

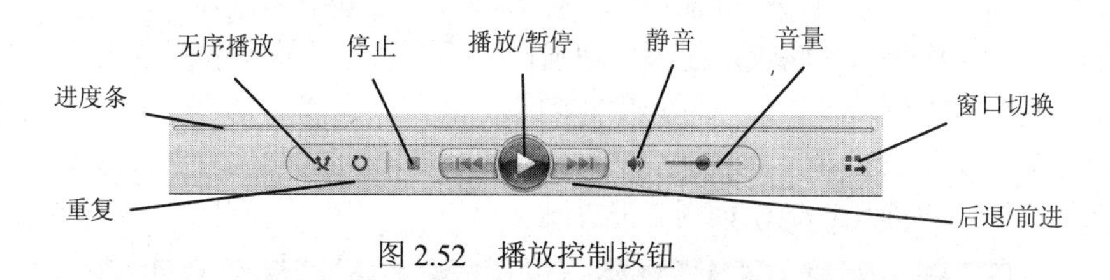

图 2.52　播放控制按钮

- 进度条：进度滑块表示播放进程，拖动滑动块，可控制播放进度。
- 无序播放：单击该按钮可控制播放列表中的文件无序播放。
- 重复：单击该按钮，播放列表中的文件重复播放。
- 停止：单击该按钮，停止播放。
- 播放/暂停：单击该按钮，播放声音或视频文件，如果处于播放状态，单击后暂停播放。
- 后退/前进：左边的是后退按钮，右边的是前进按钮。单击后退按钮，可后退到播放列表中的上一个文件；单击前进按钮，可前进到播放列表中的下一个文件。
- 静音：单击该按钮，可在关闭声音和打开声音间切换。
- 音量：拖动滑块，可调节音量大小。
- 窗口切换：通过该按钮，可将窗口在“正在播放”和“媒体库”之间切换。

2.5.4　计算器

Windows 7 中的计算器有四种类型：标准型、科学型、程序员和统计信息。标准型计算器可做一些简单的加减乘除运算；科学型计算器可做一些高级的函数计算；程序员型计算器可在不同进制之间转换；统计信息型计算器可做一些统计计算。

打开计算器的方法是执行“开始/所有程序/附件/计算器”命令。默认情况下打开的是标准型计算器，与一般使用的计算器外观相同，如图 2.53(a)所示。

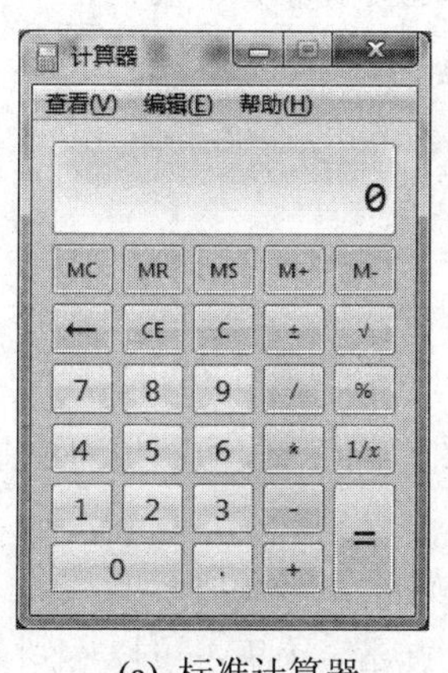

(a) 标准计算器

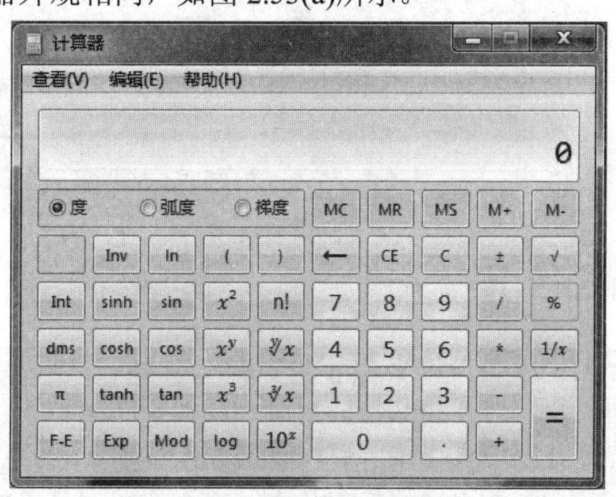

(b) 科学计算器

图 2.53　计算器

要进行其他专业计算，需将计算器转换成相对应的类型。单击计算器窗口中的“查看”，在弹出的快捷菜单中可选择计算器的类型。图 2.53(b)显示的是科学计算器，包含多种常用的数学函数。同样，程序员型计算器和统计信息型计算器也有各自不同功能。

Windows 7 计算器的功能较之前大大增强，除了四种基本计算器型之外，在标准型模式下，还可选择“单位转换”命令，其中有功率、角度、面积、能量、时间、速率、体积等常用物理量，如图 2.54 所示。另外，Windows 7 计算器还提供四种工作表，分别是“抵押”、“汽车租赁”、“油耗”等，如图 2.55 所示。

图 2.54 计算器(单位转换)

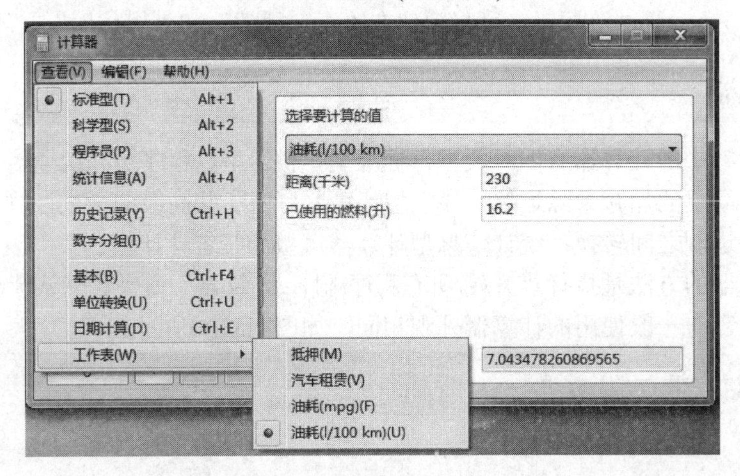

图 2.55 计算器(工作表)

2.5.5 截图工具

截图工具是 Windows 7 中自带的一款用于截取屏幕图像的工具，可将屏幕中显示的内容截取为图片，保存为文件或复制到其他程序中。

执行“开始/所有程序/附件/截图工具”命令，可启动如图 2.56(a)所示的截图工具。这时，整个屏幕都变成了半透明状态。单击截图工具里的“新建”菜单，可以看到截图工具所提供的四种截图方式，分别是“任意格式截图”、“矩形截图”、“窗口截图”和“全屏幕截图”。

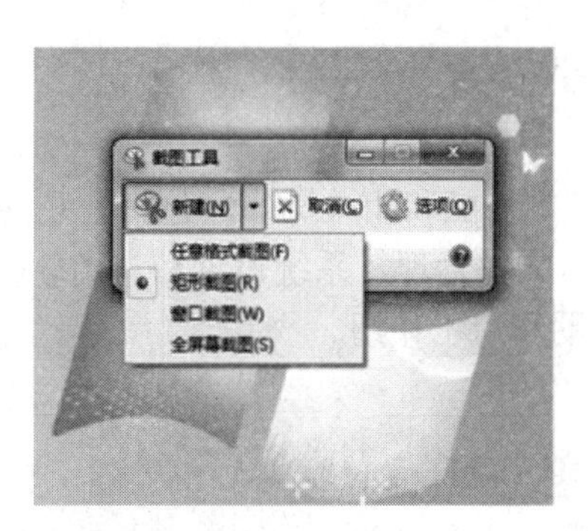

(a) 截图工具窗口1

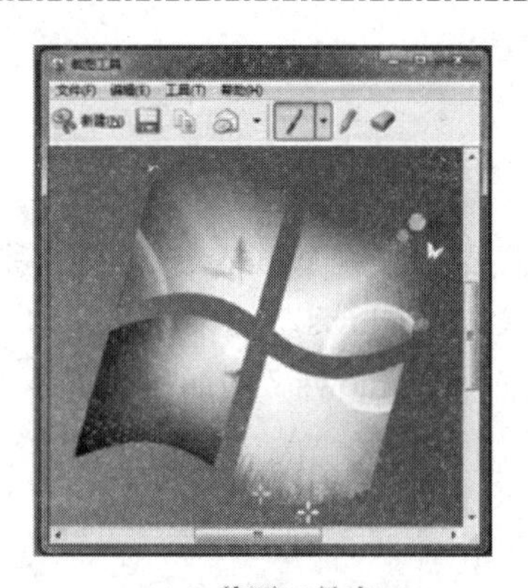

(b) 截图工具窗口2

图 2.56　截图工具

- 任意格式截图：在屏幕中按下鼠标左键拖动，可将任意形状和大小的区域截取为图片。
- 矩形截图：默认截图方式，在屏幕上按下鼠标左键并拖动，可将屏幕中的任意矩形区域截取为图片。
- 窗口截图：在屏幕上的某一窗口单击，将窗口完整截成图片。
- 全屏幕截图：将整个屏幕截成一张图片。

使用任何一种方式截图后，屏幕将弹出如图 2.56(b)所示“截图工具”窗口，在工具栏设有一些简单的图像编辑按钮，用于对截图进行编辑，如保存、复制、绘制标记等。

2.5.6　便笺

Windows 7 系统附件中自带的便笺功能，可方便用户随时记录备忘信息。

执行“开始/所有程序/附件/便笺”命令，在桌面右上角将打开一个黄色的便笺纸，如图 2.57 所示，在便笺中可输入文本。用鼠标拖动，可改变其大小。

默认情况下，便笺背景是黄色的，要改变背景颜色，在便笺的编辑区单击鼠标右键，在弹出的快捷菜单中选择颜色，如图 2.58 所示。新增便笺，单击便笺左上角的“+”按钮，或者按 Ctrl + N 组合键。删除便笺，单击便笺右上角的删除便笺按钮，或者按 Ctrl + D 组合键，这时屏幕弹出提示对话框，单击“是”即可。

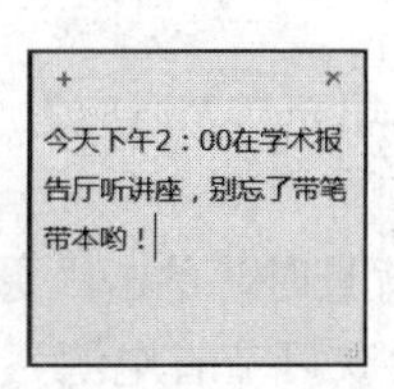

图 2.57　便笺

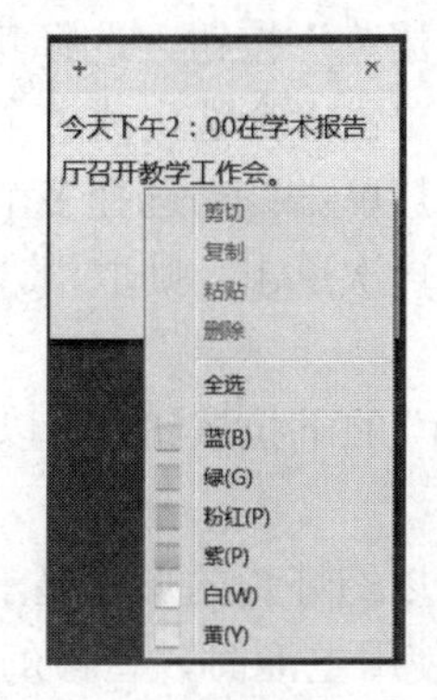

图 2.58　改变便笺背景颜色

本章小结

本章简要介绍了 Windows 7 操作系统的基本功能和相关操作，包括安装 Windows 7 的配置要求，Windows 7 的桌面、窗口、文件与文件管理、系统设置和常用软件等，对于用户快速掌握 Windows 7 的简单操作，具有帮助和启示作用。

上机实习

实习一　设置计算机主题和外观

1. 实习目的

(1) 了解计算机主题和外观的概念。

(2) 了解 Windows 7 的 Aero 桌面体验和预览特性。

(3) 掌握计算机主题和外观的个性化设置。

2. 实习内容：设置计算机主题和外观

(1) 设置桌面背景。

(2) 设置窗口颜色和外观。

(3) 修改系统声音。

(4) 设置或修改屏幕保护程序。

(5) 主题的保存与删除操作。

3. 实习步骤

在桌面空白处单击鼠标右键，在弹出的菜单中，选择“个性化”命令，屏幕上出现的“个性化”窗口。

(1) 设置桌面背景。

单击“桌面背景”选项，出现“桌面背景”窗口。单击“图片位置(L)”右侧的下拉按钮，选择“Windows 桌面背景”、“图片库”、“顶级照片”或“纯色”中的一个图片作为背景，也可以通过单击“浏览”按钮，选择其他图片文件夹中的图片。

选择图片时，可以单击“全选”或“全部清除”按钮。当选择一个图片作为桌面背景时，将鼠标移到某个图片单击；当选择多个图片时，将鼠标移动到该图片，单击左上角小方块，选中该图片，若再次单击，则取消，也可以拖动右侧滚动条，查看、选择不在窗口中的图片。

单击“图片位置(P)”的下拉按钮，可以设置“填充”、“适应”、“拉伸”、“平铺”和“居中”等图片效果。

当选择了多个图片以幻灯片的形式显示桌面背景时，单击“更改图片时间间隔”下拉按钮，“无序播放”、“使用电池时，暂停幻灯片放映可节省电源”选项变成可设置状态，通过修改这些选项，可设置桌面图片的播放速度、播放顺序等。

单击“保存修改”按钮，完成“桌面背景”个性化设置；单击“取消”按钮，则返回上一级窗口，恢复设置前的桌面背景。

(2) 设置窗口颜色和外观。

单击“窗口颜色”选项，屏幕弹出“窗口颜色和外观”窗口，单击 Windows 7 提供的 16 种颜色中的一种，可更改窗口边框、「开始」菜单和任务栏的颜色。

单击“启用透明效果”前的小方块，可以设置窗口的透明效果；再次单击该方块，则取消透明效果。

移动“颜色浓度”滑块，可选择系统未提供的颜色，也可以单击“显示颜色混合器”，通过滑动“色调”、“饱和度”和“亮度”滑块设置外观颜色。

单击“高级外观设置”选项，打开“窗口和外观”对话框，可进行窗口颜色和外观的高级设置，分别为“桌面”、“图标”、“菜单”、“窗口”、“标题按钮”等项目设置外观大小、颜色、字体大小、字形和字体颜色等。

最后单击“保存修改”按钮，完成窗口颜色和外观的设置。

(3) 修改系统声音。

单击“声音”选项，打开“声音”对话框，单击“声音”选项卡。在对话框中单击“声音方案”下拉按钮，可选择“传统”、“都市风暴”、“风景”等 15 种系统自带的声音。

如果需要设置个性化声音方案，可修改“程序事件”列表框中的任意事件的声音。单击选中列表框中的程序事件，此时，“声音”下拉列表框中显示对应的声音名称，“测试”按钮、“浏览”按钮由灰色变为可用。单击“浏览”按钮，可选择声音文件(.wav 波形文件)；单击“测试”按钮，可试听所选的声音。

在系统提供的“声音方案”下，修改任何程序事件的“声音”方案，“声音方案”下拉列表框中将在之前的声音方案名称后面加上“(已修改)”，单击“另存为”按钮，将修改后的方案保存为个性化声音方案。

在个性化声音方案下，修改程序事件的“声音方案”，如果需要保存，单击“确定”按钮；否则，单击“取消”按钮。

单击“播放”选项卡，对与计算机连接的扬声器和耳机进行设置。

单击“录制”选项卡，对计算机的麦克风进行设置。

单击“通信”选项卡，可以设置 Windows 检测到其他通信进行的声音操作。

最后，单击“确定”按钮，保存并执行修改方案；单击“取消”按钮，仍执行原声音方案。

(4) 设置或修改屏幕保护程序。

单击“屏幕保护程序”，打开“屏幕保护程序设置”对话框，默认情况下，系统未启动“屏幕保护程序”。单击“屏幕保护程序”下拉按钮，可选择“变幻线”、“彩带”、“空白”和“气泡”等屏幕保护程序，选择这些选项时，单击“设置”按钮，可以看到“无选项”对话框，如图 2.59 所示；选择“三维文字”，单击“设置”按钮可以对文本内容、文本字体、动态效果、表面样式、分辨率、大小和旋转速度等进行设置，如图 2.60 所示；选择“照片”，单击“设置”按钮，可以选择喜欢的图片文件以及这些照片播放的速度和顺序。

单击“预览”按钮，可预览屏幕保护程序的运行效果。

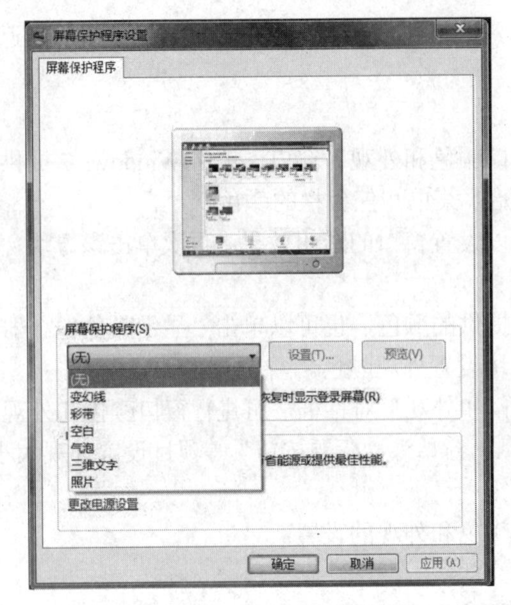

图 2.59　屏幕保护程序设置

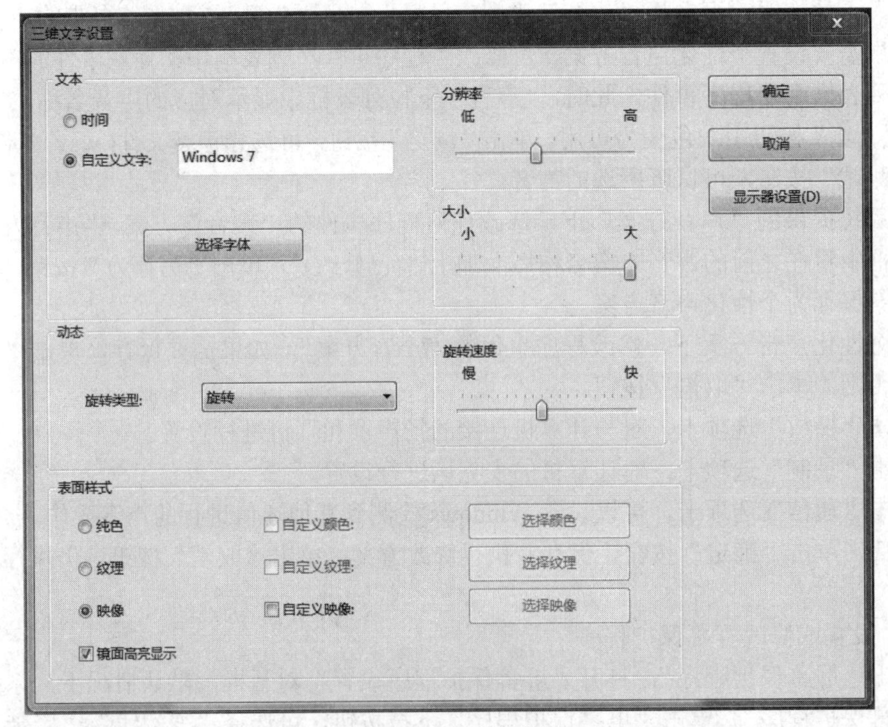

图 2.60　三维文字设置

通过上下微调“等待”微调器或直接输入数值，设置屏幕保护程序启动的条件。选中“在恢复时显示登录屏幕”，设置退出屏幕保护程序时进行的操作。单击“更改电源设置”按钮，进行电源的设置。

最后，单击“确定”按钮，保存所选屏幕保护程序及电源设置；若单击“取消”按钮，仍保持原屏幕保护程序和电源设置。

(5) 主题的保存与删除操作。

① 以上修改引起主题的变化，系统默认命名为“未保存的主题”。单击“未保存的主题”，然后单击右键，选择“保存主题”选项，打开“主题另存为”对话框，然后输入主题名称(如：My Theme)，单击“保存”按钮，保存该主题，同时系统主题设置为该主题。

② 右键单击某个非当前的主题，选择“删除主题”选项，在打开的对话框中，单击“是”按钮，删除该主题。

4. 要点提示

(1) 透明的玻璃图案带有精致的窗口动画和新窗口颜色，将轻型透明的窗口外观与强大的图形高级功能结合在一起，这就是 Aero 桌面体验的特点。按组合键 Ctrl + Windows 徽标 + Tab，使用三维窗口切换来切换窗口，如图 2.61 所示。

图 2.61 三维窗口切换

(2) 在设置主题与外观的过程中，当改变某些属性时，系统提供预览功能。

(3) 背景、窗口颜色、声音或屏幕保护程序的任何修改都会引起主题的变化，且该主题设置为当前主题，命名为“未保存的主题”。

(4) 在删除主题时，不能删除当前主题。

实习二 设置桌面图标

1. 实习目的

(1) 了解桌面超大图标效果。

(2) 掌握更改桌面图标、整理桌面图标、启动桌面程序等操作。

2. 实习内容

(1) 更改桌面图标。

(2) 整理桌面图标。

(3) 启动桌面程序。

3. 实习步骤

(1) 更改桌面图标。

在桌面空白处点击鼠标右键，在弹出的菜单中点击“个性化”命令。在“个性化”窗口中，单击“更改桌面图标”选项。在“桌面图标设置”对话框中的“计算机”、“回收站”、“用户的文件”、“控制面板”和“网络”等复制框中选择需要添加到桌面上的图标。

更改图案时，选中“列表框”中的某个图标，点击“更改图标”选项，在列表中任意选择一个图标，单击“确定”按钮，桌面图标被替换为所选图标。单击“还原默认值”选项，可恢复为系统默认图标。

如果更改主题时不允许更改桌面图标，取消勾选“允许主题更改桌面图标”选项。单击“应用”按钮，对桌面图标进行的设置即生效。单击“确定”按钮，完成更改桌面图标设置。

(2) 整理桌面图标。

① 右键单击桌面空白处，在下拉菜单中选择“排序方式”，通过选择“名称”、“大小”、“项目类型”或“修改时间”选项，图标按所选类型排列。

② 右键单击桌面空白处，在下拉菜单中选择“查看”，通过选择“大图标”、“中等图标”、“小图标”等选项，设置桌面图标大小。

单击“自动排列图标”菜单项，图标从左到右自动排列。

单击“将图标与网格对齐”菜单项，图标对齐到就近的网格中。

单击“显示桌面图标”，取消勾选菜单项，图标被隐藏，再次单击“显示桌面图标”，图标显示到原位置。

单击“显示桌面小工具”，取消勾选菜单项，桌面小工具立即隐藏，再次单击“显示桌面小工具”，桌面小工具出现在原来的位置。

(3) 启动桌面程序。

双击桌面某个图标，或右键单击，再在下拉菜单中单击“打开”命令，即可打开该程序。

4. 要点提示

(1) 系统只提供了“计算机”、“回收站”、“用户的文件”、“控制面板”和“网络”等桌面图标，其他程序或文件的图标可通过建立快捷方式移到桌面上。

(2) 当取消勾选“自动排列图标”菜单项时，可以将图标放置到桌面的任意位置。

实习三 设置桌面屏幕分辨率

1. 实习目的

(1) 了解桌面分辨率和刷新率的含义。

(2) 掌握桌面分辨率、刷新率的设置方法。

2. 实习内容

(1) 设置屏幕分辨率。

(2) 设置刷新率。

3. 实习步骤

(1) 在桌面空白处单击鼠标右键，在下拉菜单中单击“屏幕分辨率”。单击“分辨率”栏右侧的下拉按钮，拖动下拉框中的滑块选择当前显示器所支持的分辨率。

(2) 有多个显示器时，单击“显示器”下拉按钮，选择其他显示器进行设置。

(3) 单击“方向”下拉按钮，可将当前显示器设置为“横向”、“纵向”、“横向(翻转)”或“纵向(翻转)”。

(4) 单击“高级设置”，选择“监视器”选项卡。单击“屏幕刷新频率”栏的下拉按钮，选择合适的刷新频率数值，单击“确定”按钮，完成设置。

(5) 单击“确定”按钮，完成分辨率设置。

要点提示：

① 分辨率越高，刷新频率就应该越高，但不是每个屏幕分辨率与每个刷新分辨率都兼容。

② 更改刷新频率，将影响登录到这台计算机上的所有用户。

实习四　“开始”菜单的基本操作

1. 实习目的

(1) 了解“开始”菜单的组成和功能特性。

(2) 掌握“开始”菜单的基本操作。

2. 实习内容

(1) 启动程序。

(2) 跳转列表的基本操作。

(3) 搜索框操作。

(4) 自定义“开始”菜单。

3. 实习步骤

单击桌面左下角带有 Windows 图标的“开始”按钮，显示“开始”菜单。

(1) 启动程序。

单击“所有程序”选项，找到将要打开的程序位置，单击该程序的图标，或右键单击，在下拉菜单中执行“打开”命令，或用鼠标指向该程序，按 Enter 键，启动该程序。

(2) “开始”菜单的跳转列表操作。

单击“开始”菜单，将鼠标指向某程序(如 Microsoft Office Word 程序)，在“开始”菜单处右键单击，弹出该程序的跳转列表。

① 将鼠标指向“最近”列表中需要锁定的文件，在文件列表项后面出现一个“锁定到此列表”图标，如图 2.62 所示，单击该图标(或右键单击“最近”列表中需要锁定的文档，单击“锁定到此列表”菜单项；或直接拖动需要锁定的文件)，可将所选文档锁定到跳转列表中，并立即显示在“已固定”列表中。

图 2.62　锁定文件到程序列表

② 右键单击“最近”列表中需要删除的文件，单击“从列表中删除”，即从跳转列表中删除。将鼠标指向“已固定”列表中需要解锁的文件，在该文件列表项后面出现“从此列表解锁”图标，点击该图标(或右击“已固定”列表中需解锁的文件，单击“从此列表解锁”)如图 2.63 所示，此文件从“已固定”列表中消失，解锁的文档按最后打开的时间排序显示在“最近”列表中。

图 2.63　从程序列表解锁文件

(3) 附到“开始”菜单操作。

① 右键单击需要附加到“开始”菜单的程序快捷方式选项，再单击“附到「开始」菜单”菜单项，如图 2.64 所示，此程序的快捷方式立即显示在开始菜单的顶端区域。

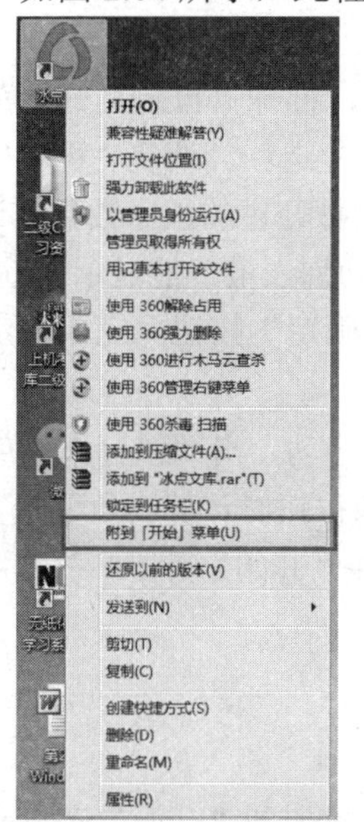

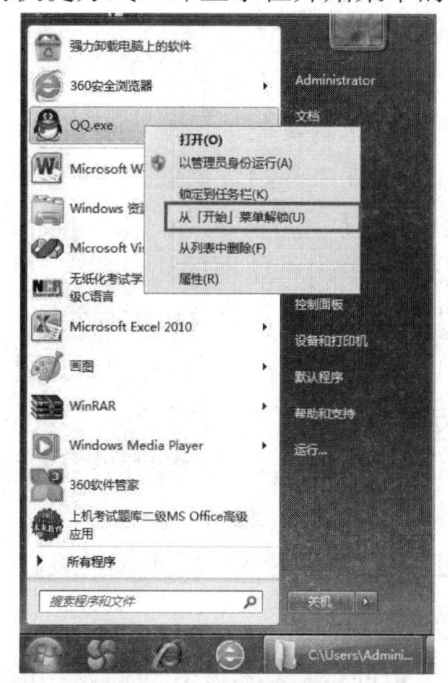

图 2.64　快捷方式附到【开始】菜单及从开始菜单解锁

② 右键单击顶端区域需从“开始”菜单解锁的程序的快捷方式，再单击“从「开始」菜单解锁”，如图 2.64 所示，解锁程序的快捷方式，按最后打开的时间排序显示在“开始”菜单中。

(4) 搜索框操作。

单击“开始”按钮，在“开始”菜单的搜索框中输入“cmd”或“命令提示符”或其他关键字。单击搜索结果中的“cmd”或“命令提示符”程序的快捷方式或搜索的相关结果，即可方便、快捷地启动程序或访问该文件，如图 2.65 所示。

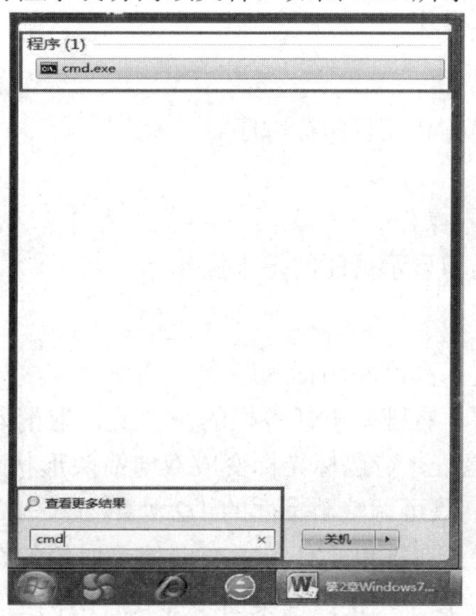

图 2.65　搜索框操作

(5) 设置“打开”菜单。

① 右键单击“开始”按钮或“开始”菜单空白处，在拉出的菜单中单击“属性”，打开“开始”菜单属性设置对话框。

若要设置“开始”菜单右窗格，单击“自定义”，打开“自定义开始菜单”对话框。拖动垂直滚动条，勾选需要在“开始”菜单中显示的复选项。调整“程序的数目”微调器或直接输入数值，设置“开始”菜单最多能显示最近打开过的程序数目。调整“项目数”微调器或直接输入数值，设置“开始”菜单程序的跳动列表最多能显示最近使用的项目数。若要恢复默认设置，单击“使用默认设置”；单击“确定”按钮，完成自定义“开始”菜单设置；单击“取消”按钮，原有设置有效。

② 单击“电源按钮操作”下拉按钮，通过鼠标移动、滑动鼠标滚轴或键盘上下键选择“关机”、“切换用户”或“注销”等，设置按电源按钮时计算机所要执行的操作。

③ 勾选“隐私”复选框，设置储存并显示最近在“开始”菜单中打开的程序或在“开始”菜单和任务栏中打开的项目。

单击“确定”按钮，“开始”菜单属性设置生效。

4. 要点提示

(1) 为了便于访问或启动程序，可将常用的程序附加到“开始”菜单中，常用的文档锁定到该程序的跳转列表中。

(2) 掌握搜索技巧，可以帮助用户快速找到所需程序或文件。

(3) 为了便于操作，根据习惯自定义“开始”菜单。

实习五　任务栏的基本操作

1. 实习目的

(1) 了解任务栏的组成和功能。

(2) 掌握任务栏的基本操作。

2. 实习内容

(1) 调整任务栏的位置、高度和图标顺序。

(2) 启动程序。

(3)“跳转列表”的基本操作。

(4) 通知区域、指示器和显示桌面的基本操作。

3. 实习步骤

(1) 调整任务栏的位置、高度和图标顺序。

① 调整任务栏的高度。右键单击任务栏的空白处，取消勾选“锁定任务栏”选项。将鼠标指向任务栏的上边缘处，待鼠标光标变成双向箭头形状时，按下鼠标左键上下拖动改变任务栏的高度，但最高只可调整至桌面的1/2处。

② 调整任务栏的位置。右键单击任务栏空白处，取消勾选“锁定任务栏”选项。将鼠标指向任务栏的空白处，按下左键，向桌面顶部或者两侧拖动释放，调整位置。

③ 调整任务栏图标顺序。对于未打开的程序，将程序的快捷方式图标直接拖到任务

栏的空白处，即可将此程序锁定到任务栏。对于已打开的程序，右键单击该程序图标，再单击“将此程序锁定到任务栏”，此程序常驻任务栏。

选中任务栏按钮区图标，左右拖动，可调整任务栏图标的顺序。

④ 右键单击任务栏上某图标按钮，再单击“将此程序从任务栏中解锁”，将该程序从任务栏按钮区移除。

(2) 启动程序。

当某程序未打开时，单击任务栏中该程序的图标可启动该程序。若已启动多个程序，单击该程序图标，将显示已启动的程序文件，在这些文件中进行切换，如图 2.66 所示。

图 2.66　多个相同程序的切换

(3)“跳转列表”的基本操作。

右键单击程序图标，显示该程序的跳转列表。根据“开始”菜单的跳转列表操作，对任务栏的跳转列表进行“锁定”、“解锁”、“删除”等操作。

(4) 通知区域、指示器和显示桌面的基本操作。

① 通知区域操作。单击通知区域的倒三角按钮，选择“自定义”，找到需要在任务栏中显示或隐藏的图标，通过下拉列表选择“显示图标和通知”、“隐藏图标和通知”或“仅显示通知”，单击“确定”按钮，任务栏通知区域即显示或隐藏所设置的图标。

② 显示桌面操作。将鼠标移动到任务栏最右侧的那一小块半透明的区域，显示桌面，如图 2.67 所示，透视桌面上的所有项目，查看桌面的情况。鼠标从“显示桌面”区域移开，桌面上的任务恢复原状；单击“显示桌面”，桌面所有任务最小化到任务栏。

图 2.67　显示桌面

③ 指示器操作。将鼠标指向任务栏通知区域电子时钟指示器，将显示当前日期和时间。单击该指示器，出现日历和时钟。单击“更改日期时间设置”，打开“日期和时间”对话框。单击“更改日期和时间”选项，屏幕弹出“日期和时间”对话框。单击“附加时钟”选项卡，勾选“显示此时钟”，即可通过下拉列表设置不同的时区

和命名该时钟。最后，单击“确定”按钮。将鼠标指向时钟区域，即可显示设置的附加时钟信息。

单击任务栏右侧的喇叭图标，打开“扬声器调整”对话框。当系统检测到声音时，滑块中有类似绿色液体上下波动。上下拖动滑块可增大或降低音量。单击“合成器”按钮，可以调整扬声器、系统声音、Internet Explorer 声音的大小；单击扬声器图标，在“扬声器属性”对话框中可对扬声器进行详细设置。

单击输入法指示器，选择需要使用的输入法，可以按组合键 Ctrl + Shift 或 Ctrl + Space(空格)切换输入法。右键单击“输入法指示器”，再单击“设置”按钮，屏幕弹出“文本服务和输入语言”对话框，在“键盘”栏中选中需要删除的输入法，单击“删除”按钮。单击“添加”按钮，选择添加已安装的输入法，单击“确定”按钮，完成输入法指示器的设置。

4. 要点提示

(1) 任务栏的预览窗口中的内容可以是文档、照片，甚至可以是正在运行的视频，而且在预览窗口中可以进行关闭窗口、最大化窗口、播放视频、暂停视频、下一个视频、上一个视频等操作。

(2) 从任务栏的图标按钮的外观效果可以看出该程序是否启动和启动的数量。

(3) 快速启动栏和活动任务结合在一起组成图标按钮区。

实习六　窗口的基本操作

1. 实习目的

(1) 了解窗口的组成。

(2) 掌握窗口的基本操作。

2. 实习内容

(1) 打开与关闭窗口。

(2) 切换、移动和排列窗口，改变窗口的大小。

(3) 排列窗口。

3. 实习步骤

(1) 打开与关闭窗口。

双击桌面上的程序图标，或选择“开始”菜单中的“程序”命令，或在“计算机”和“资源管理器”中某程序的安装目录下双击该程序或文档图标，或单击任务栏中的按钮图标，均可打开相应程序或文档的窗口。

单击窗口右上角的“关闭”按钮；或者双击程序窗口左上角的控制菜单按钮图标；或者右键单击程序窗口标题栏(或按 Alt + 空格键)，然后单击“关闭”按钮；或直接按组合键 Alt + F4；或者选择“文件”菜单中的“关闭”(或“退出”)命令，均可完成窗口的关闭操作。

(2) 切换窗口。

使用组合键 Alt + Tab、Alt + Shift + Tab、Alt + Esc 均可进行窗口的切换；单击某非活动窗口能看到的部分，该窗口切换为活动窗口；单击任务栏按钮图标或预览窗口，也可以进行切换。

(3) 移动窗口。

用鼠标拖动窗口的标题栏到指定的位置。按 Alt + 空格键，打开系统控制菜单，使用箭头键选择“移动”命令，再使用箭头键将窗口移动到指定的位置上。

(4) 改变窗口大小。

① 将鼠标指向窗口的边框或窗口的 4 个角，鼠标指针变为双向箭头，按住鼠标左键拖动到所需要的大小。

② 单击窗口标题栏右上角的“最大化”按钮，窗口最大化；双击窗口标题栏，窗口最大化；再次双击窗口标题栏，窗口还原；右键单击标题栏或按 Alt+空格键，打开系统控制菜单，选择“最大化”菜单项；鼠标指向标题栏，按住鼠标左键拖动窗口到屏幕顶部，窗口最大化。按住左键将窗口标题栏拖离屏幕顶部，窗口还原。

③ 单击窗口标题栏右上角的“最小化”按钮，窗口最小化；单击任务栏上的应用程序图标，窗口最小化；再次单击该图标，窗口还原。右键单击标题栏或按 Alt + 空格键，打开系统控制菜单，选择“最小化”菜单项，窗口最小化。

(5) 排列窗口。

右键单击“任务栏”的任意空白处，分别选择“层叠窗口”、“堆叠显示窗口”或“并排显示窗口”，打开的多个窗口按相应方式排列。

当多个窗口显示在屏幕上，鼠标移到窗口标题栏，按住鼠标左键晃动窗口，则其他窗口最小化。重复操作，其他窗口还原。

4. 要点提示

(1) Windows 7 提供了拖动标题栏到指定区域可最大化、还原当前窗口功能。

(2) Windows 7 提供了晃动窗口，快速地将非当前窗口最小化到任务栏功能。

实习七　“资源管理器”的基本操作

1. 实习目的

(1) 了解“资源管理器”的结构。

(2) 掌握“资源管理器”的基本操作。

2. 实习内容

(1) 启动“资源管理器”。

(2) 浏览磁盘内容。

3. 实习步骤

(1) 启动“资源管理器”。

执行“开始/所有程序/附件/Windows 资源管理器”；或者右键单击“开始”按钮，选择“打开 Windows 资源管理器”，此时右侧窗口默认打开“库”窗口；按 Windows 徽标+E 组合键，此时右侧窗口默认打开“计算机”窗口。

(2) 使用“资源管理器”浏览磁盘内容。

① 启动“资源管理器”后，单击左窗格文件夹列表中某一驱动器盘符或文件夹，该

驱动器或文件夹包含的内容显示在右窗格工作区中。

② 单击某一驱动器盘符或文件夹前面的“▷”图标，将该驱动器或文件夹“展开”，显示其包含的子文件夹。单击某一驱动器盘符或文件夹左边的“◢”图标，将该驱动器或文件夹“折叠”，隐藏显示其包含的子文件夹。

③ 右键单击右窗格空白处，选择“查看”，或单击“图标”下拉按钮，选择不同的菜单项，设置文件或文件夹不同的显示方式。

④ 单击“图标”，设置窗格的预览功能，再次单击，取消预览功能。

4. 要点提示

(1) 设置文件的预览功能后，能预览文本文件、微软的办公文档和PDF等文件，但并不是所有文件都能预览。

(2) 可通过依次单击“资源管理器”窗口中的“组织”、“布局”和“菜单栏”，将熟悉的菜单栏显示在工具栏上方。

实习八　文件夹或文件的基本操作

1. 实习目的

(1) 了解文件夹、文件的概念、属性和路径等。

(2) 掌握文件夹或文件的基本操作。

2. 实习内容

(1) 文件夹或文件的选定、新建、重命名、复制与移动、删除与恢复等操作。

(2) 设置文件夹或文件属性。

(3) 文件夹或文件的压缩与解压操作。

(4) 文件夹或文件的搜索操作。

3. 实习步骤

(1) 选定文件夹或文件。

① 单个对象的选择，直接单击文件夹或文件的图标。

② 多个连续对象的选择，单击第一个文件夹或文件图标，按下Shift键，再单击要选择的最后一个文件夹或文件图标。

③ 多个不连续对象的选择，按下Ctrl键，逐个单击要选取的文件夹和文件图标。

④ 全选所有对象，在所有对象形成的矩形区域左上方按下鼠标左键，拖动鼠标直到包含所有对象为止，或按快捷键Ctrl + A实现全选。

⑤ 取消选择，在空白处单击，取消选择。

(2) 新建文件夹或文件。

① 在“资源管理器”窗口中选中一个驱动器，双击打开该驱动器，找到要创建文件夹或文件的位置。然后执行“文件”菜单中的“新建”命令，选择“新建文件夹”或文件类型。

② 在“桌面”、某个“库”或某个文件夹中单击右键，在弹出的快捷键菜单中执行“新建”命令，选择“新建文件夹”或文件类型。

(3) 重命名文件夹或文件。

单击要重新命名的文件夹或文件，执行“文件”菜单中的“重命名”命令；单击右键选定文件夹或文件，在弹出的快捷菜单中执行“重命名”命令；鼠标指向某文件夹或文件名称处，单击，稍停一会，再单击，即可进行重命名；或者选定要重命名的文件夹或文件，直接按 F2 键，进行重命名。

(4) 复制与移动文件夹或文件。

① 选定要复制的源文件夹或文件，执行“编辑”菜单中的“复制”命令(或单击右键，在弹出的快捷键菜单中执行“复制”命令；或者按组合键 Ctrl + C)，再定位到目标位置，执行“编辑”菜单中的“粘贴”命令(或右键单击后，在弹出的快捷菜单中执行“粘贴”命令，或按组合键 Ctrl + V)；选择要复制的文件或文件夹，按住鼠标右键拖动到目标位置，释放鼠标，在弹出的快捷菜单中选择“复制到当前位置”命令，如图 2.68 所示；在“资源管理器”中选择要复制的文件或文件夹，按住 Ctrl 键，拖动到目标位置。

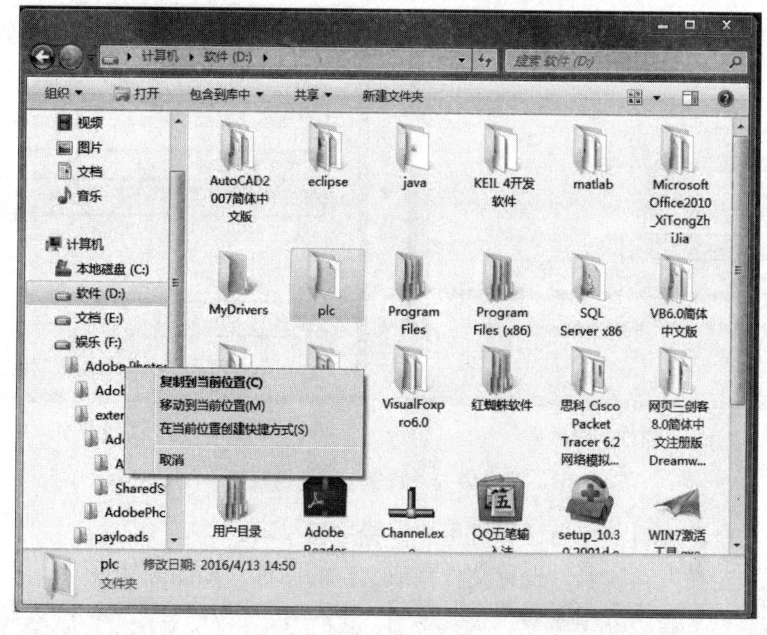

图 2.68　移动文件

② 选定要移动的源文件夹或文件，执行“编辑”菜单中的“剪切”命令(或单击右键，在弹出的快捷菜单中执行“剪切”命令，或按组合键 Ctrl + X)；定位到目标位置，执行“编辑”菜单中的“粘贴”命令(或右键单击，在弹出的快捷菜单中执行“粘贴”命令，或按组合键 Ctrl + V)。

(5) 删除与恢复文件夹文件。

① 选定要删除的文件夹或文件，按 Delete(Del)键；选定要删除的文件夹或文件，单击鼠标右键，执行“删除”命令；选择要删除的文件夹或文件，执行“文件”菜单中的“删除”命令；在“计算机”或“资源管理器”中，单击“组织”中的“删除”，选择要删除的文件，按组合键 Shift + Del，永久性删除。

② 恢复文件夹或文件，双击桌面上的“回收站”图标。选定要恢复的文件夹或文件，

单击“文件”菜单下的“还原”(或单击右键，在弹出的快捷菜单中执行“还原”命令)，选定的文件夹或文件就被恢复到原来的位置。永久性删除的文件夹或文件不能用这样的方法恢复。

(6) 设置文件夹或文件属性。

① 右键单击某个文件夹或文件，再单击“属性”，打开“属性”对话框，在“常规”选项卡中显示文件的类型、位置、大小、包含(文件和文件夹数)和创建时间等信息。勾选“只读”、“隐藏”或“高级”中“存档和索引属性”和“压缩或加密属性”复选框，设置文件夹或文件的属性。

② 在“共享”选项卡，选择“共享”，使指定用户共享该文件夹或文件；选择“高级共享”按钮，“共享名”设置文件夹或文件的共享名称，“将同时共享的用户数量限制为”设置同时访问该共享文件夹或文件的用户上线，“权限”指定共享用户的操作权限，“缓存”设置用户是否可以脱机访问该共享文件夹或文件，如图 2.69 所示。

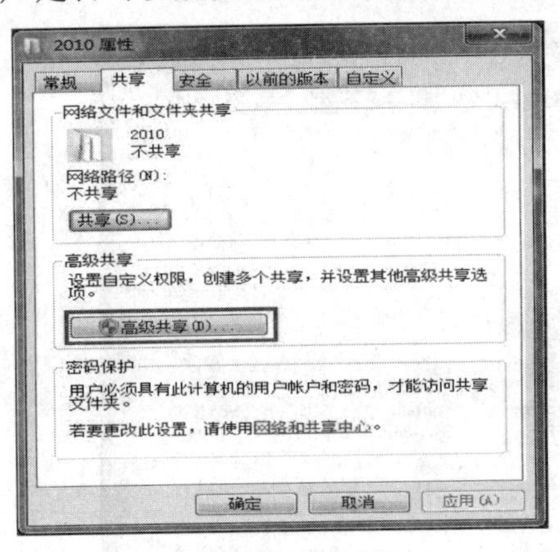

(a) “属性”对话框

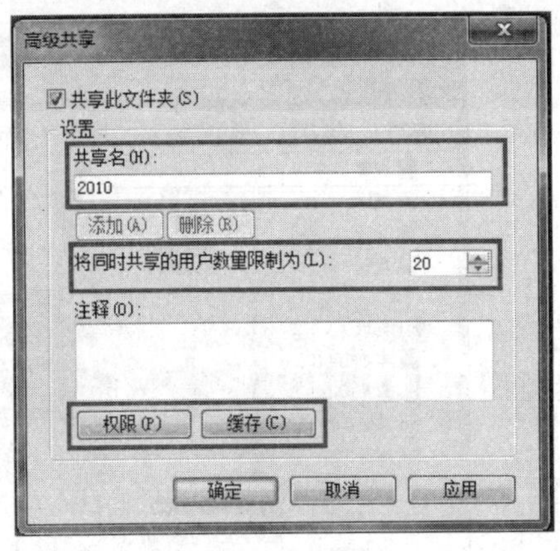

(b) 高级共享

图 2.69 “共享”属性设置

③ 在“安全”选项卡，为计算机用户设置访问权限。

④ 在“自定义”选项卡，设置文件夹或文件的图标，如图 2.70 所示。

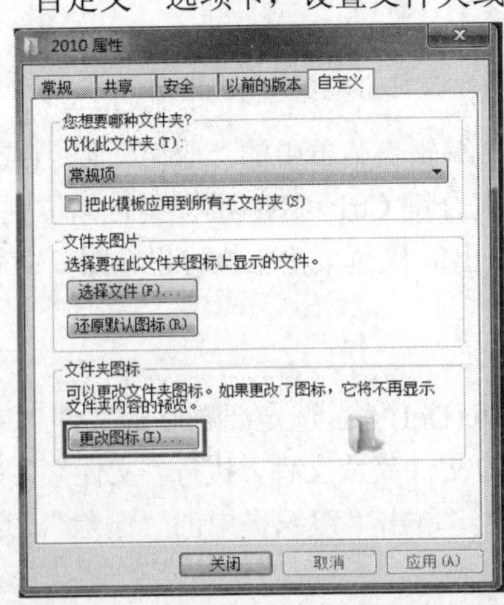

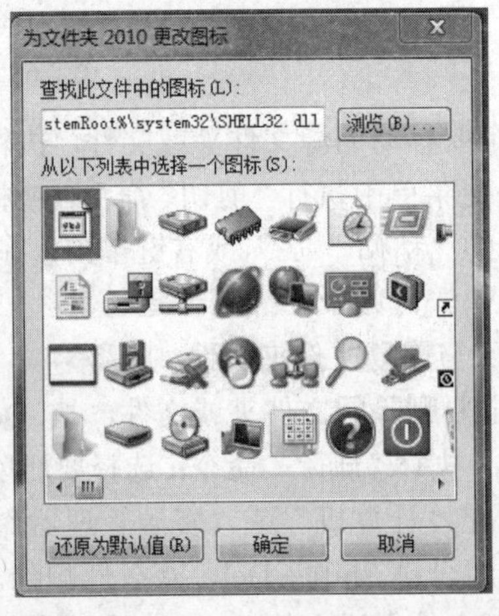

图 2.70 更改文件夹图标

⑤ 设置所有文件夹或文件的属性。单击菜单栏“工具”，选择“文件夹选项”，或单击“组织”，选择“文件夹和搜索选项”，打开“文件夹选项”对话框。在“常规”选项卡中，个性化设置“浏览文件夹”、“打开项目的方式”和“导航窗格”。在“查看”选项卡中，修改 “隐藏文件文件夹”、“隐藏已知文件类型的扩展名”等文件夹视图设置。在“搜索”选项卡中，设置“搜索内容”和“搜索方式”。

(7) 文件夹或文件的压缩/解压缩。

① 右键单击需要压缩的文件夹或文件，在下拉菜单中执行“添加到压缩文件”命令。在“压缩文件名和参数”对话框中，单击“浏览”，设置压缩文件存放位置，单击“压缩文件名”下拉按钮，输入文件名称。也可选择“压缩文件格式”、“压缩方式”、“压缩分卷，大小”、“更新方式”和其他“压缩选项”，最后单击“确定”按钮。

② 选定压缩文件，单击鼠标右键，任选“解压到当前文件夹”或“解压(原文件名)”，即可解压该压缩文件。

(8) 搜索文件夹或文件。

在“开始”菜单的搜索框中输入需搜索文件夹或文件的全名或名称的一部分或文件包含的文字，按回车键进行搜索。

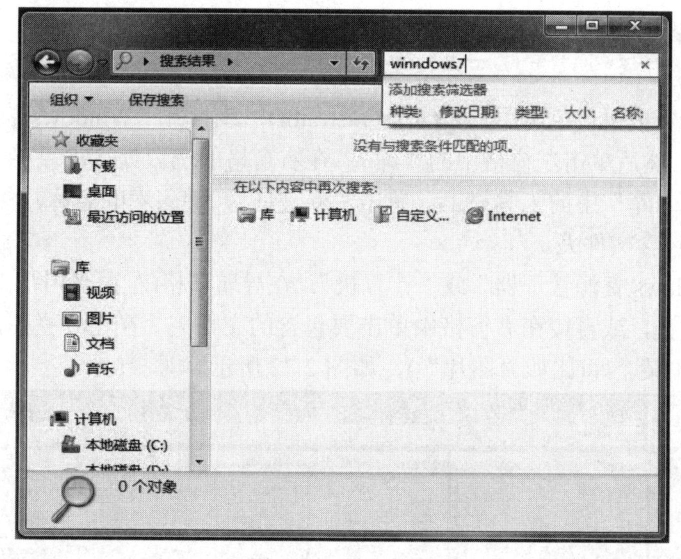

图 2.71　搜索窗口

在“计算机”或任一个非运行程序窗口的搜索框中输入需搜索文件夹或文件的全名或名称的一部分或文件包含的文字进行搜索。

按组合键 Windows 徽标 + F，打开搜索框，输入需搜索文件夹或文件的全名或名称的一部分或文件包含的文字进行搜索。

4. 要点提示

(1) 在对可移动磁盘内的文件夹或文件进行删除操作时，直接删除文件夹或文件，不送“回收站”保护。

(2) 对于共享文件夹或文件设置合理的属性，有利于保护文件夹或文件。

(3) 根据不同的需求，可以对计算机里的所有文件夹或文件设置不同的属性。

(4) 可以对多个文件夹或文件进行压缩。

(5) 掌握搜索方法和技巧，可以快速找到所需文件夹或文件。

实习九　库的基本操作

1. 实习目的

(1) 了解库的概念。

(2) 掌握库的基本操作。

(3) 掌握库与文件夹的异同。

2. 实习内容

(1) 创建库。

(2) 在库中包含文件夹。

(3) 在库中删除文件夹。

(4) 自定义库。

(5) 删除库。

3. 实习步骤

(1) 创建库。

单击“开始”按钮，单击用户名(Administrator)，或打开“Windows资源管理器”，或打开“计算机”，然后单击左窗格中的“库”。在右窗格的空白处点击鼠标右键，选择“新建”命令，或在“库”中的工具栏上，单击“新建库”，键入库的名称，然后按回车键。

(2) 在库中包含文件夹。

打开“Windows资源管理器”或“计算机”。在导航窗格(左窗格)中，单击本地或网络中要包含的文件夹，或直接在右窗格中单击要包含的文件夹。在工具栏中，单击“包含到库中”，然后单击某个库(比如“图片”)，如图2.72所示。

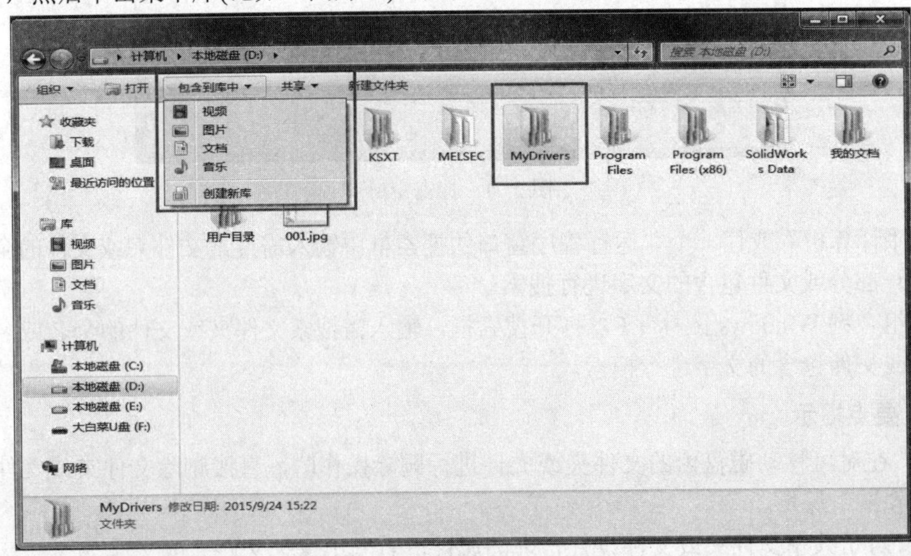

图2.72　文件包含到库

(3) 在库中删除文件夹。

打开“Windows 资源管理器”或“计算机”。在导航窗格(左窗格)中，单击要删除文件夹的库。在库窗格中的“包含”旁边，单击“位置”按钮。在“库位置”对话框中，选中要删除的文件夹，单击“删除”按钮，再单击“确定”按钮。

通过以上步骤删除库中的文件夹，存储在原始位置的文件不被删除。如果需要删除原始位置的文件，可直接在库中选中该文件，单击右键，执行“删除”命令。

(4) 自定义库。

① 更改库的默认保存位置：打开需要更改的库，在库窗格中的“包含”旁边，单击“位置”按钮，在“库位置”对话框中，右键单击当前不是默认保存位置的库位置，再单击“设置为默认保存位置”，然后单击“确定”按钮。

② 更改优化库所针对的文件类型：右键单击要更改的库，单击“确定”按钮，在“优化此库”列表中，单击某个文件类型，然后单击“确定”按钮。

(5) 删除库。

打开“Windows 资源管理器”或“计算机”，在导航窗格或库窗格中，右键单击要删除的库，执行“删除”命令，库被移动到“回收站”，在该库中访问的文件和文件夹存储在其他位置的不被删除。

4. 要点提示

(1) 库可以收集不同位置的文件，并将其显示为一个集合，而无需从其存储位置移动这些文件。

(2) 在某个集合库中进行操作，相当于在该库默认保存位置的文件夹下进行相应操作。此时，删除操作将删除在原始位置的文件。

(3) 库中不能嵌套库，只能在库的列表中新建库。

实习十　计算机用户管理

1. 实习目的

(1) 了解计算机用户的作用。

(2) 掌握计算机添加、修改和删除用户的基本操作。

(3) 了解不同类型用户的权限。

2. 实习内容

(1) 创建两个新用户，一个管理员用户，一个标准用户。

(2) 更改用户名称、创建密码、删除密码、更改用户图片、更改用户的类型(两种用户类型设置为不同)。

(3) 分别用两个用户登录计算机，进行安装/卸载程序、系统环境设置等操作。

(4) 删除计算机用户。

3. 实习步骤

(1) 增加新用户。

单击“开始”按钮，再单击“控制面板”，打开“调整计算机设置”窗口，单击“用户帐户和家庭安全”下面的“添加或删除用户帐户”，打开“管理帐户”窗口。

单击“创建一个新帐户”，进入创建新帐号界面。在“新帐户名”文本框中键入希望命名的帐户名称，然后通过选择“标准用户”和“管理员”单选框设置新建用户的类型。单击“创建用户”，创建新用户成功并返回“管理帐户”窗口。

(2) 更改计算机用户。

打开“管理帐户”窗口，在“选择希望更改的帐户”列表中，单击用户图标进入“更改帐户”的窗口，如图 2.73 所示。

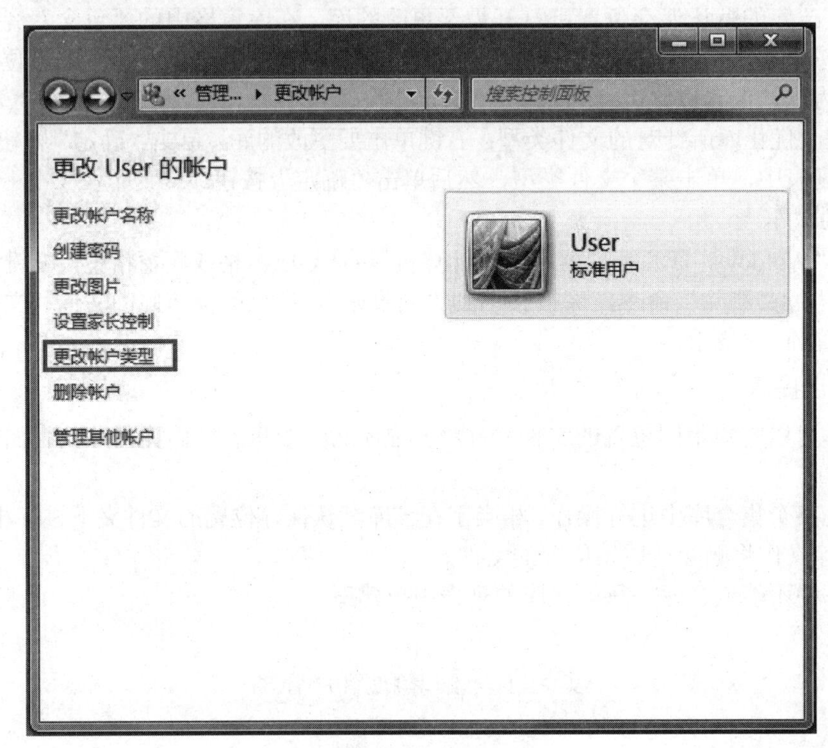

图 2.73 更改帐户

① 单击“更改帐户名称”，打开重命名帐户窗口。在用户图标下方的“新账户名”文本框中输入新用户名，单击“更改名称”，完成更改用户名称。

② 单击“创建密码”，打开创建密码窗口。在用户图标下方的“新密码”和“确认密码”中输入新密码。为了帮助记住密码，可以在“键入密码提示”文本框中输入密码提示，帮助用户记住密码。单击“创建密码”，完成更改密码。

③ 单击“删除密码”，打开删除密码窗口。单击“删除密码”，则密码为空。

④ 单击“更改图片”，打开更改图片的窗口。在系统提供的图片列表中或通过单击“浏览更多图片”选择希望使用的图片，然后单击“更改图片”，可改变用户在还原屏幕和“开始”菜单上的显示照片。

⑤ 单击“更改帐户类型”，打开更改帐户类型窗口，如图 2.74 所示。在“标准用户”和“管理员”单选框中系统默认选中原帐户类型，当选择新帐户类型后，“更改用户类型”选项变为可用，单击“更改用户类型”，设置新的帐户类型。

图 2.74　更改帐户类型

(3) 删除计算机帐户。

在图 2.73 所示窗口中单击“删除帐户”，通过单击“删除文件”或“保留文件”选择是否保留或删除文件，如图 2.75 所示，单击“删除帐户”，该用户被删除。

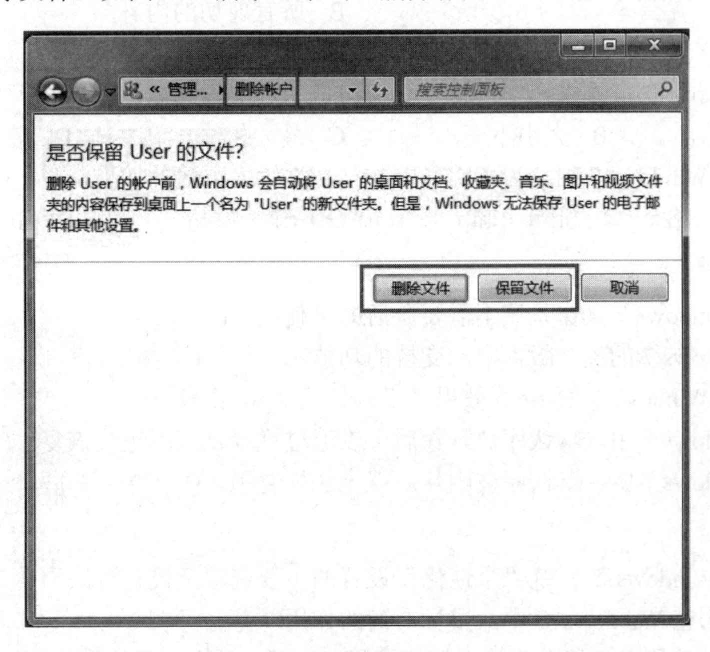

图 2.75　删除帐户

4. 要点提示

(1) 计算机管理员帐户才具有用户管理权限。

(2) 可通过计算机管理中“本地用户和组”的管理快捷管理用户。

(3) 在用户管理的过程中，需注意用户类型的分配和密码的管理。

习 题 二

一、填空题

1．Windows 7 有四个默认库，分别是视频、图片、________和音乐。

2．Windows 7 是由____________公司开发，要安装 Windows 7，系统磁盘分区必须为___________格式。

3．在 Windows 7 操作系统中，组合键 Ctrl + C 是__________命令的快捷键。剪切和粘贴的快捷组合键分别是___________和______________。

4. 在安装 Windows 7 的最低配置中，硬盘的基本要求是_________GB 以上可用空间。

5．恢复被误删除的文件或文件夹的操作是___________________________。

二、选择题

1．下列哪项不是微软公司开发的操作系统(　　)。

A．Windows Server　　B．Windows 7　　C．Linux　　D．Vista

2. 在 Windows 7 中，若对某一文档连续进行了多次剪切操作，当关闭该文档后，“剪贴板”中存放的是(　　)。

A. 空白　　B. 所有剪切的内容

C. 最后一次剪切的内容　　D. 第一次剪切的内容

3. 在 Windows 7 操作系统中，将打开窗口拖动到屏幕顶端，窗口(　　)。

A. 关闭　　B. 大小不变　　C. 最大化　　D. 最小化

4. 在中文 Windows 7 中，为了实现中文与西文输入方式的切换，应按的键是(　　)。

A. Shift + 空格　　B. Shift + Tab　　C. Ctrl + 空格　　D. Alt + F6

三、判断题

1. 正版 Windows 7 操作系统不需要激活即可使用。(　　)

2. 在 Windows 7 的各个版本中，支持的功能都一样。(　　)

3. 要开启 Windows 7 的 Aero 效果，必须使用 Aero 主题。(　　)

4. 在 Windows 7 中，默认库被删除后可以通过恢复默认库进行恢复。(　　)

5. 在 Windows 7 中，默认库被删除后就无法恢复了。(　　)

四、问答题

1. 试说明 Windows 7 系统“个性化”设置的主要选项及设置方法。

2. 举例说明在 Windows 7 中，鼠标右键的作用。

3. 更改某文件的主名和更改某文件的扩展名，哪一种方式可能会造成被修改文件不能被正常打开？

4. 试说明在 Windows 7 中如何进行文件或文件夹的移动、复制、删除和更名。

5. 试说明 Windows 7“控制面板”按类别主要分为哪几类？

第 3 章　Word 2010 的功能与使用

教学目的

☑ 了解 Office 2010 的基本组成
☑ 掌握 Word 2010 文档的编辑方法和排版功能
☑ 掌握 Word 2010 图、表的制作和排版技巧

3.1　Office 概述

3.1.1　Office 简介

Office 是 Microsoft 公司推出运行在 Windows 平台上的一套办公软件。Office 2010 是在 Office 2007 版本的基础上进行扩展，而形成的又一新型办公软件，可使用户提升工作效率。Office 2010 包括如下常用软件。

(1) Word 2010 是将一系列功能完善的写作工具和易用的用户界面融合在一起的文字处理软件，能帮助用户创建和共享具有专业视觉效果的文档。

(2) Excel 2010 是一款功能强、被广泛使用的表处理软件，能帮助用户建立和分析数据表格中信息，并作出决策。

(3) PowerPoint 2010 是 Microsoft Office System 的图形演示程序，用于创建和播放内容丰富、形象生动、图文并茂、层次分明的幻灯片。

(4) Access 2010 是 Microsoft 公司推出的关系型数据库管理系统(RDBMS)，具有创建数据库、利用程序跟踪和报告信息的功能，可用于制作各种数据库，亦可作为网站后台数据库使用。

(5) Outlook 2010 主要用于电子邮件、组织和共享桌面信息，帮助用户合理管理信息和安排日程，显著特点是提供一个代办事项栏，将用户的约会和任务整合到同一视觉中。

(6) InfoPath 2010 是 Microsoft Office System 的信息收集和管理程序，它简化了信息收集过程，提供一种高效灵活地收集信息并使单位中的每个人都可以重用这些信息的方法，使信息工作者方便及时地提供和获取所需的信息，从而制定新的决策。

(7) Publisher 2010 是 Microsoft Office System 的桌面发布程序，使专业营销和通信资料

的创建、设计与发布比以往更简便。

(8) OneNote 2010 是一种数字笔记本，为用户提供收集笔记和信息的机制，具有很强的搜索功能，方便用户查找信息，有效管理信息超载和协同工作。

除了上述 8 个套件之外，常用的还有 Office Visio 2010，用于绘制图表。本书将着重介绍 Word 2010、Excel 2010、Powerpoint 2010 的功能和使用。

3.1.2 Office 的安装与启动

1. Office 的安装

将安装光盘放入光盘驱动器，一种是安装程序自动启动，另一种是安装程序未启动，用户可在光驱目录下双击 Setup.exe 安装程序。启动后，屏幕显示安装向导，用户可按照安装向导提示，逐步完成相应的操作。

2. Office 的启动

Office 软件中各组件的启动与退出均遵循 Windows 启动应用程序的统一操作方法，下面以启动 Word 2010 为例，说明启动 Office 各个组件的常用的方法。

1) 利用“开始”菜单

执行“开始/所有程序/ Microsoft Office/ Microsoft Word 2010 ”命令。

2) 利用快捷方式

在桌面上(或者其他文件夹中)创建 Word 应用程序的快捷方式，双击快捷图标。

3.2 Word 2010 简介

3.2.1 Word 2010 的基本功能

1. 文档编辑与排版

Word 2010 主要用于创建和编辑文档，也可编辑电子邮件、HTML 网页。在创建和编辑文档时，只要将光标移到页面上所需位置，单击鼠标左键，即可进行输入操作，所见即所得，文档清晰，字、表、图文可混合排列，使文章富于表现力。而且，用户可使用多种操作工具、菜单、对话框和快捷键编辑文档，还可用鼠标拖放文字和图形，使排版过程轻松方便。窗口界面设有水平/垂直标尺，以控制版面的尺寸和插入的图片。Word 2010 还可自动生成目录、索引和引用，而且能自动纠正英文单词中的拼写和语法错误。

另外，Word 2010 还提供英文同义词、自动图文集、添加项目编号、设置边框和阴影等功能，方便用户使用。

2. 表格制作

Word 2010 除了用于文档编排外，还具有表格创建与编排功能。在 Word 中可插入表格，并进行表格列宽与行高调整、内容的复制与移动、单元格合并、单元格的增加与删除等。当表格中包含图形时，能自动调整单元格的设置。文表混排时，可将表格在文档中拖放，使文字环绕在周围。

另外，在表格中可插入对象，在浮动与嵌入式图片之间随机变换；可打开/关闭自动换行，设置对齐方式；还可画斜线表头并添加文字，或者插入图表。为了方便用户使用，Word 2010 提供 84 种统计图表，常用的有饼图、条形图、直方图以及多种三维图形。

3. 绘图功能

在 Word 2010 提供一套集成化的绘图工具，能够在文档中绘制几何图形，插入图片图像，从而增强版面的可视化效果。

4. 样式和模板

Word 2010 中包含有“样式”和“模板”。使用“样式”，用户可套用现成的文本风格；使用“模板”可以预设版面格式。也可以在当前 Word 文档中修改格式，在 Word 模版中修改样式，使修改后的样式应用到基于模版的新建 Word 文档中。

5. 用于 Web 和电子邮件

目前 Word 已经成为 Web、电子邮件的编辑器，而且可将 HTML 格式用作默认文件格式。因此，掌握好 Word 的基本操作，在许多场合进行文字编排与处理时，就会得心应手。

3.2.2 Word 2010 的特点

Word 1.0 版本发布时仅包含 100 个命令，而 Word 2003 包含的命令超过了 1500 个；Word 2010 在用户界面上进行了十年来最大的一次改进。Word 2010 新增功能，主要表现在以下几个方面：

(1) 支持用户把主要精力用于撰写，而不必过多地调整格式。在 Word 2010 面向用户界面中，将工具置于上下文中，确保用户需要时及时可用。

(2) Word 2010 新增图表和图形功能，包括 3D、透明度、投影等特效，帮助用户创建具有专业视觉效果的图形。通过使用 Quick Style 和 Document Themes，用户可在整个文档范围内快速修改文本、表格和图形。

(3) 可从定义内容中快速封装文档，支持跨越平台和设备与用户通信。Word 2010 中的 Building Blocks 可对频繁使用的或预定义的内容进行封装，有助于用户避免在重建内容上浪费时间，而且确保在企业内部创建的文档具有一致性。

(4) 能快速对比一个文档的两个版本，找出修改过的内容，有助于用户查看带有删除、插入和移动文本标记的文档的两个版本。

(5) 可通过 Word 2010 和 SharePoint Server 2010 掌握文档审批流程。通过 SharePoint Server 2010 内置的工作流程服务，用户可在 Word 2010 中发起并跟踪文档审批流程，这将缩短企业范围的审批周期。

(6) 可使文档与业务信息连接。用户可以创建动态的职能文档，使用新的文档控件和数据绑定技术连接到后台系统，实现自动更新。通过使用新的 XML 集成能力，企业可部署智能模板，以辅助用户创建高度结构化的文档。

(7) 增强了对文档中私有信息的保护。用户可用 Document Inspector 检测并移除多余的注释信息、隐含文本或个人身份信息，确保在文档发布时敏感信息不丢失。还可为 Word 文档添加数字签名，确保文档在离开用户后的完整性；也可将文档标记为“最终”属性，以防止无意中修改。

(8) 新的 Word XML 格式可在很大程度上缩减文件尺寸，节省存储和宽带，减少 IT 人员的工作负担。

另外，Word 2010 还有许多其他功能和改进，读者可在使用中体验。

3.2.3 Word 2010 的窗口

启动 Word 2010 后，即可进入 Word 2010 的工作界面，如图 3.1 所示。

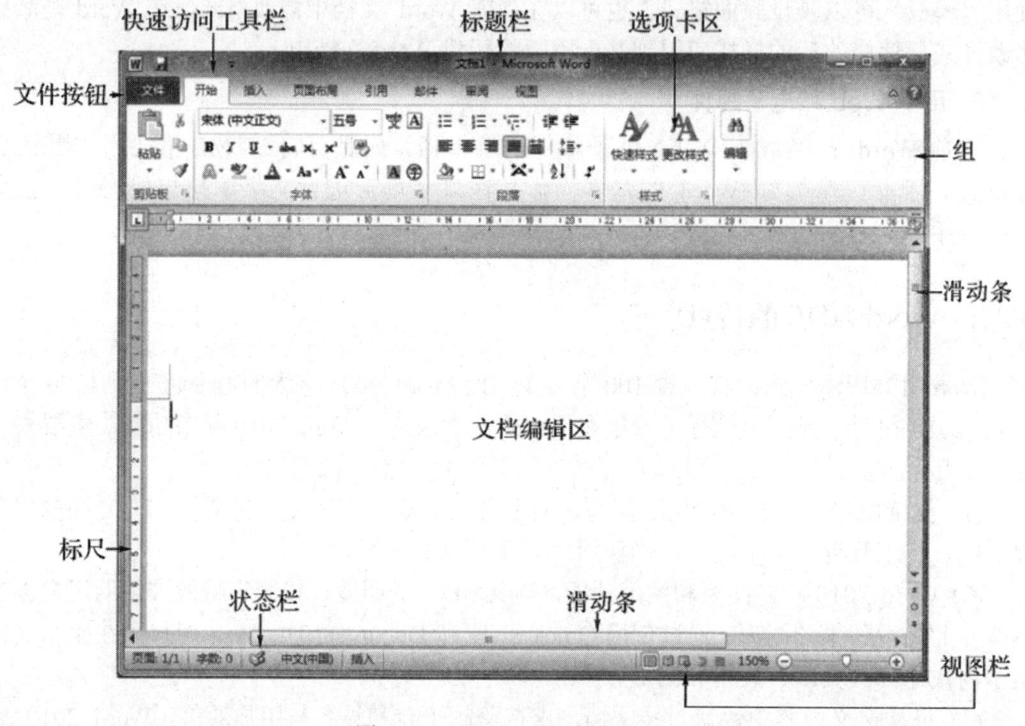

图 3.1 Word 2010 的工作界面

工作界面也叫窗口，是用户与应用程序之间信息交换的可视化界面。它表述了 Windows 的基本结构，是面向图形的用户界面。窗口组成包括文件按钮、快速访问工具栏、标题栏、选项卡区、组、文本编辑区、状态栏、视图栏、标尺和滑动条。在选项卡区，设有“开始”、“插入”、“页面布局”、“引用”、“邮件”、“审阅”、“视图” 7 个选项卡。进入选项卡，也就是图中所示的组，列出了不同选项卡中所包含的工具。比如，在“开始”选项卡中设有剪贴板、字体、段落、样式及编辑等组。

1．文件按钮

文件按钮 文件 位于界面左上角，单击后屏幕弹出 文件 菜单，如图 3.2 所示。其中包含 Word 操作中的常用命令，即新建、打开、保存、另存为、打印和关闭等。其中另存为、打印还包含二级菜单。用户使用时，可根据需要，选择其中的命令，即用鼠标单击。

图 3.2 “文件”菜单

2. 快速访问工具栏

快捷访问工具栏位于屏幕左上角，在 Office 按钮的旁边，其中包含常用操作快捷按钮，在默认状态下，有 3 个按钮，即保存、撤销和恢复 。

如果需要增加其他按钮，单击“快速访问工具栏”右边的下拉按钮，在弹出的菜单中选择所需按钮，比如“绘制表格”命令，快速访问工具栏显示如图 3.3 所示。

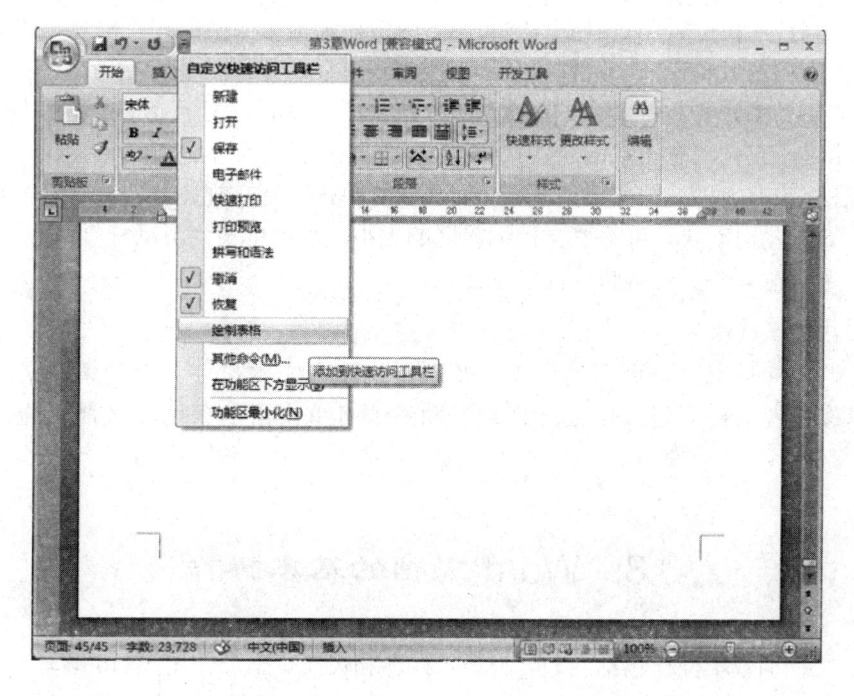

图 3.3 在快捷访问工具栏中添加按钮

3．选项卡与对应的组

每个选项卡有不同的功能。在 Word 2010 默认状态下，有“开始”、“插入”、“页面布局”、“引用”、“邮件”、“审阅”、“视图”7 个选项卡。每个选项卡包含若干个组，其中“视图”选项卡对应的组如图 3.4 所示。

在视图操作中，用户可根据需要选择其中的工具。若要进行其他操作，可进入相应的选项卡。

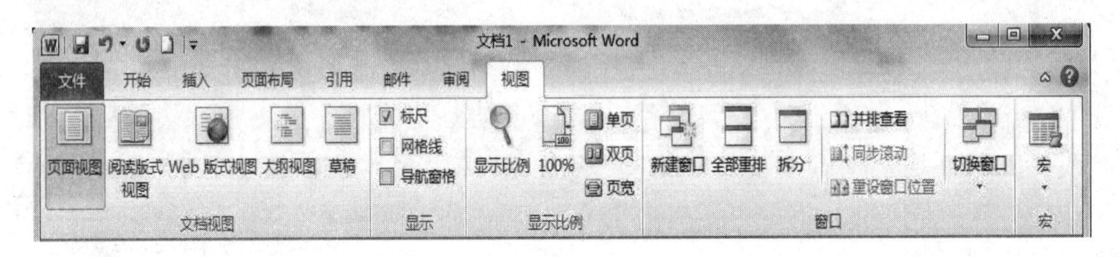

图 3.4 “视图”选项卡对应的组

4．标题栏

标题栏位于窗口的顶端，用于显示当前正在运行的程序或文件名，在标题栏最右端有 3 个按钮，分别用于控制窗口的最小化、最大化和关闭。

5．文本编辑区

文本编辑区也称为文档编辑区，位于窗口的中部，是输入文本、添加图形、图像和编辑文本的区域，用户文本显示在该区域中。

6．状态栏与视图栏

状态栏与视图栏位于 Word 窗口的底部，用于显示当前文档的相关信息。比如在状态栏显示当前文档的页码、节、字数以及语言类型等，还可显示一些特定命令的工作状态，比如录制宏、当前使用的语言等。当这些命令按钮为高亮时，表示处于工作状态；若为灰色，表示未处于工作状态。双击这些按钮，可设定相应的工作状态。

在视图栏设有 5 种视图方式的图标，可用鼠标单击选择。视图栏右边有一个“显示比例滑动杆”，拖动滑动块，可改变文档编辑区的大小，也可单击“滑动杆”两边的“+”号或者“-”号，来调整文档编辑区的显示比例。

7. 标尺和滑动条

标尺用来标示窗口中页面的大小，帮助用户确定文本尺寸。滑动条用来控制页面的左移右移或者上移下移，用鼠标拖动滑动条或者单击滑动条两端带箭头的按钮，可移动文本。

3.3 Word 文档的基本操作

Word 文档的基本操作包括新建、打开、保存和关闭。用户使用 Word 编写文档前，应先创建文档，或者打开原有的文档。在编辑或修改之后，应保存和关闭该文档。

3.3.1　文档的基本操作

1. 新建文档

1) 新建空白文档

单击 文件 按钮，在弹出的下拉菜单中选择“新建”，如图 3.5 所示，然后在“可用模板”列表框中选择“空白文档”，最后单击右下角的“创建” 按钮即可，或者按下组合键 Ctrl + N，快速地创建一个新的空白文档。

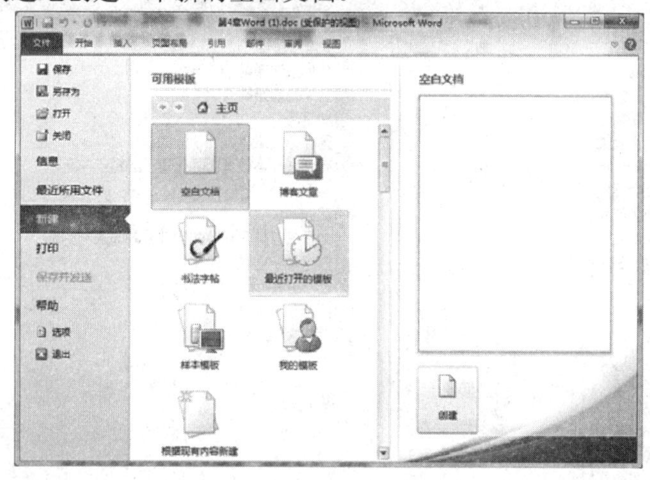

图 3.5　“新建文档”对话框

2) 新建基于模板的文档

Word 2010 提供了多种模板样式，使用这些模板可快速创建带有样式的文档，如图 3.6 所示。操作时在“可用模板”列表框中选择“样本模板”选项，再在弹出的“样本模板”列表框中选择已安装好的模板，然后单击“创建” 按钮。

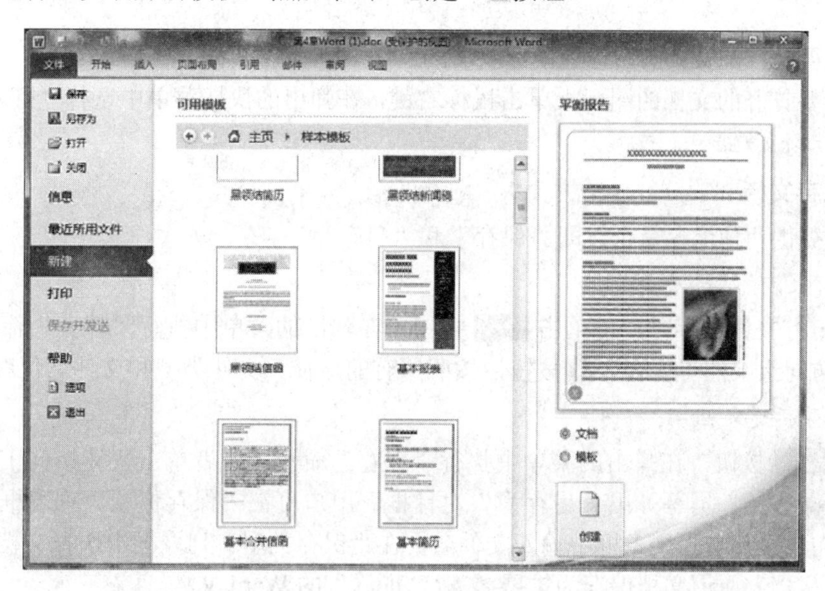

图 3.6　选择模板选项

2．打开文档

打开文档的方式如下：

(1) 单击"文件"按钮，在弹出的菜单中执行"打开"命令，屏幕显示"打开"对话框，如图3.7所示，用户可选择文档位置、文件夹和所需文件，然后单击"打开"按钮即可。

在"打开"按钮的右边有一个下拉按钮，单击后弹出一个快捷菜单，其中有多种打开方式，如图3.7所示，用户可根据需要选择。

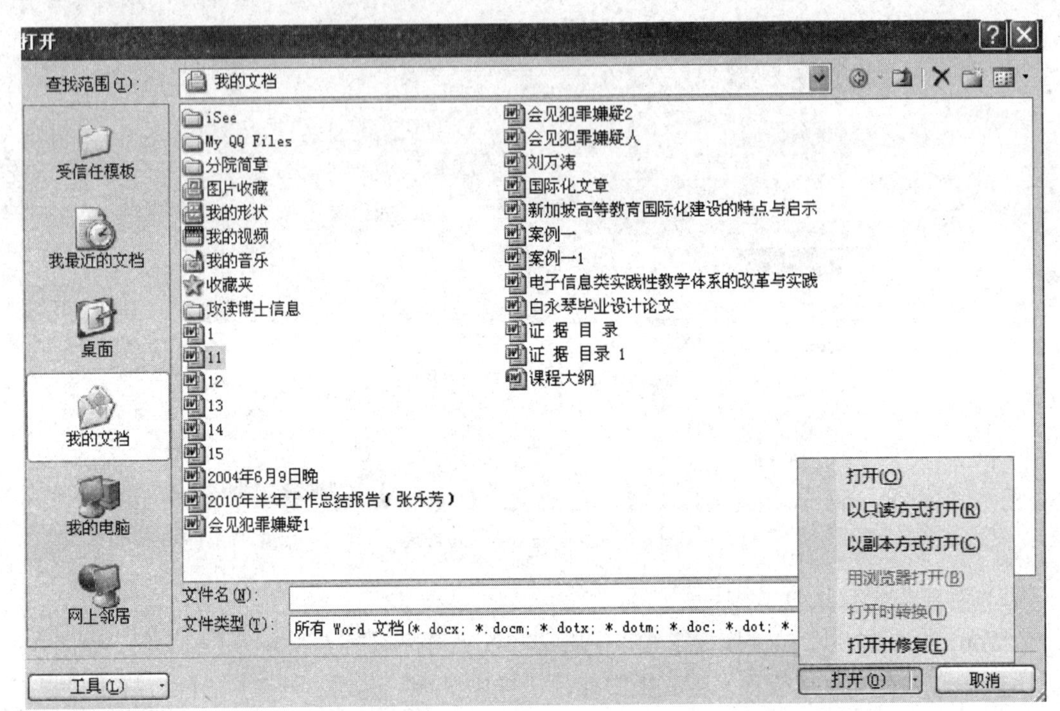

图3.7 "打开"对话框

(2) 在要打开的文档的图标上鼠标双击。

(3) 在要打开的文档的图标上单击鼠标右键，在弹出的快捷菜单中选择"打开"命令，也可以打开该文档。

3．保存文档

Word提供两种保存命令，即"保存"和"另存为"。

1) 保存已有文档

对于已有文件保存时，可单击"文件"按钮，在弹出的菜单中执行"保存"命令，或者单击快捷访问组上的"保存"按钮，按照原有的路径、文件类型和文件名保存。

2) 保存新建文档

单击"文件"按钮，在弹出的菜单中执行"保存"命令，或者单击快捷访问工具栏上的"保存"按钮，屏幕弹出"另存为"对话框，用户可在"保存位置"列表框中选择保存位置，在"文件名"文本框中输入文件名，在"保存类型"列表框中选择文档类型，例如"Word文档"，该文档保存为扩展名为".docx"的Word文档。

3) 另存为其他文档

Word 2010 可将编辑后的文档保存为模板、网页或 Word 早期版本的格式。单击 文件 按钮，在弹出的菜单中执行“另存为”命令，在“另存为”对话框中选择要保存的文档格式，如图 3.8 所示。

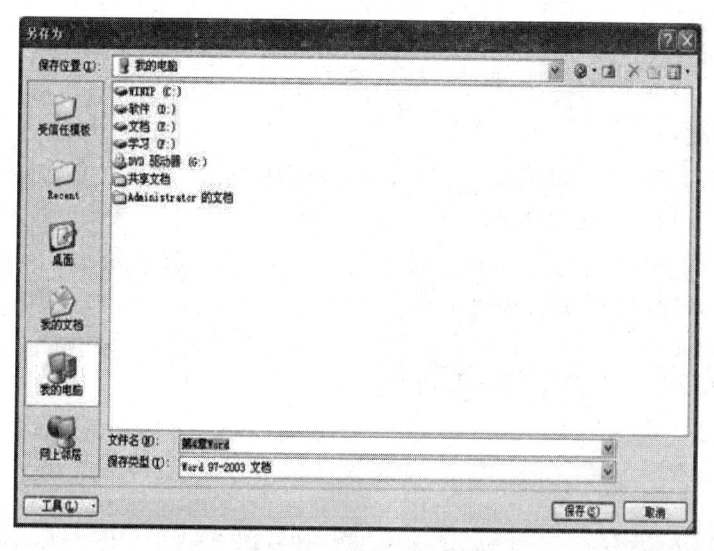

图 3.8　“另存为”对话框

说明：为使 Word 2010 编辑的文档能在低版本 Word 环境下使用，保存时必须在保存类型框选择 Word 97-2003 文档。

4) 设置自动保存

Word 2010 具有自动保存功能，减少意外情况下数据的丢失。设置过程如下：

(1) 单击 文件 按钮，在弹出的菜单中单击“选项按钮”，打开“Word 选项”对话框，如图 3.9 所示。

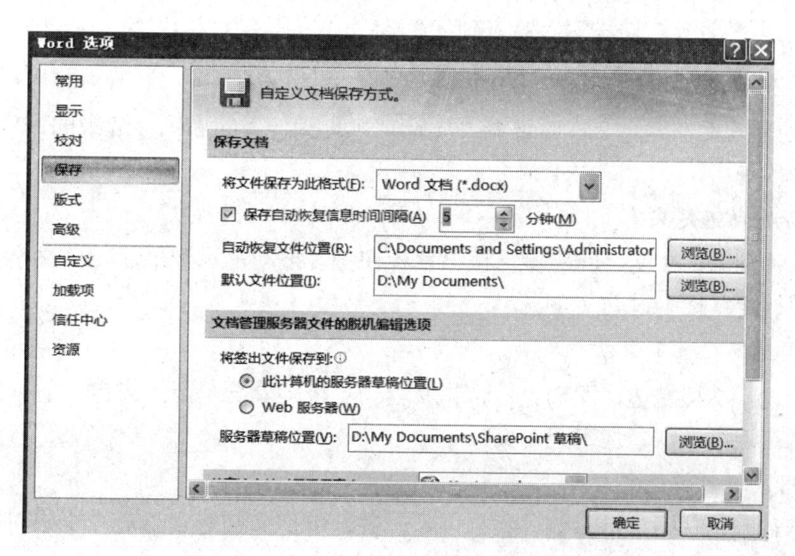

图 3.9　设置自动保存的时间间隔

(2) 单击左边列表中的“保存”项，打开“自定义文档保存方式”对话框，选中“保存自动恢复信息时间间隔”复选框，输入时间值，比如5，单击“确定”按钮，即完成设置，以后，每隔5分钟，自动保存一次。

4. 文档加密

单击 文件 按钮，选择“保护文档”中的“用密码进行加密”命令，在弹出的“加密文档”对话框中两次输入密码，即可完成加密。

5. 关闭文档

对文档操作完后，必须关闭。关闭时，单击 文件 按钮，在弹出的菜单中执行“关闭”命令，或单击窗口右上角的“关闭”☒按钮。关闭文档时，如果没有对文档进行编辑、修改，可直接关闭；如果对文档进行了修改，但未保存，系统显示提示框，询问用户是否保存。单击“是”，即可保存并关闭该文档。

在打开多个文档时，若要一次同时关闭所有文档，可以在按下Shift键的同时，单击 文件 按钮的下拉菜单中右下角的 ☒ 退出按钮。

3.3.2 文本编辑

文本编辑包括文本选定、移动、复制、查找和替换等操作。用户对文本编辑之前，应先输入文本。在输入文本时，常用术语有：

(1) 插入点：在活动窗口中，光标闪烁的位置。

(2) 段落标记符(↵)：每按下一次Enter键，即产生一个名为段落标记符的“↵”符号，也称为“硬回车符”，标记段落结束，转下一段。

(3) 软回车(↓)：当用户既不想开始下一段，又需要换行时，可按组合键Shift + Enter，插入的符号称为“软回车符”。

(4)“改写”文本：将新文本输入到插入点位置，并覆盖原有的文本。

(5)“插入”文本：将新文本输入到插入点位置，原有文本右移。

1. 选定文本

Word处理软件在编辑文本时遵循“先选定，再操作”的原则，选中的文本反白显示，选定方法有多种：

1) 鼠标拖动选定文本

将鼠标移到第一个文字的左侧，按下鼠标左键，拖动鼠标到最后一个文字的右侧，释放鼠标，即选定鼠标划过的文本。

2) 利用选定栏选定文本

将鼠标置于文档左边，即选定栏，鼠标呈 ↗ 状，单击左键，选定当前行；双击，选定整个段落；连续三击，选定整个文档。

3) 利用鼠标定位选定文本

将光标移到第一个字符左侧，按住 Shift 键，再把光标移到最后一个字符的右侧，单击左键。

2. 编辑文本

1) 移动和复制

移动文本是将所选中的内容移到另一位置上。复制文本是将选中的内容复制到另一位置上，文档中原内容仍然保留。方法如下：

(1) 拖动法：鼠标指向已选定的文本，按下鼠标左键拖到目标位置。如果是复制，同时按下 Ctrl 键拖动。

(2) 使用剪贴板：选中文本，单击“开始”选项卡中“剪贴板”组的“剪切”按钮或“复制”按钮，然后移动光标到所需位置，单击“粘贴”按钮，可完成移动或复制操作。

2) 删除文本

把光标置于待删除文本的右边，用“Backspace”键，删除光标左边的文本；用“Delete”键，删除光标右边的文本。如果要删除一段文字或多个段落，首先选中文本，单击“开始”选项卡中“剪贴板”组的“剪切”按钮，或者按键盘上的“Delete”键，也可单击鼠标右键，在弹出的快捷菜单中执行“剪切”或者“删除”命令。

3) 撤销、恢复和重复操作

撤销是取消最近执行的操作；恢复是还原“撤销”命令撤销的操作；而重复是指对刚刚执行的操作重复执行。

(1) 撤销的方法是单击“快速访问工具栏”上的按钮，或者单击其右侧的下拉箭头，打开“撤销”操作列表，选择其中的某一次操作，单击左键即可。

(2) 单击“快速访问”工具栏上的按钮，每单击一次，完成一步“恢复”操作；或者单击其右侧的下拉箭头，打开“恢复”列表，在列表中选择要恢复的操作。

(3) 重复操作可通过特殊键 F4 或组合键 Ctrl + Y，对刚执行的操作重复执行。

4) 查找和替换

查找是在文档中查找某一个字符串；替换是用新的字符串替换原有的字符串。

(1) 查找：单击“开始”选项卡中“编辑”组的“查找”按钮，打开“查找和替换”对话框，如图 3.10 所示。在“查找”选项卡的“查找内容”文本框中输入待查找的文字，比如“计算机”。若单击“查找下一处”，每次只查一处，查找到后反白显示。继续单击“查找下一处”，则继续查找。

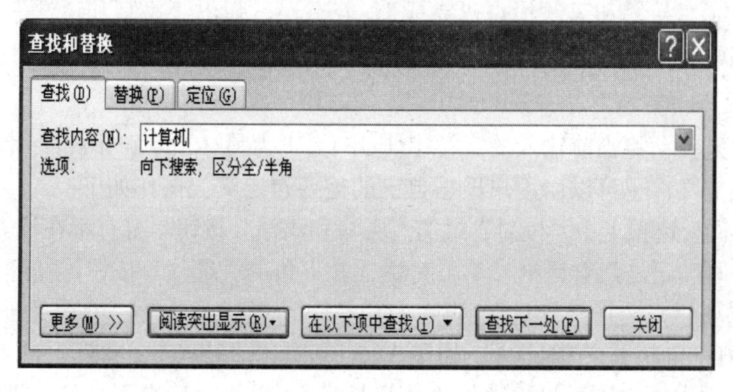

图 3.10 “查找和替换”对话框之“查找”选项卡

(2) 替换：在图 3.10 中，打开“替换”选项卡，如图 3.11 所示。在“查找内容”文本框中输入被替换的文字，比如“计算机”，在“替换为”文本框中输入要替换的内容，比如“Computer”。单击“替换”按钮，查到后反白显示，单击“替换”按钮，即替换之；单击“全部替换”，所有“计算机”全部替换为“Computer”。若单击“查找下一处”，则继续向下查找，前一次查到的可不予以替换。

若单击“查找和替换”对话框中的“更多”按钮，则在对话框的下方显示“搜索选项”栏，即搜索条件，如图 3.11 所示。用户可根据需要选择查找或替换时的附加条件，比如区分大小写、区分全/半角。此时，“更多”按钮变成“更少”按钮，单击之，则关闭“搜索选项”栏。

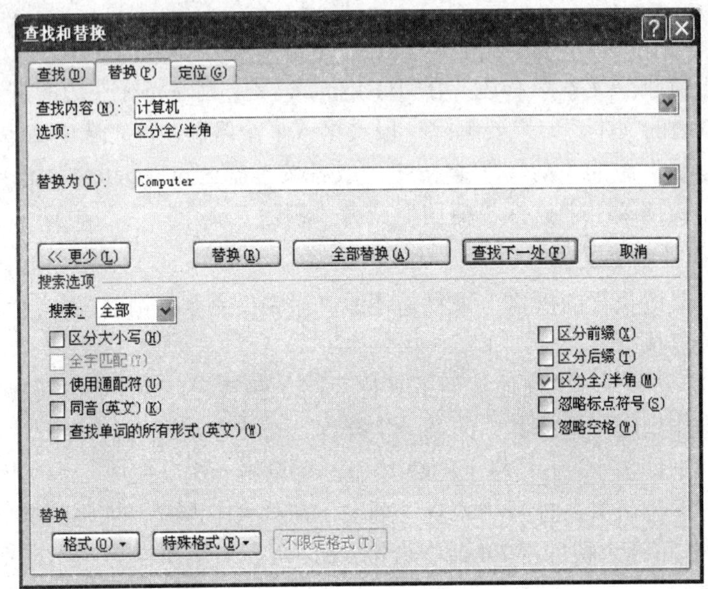

图 3.11　“查找和替换”对话框之“替换”选项卡

5) 拼写和语法检查

拼写和语法检查是根据语言的语法结构指出文档中的错误，用波浪线标示，并提供解决方案。红色波浪线表示拼写有误，绿色波浪线表示语法有误。单击“审阅”选项卡中“校对”组的“拼写和语法”或者屏幕下方状态栏的 按钮，可启动拼写和语法检查。检查无误，屏幕显示“拼写和语法检查已完成”。若有误，弹出“拼写和语法”对话框，提示错误所在，等候用户处理。

6) 自动更正

自动更正是自动将当前输入的字符串(原串)更正为另一个字符串(目标串)。自动更正内容既可以预先定义，也可以由用户根据自己的需要自定义。操作如下：

单击“审阅”选项卡中“校对”组的“拼写和语法”按钮。若有不在词典中的词语时，屏幕弹出“拼写和语法”对话框，单击对话框左下角的“选项”按钮，打开“Word 选项”对话框。在选项栏，选择“校对”，再在右边“自动更正选项”栏单击“自动更正选项”按钮，屏幕弹出“自动更正”对话框，如图 3.12 所示。在“替换”文本框中输入原串如“IT”，在“替换为”文本框中输入目标串如“信息技术”。单击“确定”按钮，即在输入“IT”

时自动替换为“信息技术”。

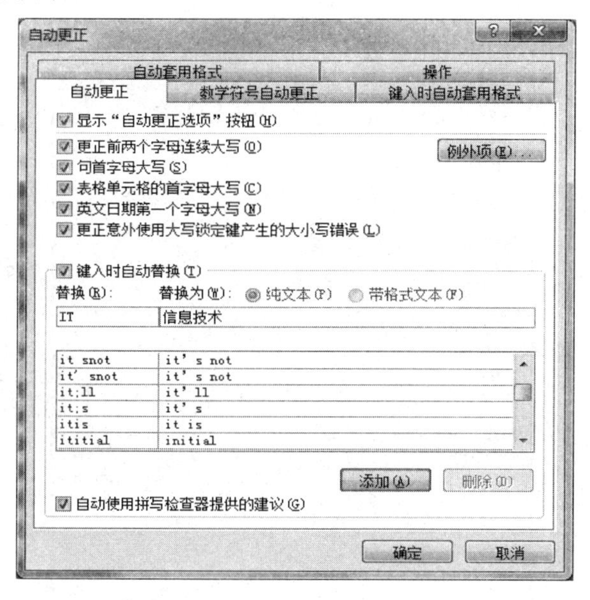

图 3.12　“自动更正”对话框

7) 字数统计

若要了解输入文档的字数、篇幅，可利用字数统计功能来完成。在“审阅”选项卡中“校对”组中单击“字数统计”按钮，屏幕弹出“字数统计”对话框，给出当前文档的统计结果。

Word 2010 将一个汉字或标点符号统计为一个字，英文每个单词为一个字。若对某章某节某段进行统计，需先选中该部分文档，再进行统计。

3.3.3　格式编排

格式编排用于设置文本在屏幕上显示或者打印输出时的形式，包括页面设置、字符格式、段落格式、边框、分栏、排列方式等。在 Word 2010 中可通过多种方式来完成格式编排。最基本的方法是使用“开始”选项卡中“字体”和“段落”组的命令。

1. 页面设置

“页面设置”包括纸张大小(也就是版面大小)、页边距、版式和文档网格的设置。操作时，可在“页面布局”选项卡中进行，如图 3.13 所示，用户可根据需要在不同的组中进行相应的设置。

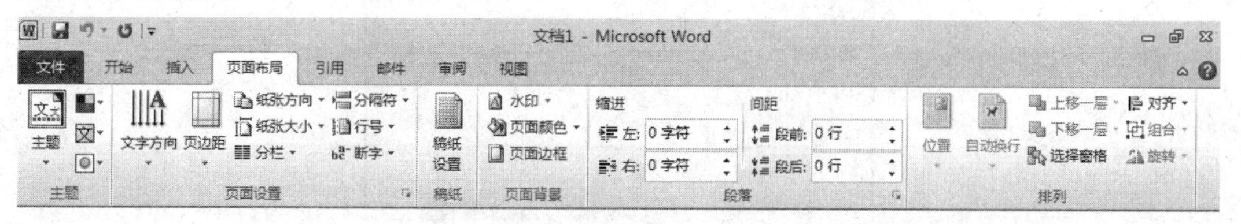

图 3.13　“页面布局”选项卡

(1) 单击“页面设置”组的下拉箭头，屏幕弹出“页面设置”对话框，如图 3.14 所示，可设置页边距、纸张、版式和文档网格。在“页边距”选项卡中可设置上下左右页边距、装订线；还可选择纸张纵横排列方式、页码范围等；然后，单击“确定”按钮。

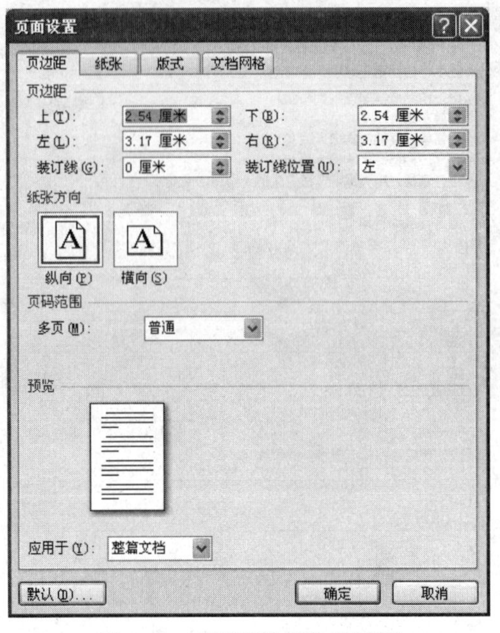

图 3.14 “页面设置”对话框

(2) 单击“纸张”，进入“纸张”选项卡，可选择纸张类型(尺寸)，设置纸张的高度、宽度以及纸张来源等。

(3) 单击“版式”，进入“版式”选项卡，可选择节的起始位置、页眉和页脚设置方式、页眉和页脚的边距、页面垂直对齐方式等。然后，单击“确定”按钮。

(4) 单击“文档网格”，进入“文档网格”选项卡，如图 3.15 所示，可选择文字水平/垂直排列方向、网格，设置每页栏数、每页行数、每行字符数等。设置时，可按提示在相应的文本框中填入适当的数据，然后单击“确定”按钮。

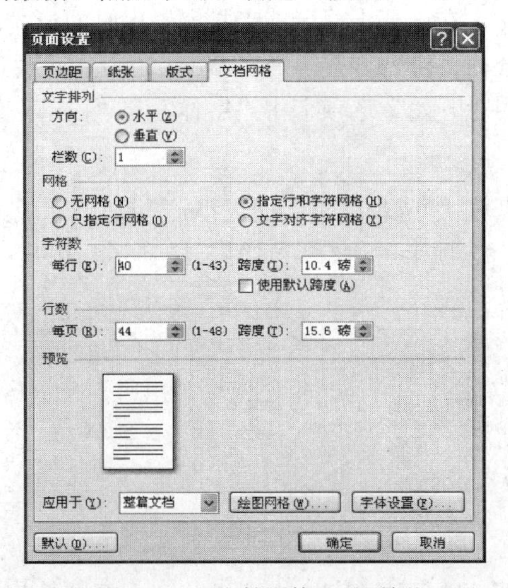

图 3.15 “文档网格”对话框

2. 字符格式设置

字符格式设置是最常用的设置，Word 提供多种方式。

1) 在组中设置

打开“开始”选项卡，使用“字体”组中提供的按钮即可设置文字格式，可选择字体、字号，设置文本边框、加粗、倾斜、添加下划线、上标、下标、文本底纹以及字体颜色等，如图 3.16 所示。

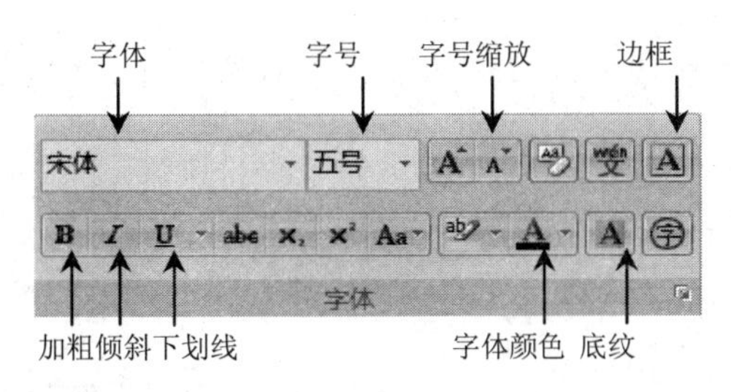

图 3.16　“字体”组

操作方法是选中文本，然后选择字体、字号，或者单击图中所示的特征字符按钮。若直接选择字符字号或单击某特征字符按钮，则以后输入的字符具有所设置的格式特征。

2) 在“字体”对话框中设置

打开“开始”选项卡，单击“字体”组下拉箭头 ，屏幕弹出“字体”对话框，如图 3.17 所示。

图 3.17　“字体”对话框之“字体”选项卡

(1) 在“字体”选项卡中，既可以设置字体、字形、字号，又可以修饰字符，如上标、下标、空心、阴影等，操作方法如上所述。

(2) 在“高级”选项卡中，如图 3.18 所示，可调整字符间距，可在“缩放”框中选择“缩放”比例；在“间距”框中列出“标准”、“加宽”、“紧缩”，可根据需要选择加宽还是紧缩间距；在“位置”框选择文字的位置“提升”还是“降低”；在“磅值”框设置放宽、紧缩、提升或降低磅值。

图 3.18 “字体”对话框—高级

格式设置后，单击“确定”按钮。

3) 使用浮动工具栏设置

选中要设置格式的文字，其右上角将出现一个浮动“字体”工具栏，与上述图 3.16 类似，可用来进行文字格式设置，为用户提供了方便。

3. 边框和底纹设置

添加边框和底纹可凸显某些文字。在“开始”选项卡的 “段落”组，单击“边框”按钮右边的下拉箭头，在下拉菜单中单击“边框和底纹”，屏幕弹出如图 3.19 所示的“边框和底纹”对话框。其中有“边框”、“页面边框”和“底纹”选项卡，可用来对“边框”进行设置，为边框添加底纹。

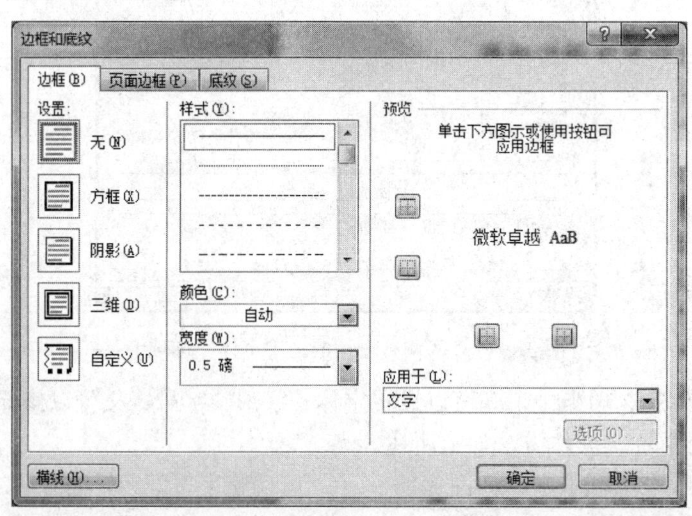

图 3.19 “边框和底纹”对话框

1) 设置段落边框和底纹

首先选择需要添加边框与底纹的段落。然后在图 3.19 所示“边框和底纹”对话框中的“设置”栏选择边框样式、边框的颜色和宽度。然后单击“底纹”选项卡，按照对话框提示，选择填充底纹的颜色，也可以单击段落组中的 按钮，选择填充底纹颜色。若单击“页面边框”选项卡，可对整个页面进行设置。

2) 设置文字边框和底纹

设置文字边框和底纹与段落设置类似。执行时，除了在“开始”选项卡的“段落”组进行设置，还可以在“开始”选项卡的“字体”组中使用“字符边框” 按钮、“字符底纹” 按钮和“以不同颜色突出显示文本” 按钮来进行。

4．段落格式设置

段落格式设置包括段落的对齐方式、缩进方式、段间距等。在“开始”选项卡中单击“段落”右下角的下拉箭头，屏幕弹出“段落”对话框，如图 3.20 所示，可按其中的要求进行设置。

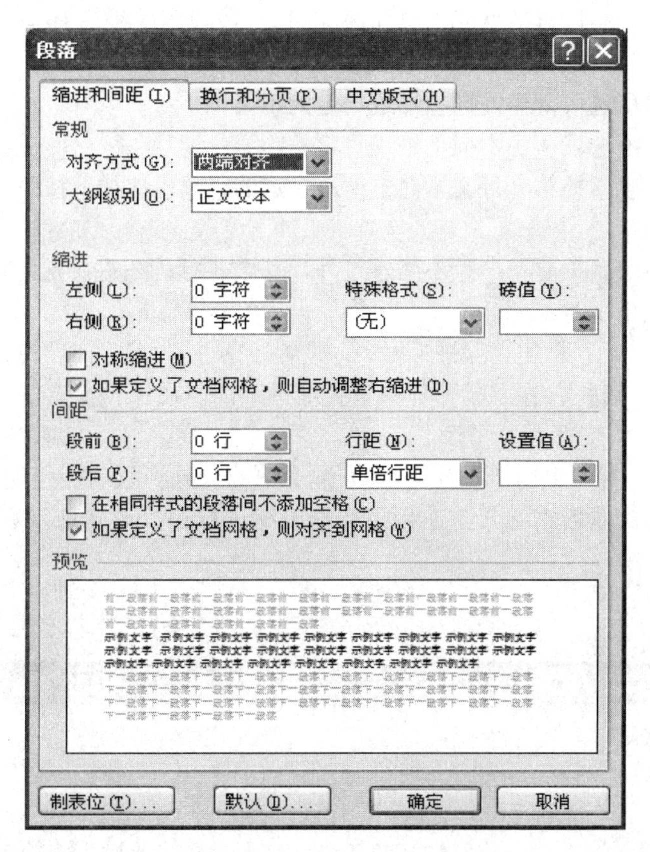

图 3.20　“段落”对话框

1) 段落对齐方式

Word 提供 4 种段落对齐方式，如表 3.1 所示。

除左对齐(系统默认)之外，其余 3 种都可以使用“段落”组中的对齐按钮，或者在图

3.20 所示“段落”对话框中的“对齐方式”下拉式列表框中选择。

表 3.1 段落对齐方式

对齐方式	作用及示例
两端对齐	除最后一行文本外，段落中的其他行文本两端分别向左向右对齐
居中对齐	段落中的文本放在页面的中间
右对齐	段落中的文本向页面的右边靠齐
分散对齐	段落中的文本向页面的左右两边靠齐

2) 段落缩进

段落缩进是指调整段落的两侧与页面边界的距离。段落的缩进有 4 种形式，左侧缩进，右侧缩进，在特殊格式框又有首行缩进和悬挂缩进。

左侧缩进：将所选段落由左向里缩进一定的距离。

右侧缩进：将所选段落由右向里缩进一定的距离。

首行缩进：将段落的第一行文本向里缩进一定的距离，比如，按照中文规矩，缩进两个汉字的距离。

悬挂缩进：将段落中除第一行不缩进之外，其余各行均缩进一定的距离。

常用方式有以下 3 种：

(1) 在“段落”对话框的“缩进”栏中，设置段落左右缩进，“特殊格式”中设置“首行缩进”和“悬挂缩进”，在“磅值”中设置缩进距离，在“预览”窗口可随时查看缩进效果。

(2) 选中文本，然后单击“段落”组的 和 按钮，设置段落缩进。

(3) 选中文本，然后在标尺上，用鼠标拖曳缩进标记，可实现左右缩进，如图 3.21 所示。

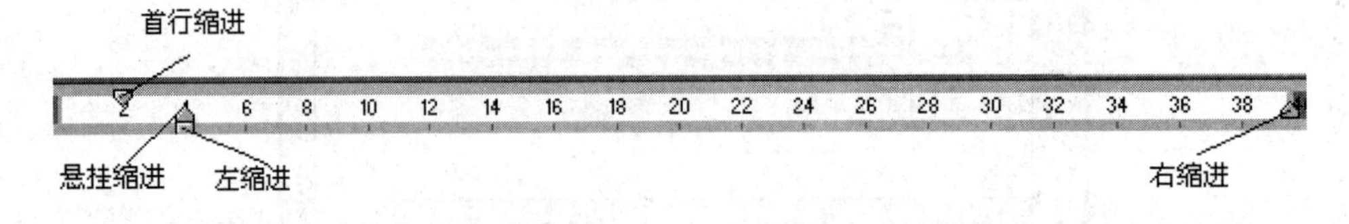

图 3.21 标尺

3) 设置段落间距和行间距

段间距是指相邻段落之间的距离，行间距是指段落中行与行之间的距离。要改变段间距和行间距，首先选中文本，然后在如图 3.20 所示“段落”对话框中的“间距”选项卡中设置段前、段后的距离；选择“行距”下拉式列表中的“最小值”、“固定值”或者“多倍行距”，设置行间距，效果如图 3.22 所示。

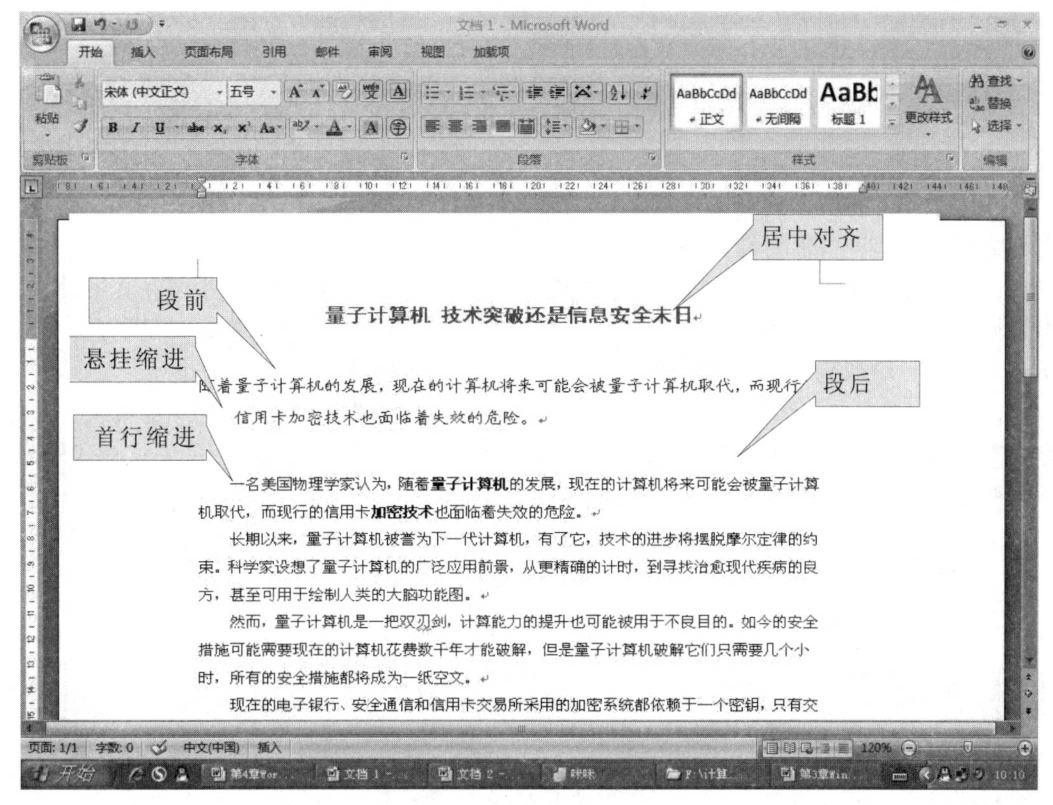

图 3.22　段落格式化效果示例

4) 设置项目符号和编号

在文档中，为了便于阅读，可以在段落前加上项目符号和编号，操作如下：

选中要添加项目符号和编号的段落，然后使用“开始”选项卡中“段落”组中提供的按钮，其中设有“项目符号”按钮、“编号”按钮和“多级符号”按钮，单击后即可设置，其中多级符号如图 3.23 所示。

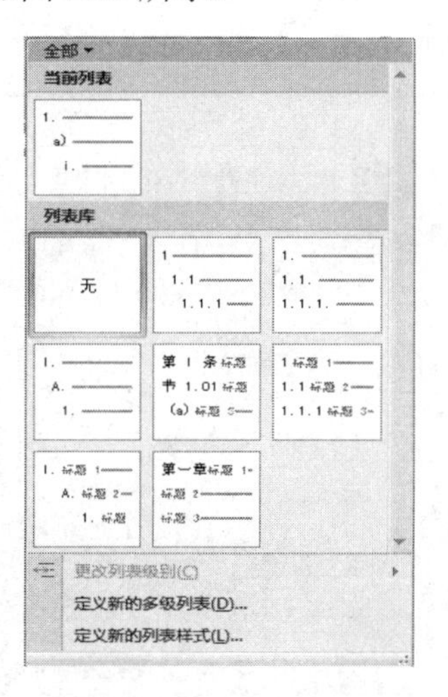

图 3.23　项目符号和编号

(1) 项目符号可以是字符或图片。

(2) 编号可以是连续的数字或字母，编号的起始值可由用户自己设置。

(3) 多级符号用来创建多级列表，表明各层次的关系

5. 中文版式

中文版式是将文本按中文方式编排，除了上述设置首行缩进、段间距、行距、换行、分页之外，还有一些需要设置的方式。

(1) 在图3.20所示“段落”对话框中选择“中文版式”选项卡，然后可在其中设置一些特殊换行方式、字符间距调整方式。比如是否允许西文在单词中间换行、是否允许标点溢出边界、自动调整中西文间距和中文与数字之间的间距等。

(2) 单击“开始”选项卡中“段落”组中的“中文版式”按钮 的下拉箭头，其中包含纵横混排、合并字符、双行合一、字符缩放等设置，供用户完成相应的中文板式修饰，其排列示意如图3.24所示。

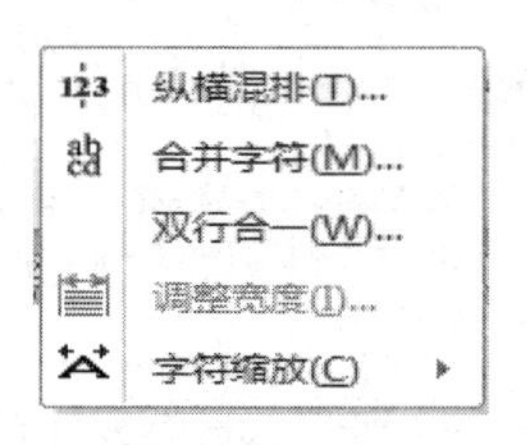

图3.24　中文版式效果

6. 分栏、首字下沉与文档竖排

1) 分栏

选中要分栏的文本，然后在“页面布局”选项卡的“页面设置”组中单击“分栏”右边的下拉按钮，可在下拉菜单中选择栏数。若单击“更多分栏”，屏幕弹出“分栏”对话框，如图3.25所示。在“预设”区域中设有一栏、两栏、三栏、左、右等方式，用户可选择其中的一种。也可以按图中提示自定义，设置“栏数”、“宽度和间距”及“分隔线”。

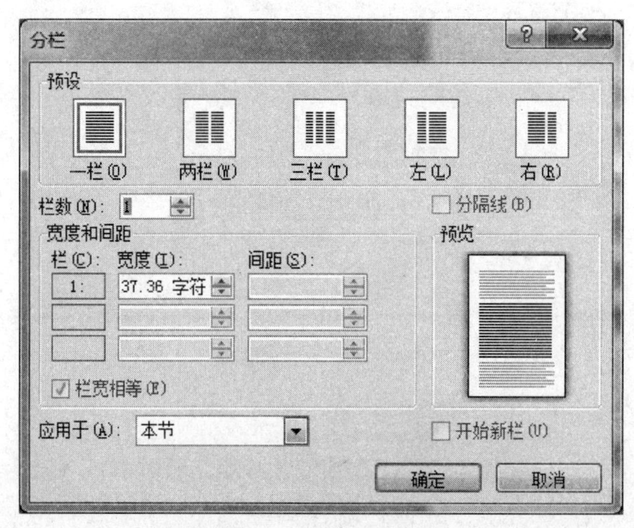

图3.25　“分栏”对话框

2) 首字下沉

首字下沉是将选定段落的第一个字放大数倍，如图 3.26 所示。选中需要首字下沉的段落，在“插入”选项卡中的“文本”组单击“首字下沉”按钮，在下拉菜单中可选择“下沉”或者“悬挂”，若单击“首字下沉选项”，屏幕弹出图 3.26 所示“首字下沉”对话框，选择“下沉”或“悬挂”，设置字体、下沉行数以及与正文的距离等。最后，单击“确定”按钮。

图 3.26　“首字下沉”对话框

3) 文档竖排

通常古文、古诗常采用竖排格式。首先选中文本段落，然后在“页面布局”选项卡中的“页面设置”组单击“文字方向”按钮，在下拉菜单中可选择“垂直”。若单击“文字方向选项”，屏幕弹出如图 3.27 所示“文字方向”对话框。Word 提供 5 种格式方向，选择后单击“确定”按钮。

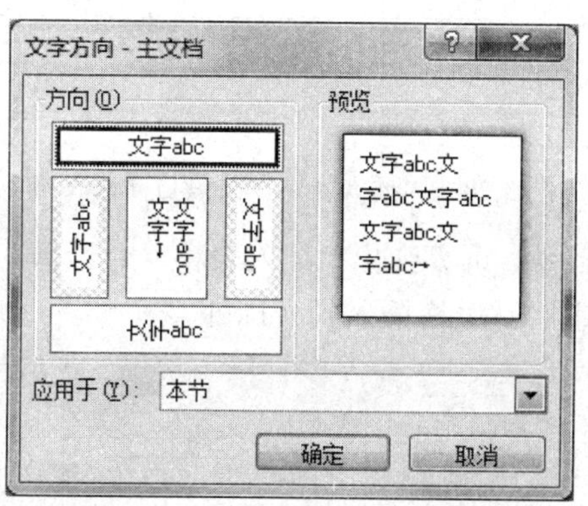

图 3.27　“文字方向”对话框

7. 复制格式

如果段落或者字符的格式相同，可使用“格式刷”复制格式。格式刷位于“开始”选项卡中“剪贴板”组。若要将某格式复制到多个项目上，选中格式文本，双击按钮，再用鼠标选择所需复制的对象。完成后，按 Esc 键或再次单击，关闭“格式刷”。

若将格式复制到一个项目上时，只需单击按钮，即可。操作完成后，“格式刷”自动关闭。

3.4 表格处理

Word 中的表格是一张二维表，表格元素有行、列、单元格。表格处理包括创建表格、表格编辑、格式化以及数据排序等。

3.4.1 创建表格

创建表格的方法有多种，可使用 Word 中的表格网络框或对话框绘制表格，也可以插入 Excel 电子表格。

1. 插入表格

在“插入”选项卡的“表格”组单击“表格”按钮，屏幕弹出“插入表格”菜单，如图 3.28 所示。在“插入表格”栏中拖动鼠标，确定表格的行数和列数，松开左键后，表格插入到光标处。

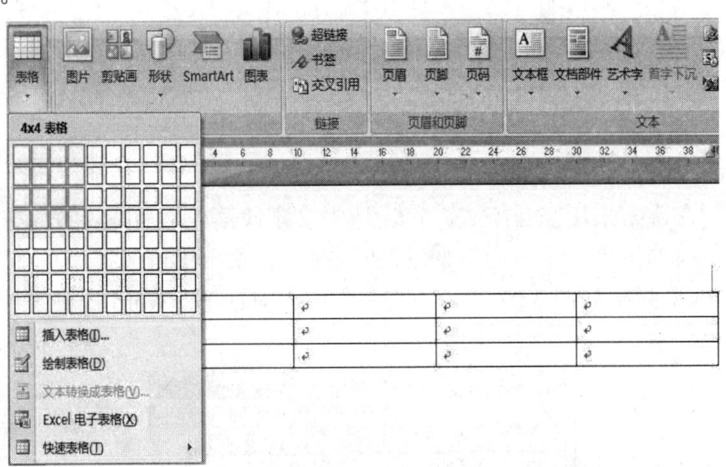

图 3.28 “插入表格”菜单与插入表格

若选择“插入表格”命令，屏幕弹出“插入表格”对话框，如图 3.29 所示，确定行数和列数，单击“确定”按钮后，表格插入到光标处。

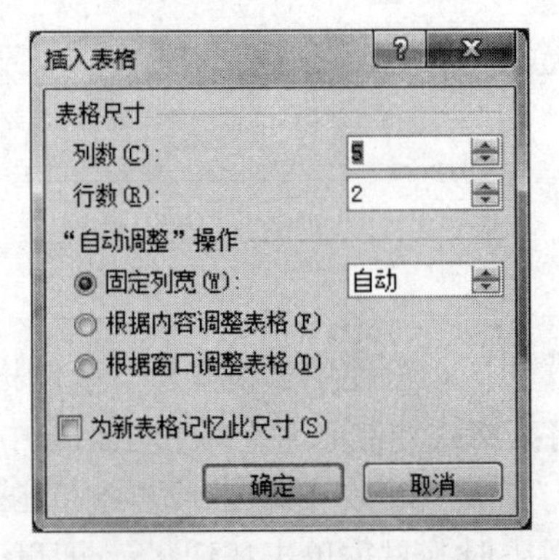

图 3.29 “插入表格”对话框

2. 绘制表格

在图 3.28 所示“插入表格”菜单中单击“绘制表格”按钮，鼠标变成笔状。这时拖动鼠标，可绘制出矩形表格的外边框，然后沿水平或垂直方向拖动鼠标，可在表格边框内绘制行线和列线。

3. 插入 Excel 电子表格

使用 Word 2010 的插入对象功能，可在文档中直接调用 Excel 应用程序，从而将 Excel 表格插入到 Word 中。调用程序后，表格的编辑方法与直接使用 Excel 应用程序相同。

操作过程是在图 3.28 所示“插入表格”菜单中单击“Excel 电子表格”按钮，打开 Excel 应用程序的工作界面，如图 3.30 所示。当在 Excel 表格中完成数据输入与编辑后，在编辑区的空白处单击鼠标，即可返回到 Word 状态。此时，文档中显示插入的 Excel 表格。有关 Excel 的使用，请参阅第 4 章。

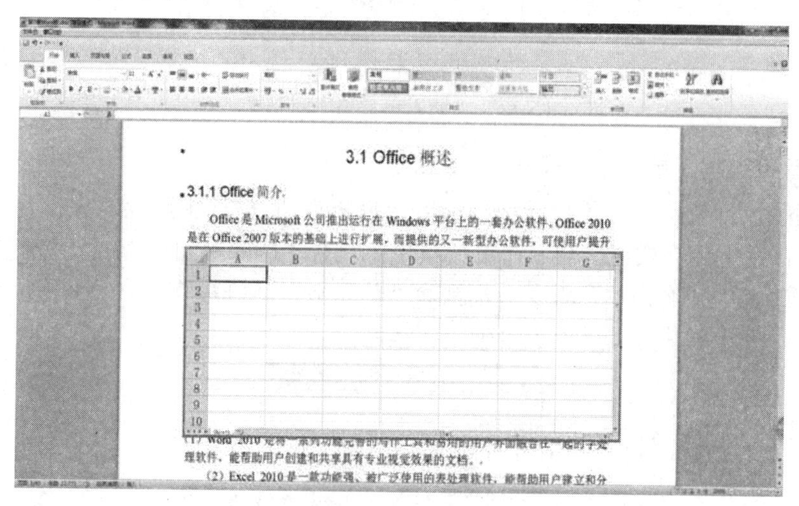

图 3.30　插入 Excel 应用程序工作界面

另外，Word 2010 还提供了快速表格样式，在上述“表格”菜单中选择“快速表格”命令，然后在其子命令中选择需要的表格样式即可。

3.4.2　编辑表格

表格的编辑包括在已有表格中插入/删除行、列、单元格等对象，调整表格的行高和列宽，拆分和合并单元格等操作。在图 3.29 所示的“插入表格”对话框中，可设定表格的行数、列数和列宽，而更多的是在“布局”选项卡中进行。首先选中表格，Word 2010 在“选项卡”栏增加了“表格工具”，其中有“设计”和“布局”两个选项卡，如图 3.31 所示。

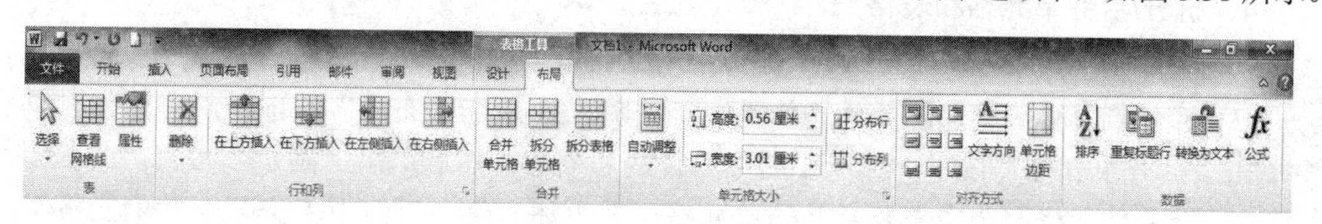

图 3.31　“布局”选项卡

1. 插入行、列和单元格

若要插入行，首先选定插入位置，然后单击图 3.31 所示“布局”选项卡中“行和列”组的“在上方插入”或者“在下方插入”按钮；如果插入列，单击“在左侧插入”或者“在右侧插入”按钮。

若要插入“单元格”，首先选中插入位置，然后单击“行和列”组右下角的下拉箭头，屏幕弹出如图 3.32 所示的“插入单元格”对话框，确定活动单元格移动方向后，单击“确定”按钮。

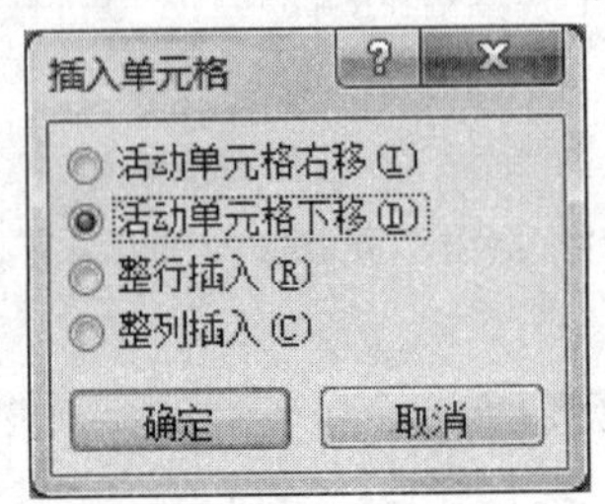

图 3.32 “插入单元格”对话框

2. 删除行、列、单元格和表格

若要删除“行”、“列”、“单元格”或者“表格”，首先选中删除对象，在上述“行和列”组中单击“删除”按钮，然后在下拉菜单中执行“删除单元格”或者“删除列”或者“删除行”或者“删除表格”命令。若删除“单元格”，屏幕弹出图 3.33 所示“删除单元格”对话框，确定填补方向后单击“确定”按钮。

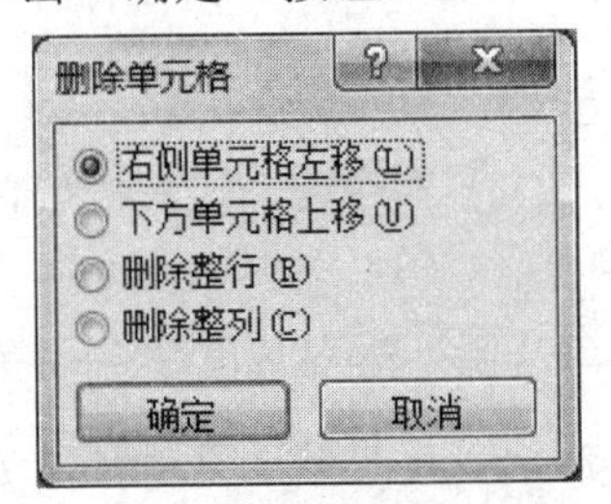

图 3.33 “删除单元格”对话框

3. 调整行高和列宽

选中某行某列，在图 3.31 所示“布局”选项卡中“单元格大小”组的“高度”或者“宽度”框中，设定“行高”或者“列宽”。若单击“自动调整”按钮，可在下拉菜单中可选择“根据内容”或者“根据窗口”自动调整表格，也可选择“固定列宽”。

此外，也可以单击“分布行”和“分布列”按钮，平均分布“行”和“列”。

4. 拆分/合并单元格和表格

1) 拆分/合并单元格

(1) 拆分单元格：选定需拆分的单元格，在图 3.31 所示“布局”选项卡的“合并”组中单击“拆分单元格”按钮，选定要拆分的行数和列数，然后单击“确定”按钮。

(2) 合并单元格：选定需要合并的单元格，在上述“合并”组中单击“合并单元格”按钮，选定的多个单元格合并为一个单元格。

2) 拆分/合并表格

拆分表格是将一个表格分为两个，合并表格是将拆分的两个表格重新合为一个。首先选定要拆分的表格，再在上述“合并”组中单击“拆分表格”按钮。这时，两个表格中产生一个空行，即拆分为两个表格，如图 3.34 所示。

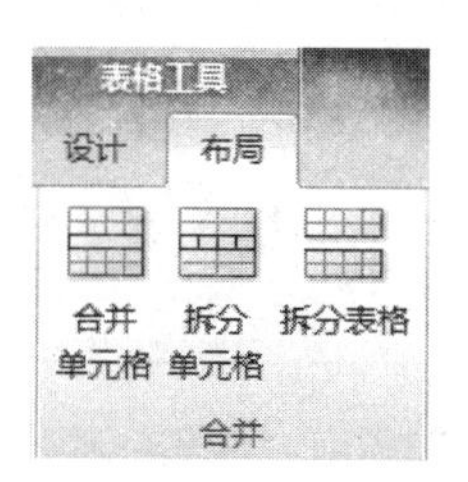

图 3.34　“拆分/合并”单元格

若将光标指向空行，单击 Delete 按钮，删除空行，两个表格将合为一个。

5. 单元格、行、列、表格的移动/复制

单元格、行、列、表格的移动/复制与文本的移动/复制方法相同。选定要复制的对象，使用“开始”选项卡中“剪贴板”组中的“剪切/复制”命令，即使用✂/📋/📋等按钮，即可实现移动或者复制操作。

6. 在“表格属性”对话框中设置

除了上述对于表格的操作之外，还可以在“表格属性”对话框中进行。在图 3. 31 所示“布局”选项卡中，单击“单元格大小”组的下拉箭头，屏幕弹出“表格属性”对话框。其中设有“表格”、“行”、“列”和“单元格”选项卡，分别用于表格、行、列和单元格属性的设置。具体操作，请参阅 3.4.3 节。

注：在上述表格操作中，Delete 键只能删除表格中的数据，不能删除表格。

7. 应用表格样式

在建立表格后，Word 会自动设置表格的边框。如果对表格的边框或者样式不满意，可使用表格样式美化。其操作是选中表格，单击“设计”选项卡，如图 3.35 所示，其中设有多种样式，单击选择。

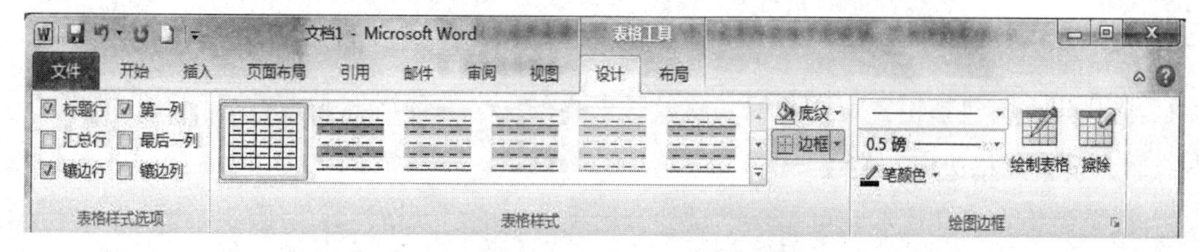

图 3.35　“设计”选项卡

另外，还可以添加底纹、设置边框线条和颜色，或者使用画笔修改表格。

8. 表格计算和排序

除了创建表格之外，Word 还可以对表格中的数据进行计算和排序。

1) 表格计算

选定存放运算结果的单元格，在“布局”选项卡的“数据”组单击公式 *fx* 按钮，

打开“公式”对话框，如图 3.36 所示。在“粘贴函数”下拉式列表框中选择函数，在括号内输入参数，即进行运算的单元格范围，然后单击“确定”按钮，选定单元格内显示运算结果。

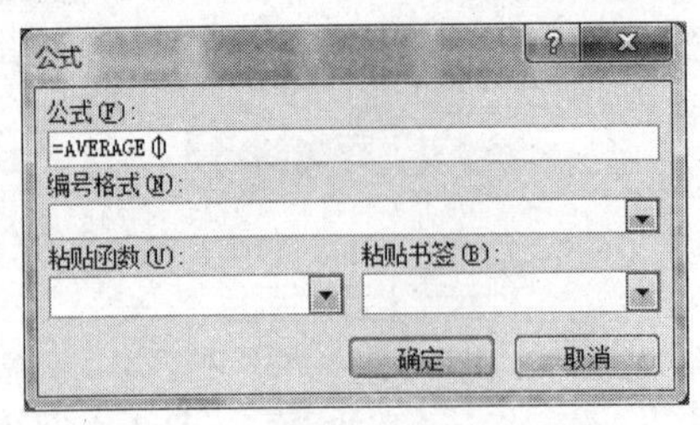

图 3.36 “公式”对话框

2) 表格排序

选定要排序的表格，在“布局”选项卡的“数据”组单击“排序”按钮，打开“排序”对话框，如图 3.37 所示。其中设有三级关键字，依次输入，并确定按“升序”还是“降序”排序，然后单击“确定”按钮即可。

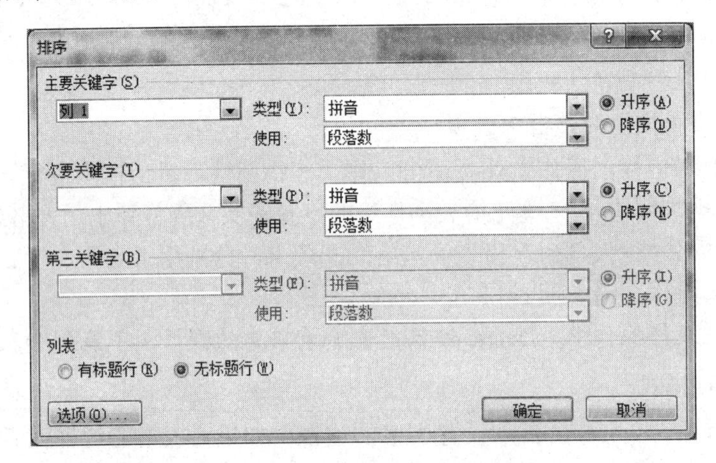

图 3.37 “排序”对话框

3.4.3 格式化表格

格式化表格包括设置表格边框和底纹、表格与文字的环绕方式、自动套用格式等。

1. 设置表格边框和底纹

设置表格边框和底纹，可单击“设计”选项卡中的“表格样式”组的“边框”按钮的下拉箭头，选择下拉菜单中的命令，设置表格中的行线和列线。若单击下拉菜单中的“边框和底纹”按钮，屏幕弹出“边框和底纹”对话框，如图 3.38 所示。

“边框和底纹”对话框中设有“边框”、“页面边框”和“底纹”选项卡。在“边框”选项卡中可设置表格线条样式、颜色、线条宽度。具体操作时，选中表格，然后在预览栏单击表格中的线条，单击一次，线条取消，再单击，线条添加上。表格确定后，可选择线条颜色和宽度。设置完后，单击“确定”按钮。

单击“底纹”选项卡，可设置表格颜色；或者单击上述“表格样式”组中的“底纹”

按钮，在下拉菜单中可选择填充颜色。也可单击“设计”选项卡中的“绘图边框”组的下拉箭头，屏幕同样弹出如图 3.38 所示的“边框和底纹”对话框。

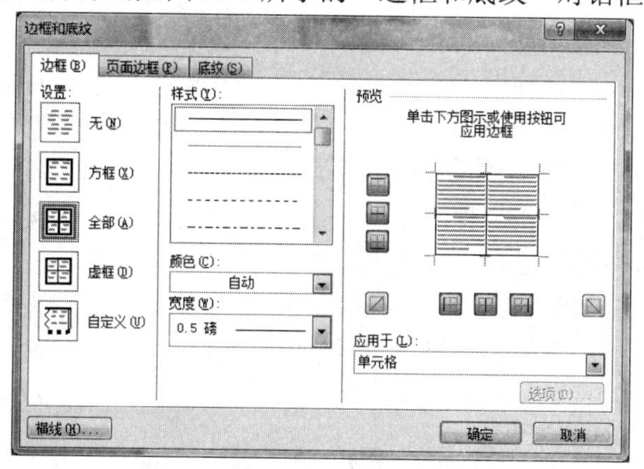

图 3.38 “边框和底纹”对话框

2．设置表格属性

设置表格属性，可在“布局”选项卡中“表”组单击“属性”按钮，屏幕弹出如图 3.39 所示的“表格属性”对话框。其中设有“表格”、“行”、“列”、“单元格”和“可选文字”选项卡，可分别对表格的格式进行设置。

操作时，选中表格，可在“表格”选项卡中指定表格尺寸、设定对齐方式、文字环绕等，在“行”选项卡中指定行高，在“列”选项卡中指定列宽，在“单元格”选项卡中指定单元格宽度、表格中文字的垂直对齐方式等。

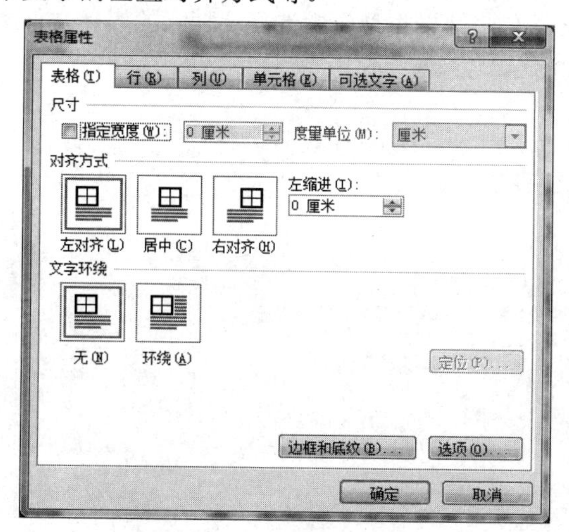

图 3.39 “表格属性”对话框

3．自动套用格式

Word 预定义了多种表格格式，在这些格式中，包括表格的边框、底纹、字体、颜色等。用户套用这些格式，可以节省设置表格格式的时间。操作时，将光标置于表格中，单击图 3.35 所示“设计”选项卡中“表格样式”组右侧的向下箭头，屏幕将展示“表格样式”下拉菜单，用户可从中选择。

4. 绘制表格

绘制表格，可使用“设计”选项卡中“绘图边框”组中的工具进行，如图 3.40 所示。单击“绘制表格”按钮，鼠标指针变为笔形，拖动鼠标即可绘制表格。单击线条右侧的下拉箭头，可选择线形(如虚线、单线、双线、文武线等)和线条宽度。单击笔颜色右侧的下拉箭头，还可设置线条的颜色。若要修改，可单击“擦除”按钮，鼠标指针变为橡皮状，拖动鼠标可擦除已画出的线条。

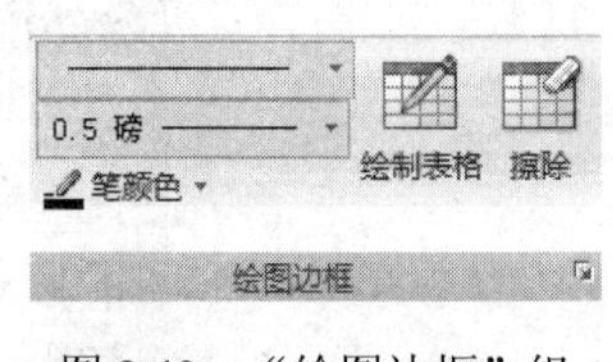

图 3.40　“绘图边框”组

另外，单击“绘图边框”右边的下拉箭头，屏幕将弹出如图 3.38 所示的“边框和底纹”对话框，用户亦可使用其中的工具修饰表格，添加底纹。

3.5　图文混排

Word 支持图形处理，可进行图文混排，能将已有的图形、图像文件插入到文档中。

3.5.1　插入剪贴画和图片

1. 插入剪贴画

将光标移到文档中需插入剪贴画的位置，在“插入”选项卡中“插图”组单击“剪贴画”按钮，屏幕右侧弹出“剪贴画”任务窗格，如图 3.41 所示。在“搜索文字”文本框中输入相关文字进行搜索。在“结果类型”中选择要搜索的媒体文件类型，如图 3.42 所示。

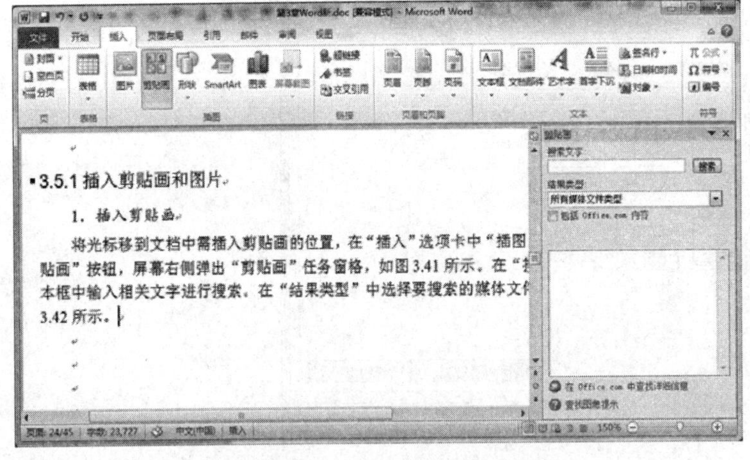

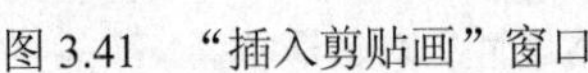

图 3.41　“插入剪贴画”窗口

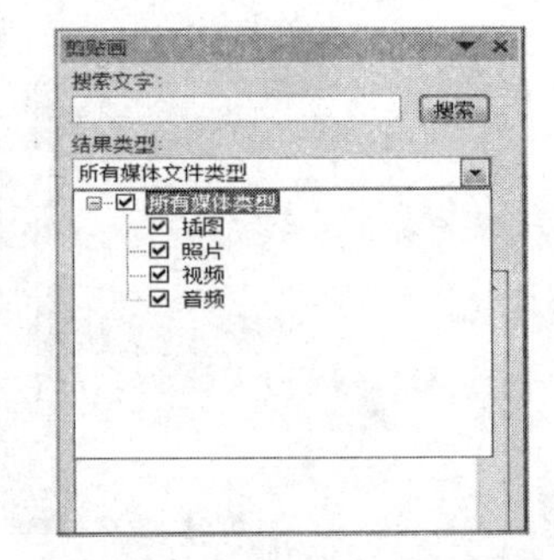

图 3.42　“结果类型”窗口

2. 插入图片

在“插入”选项卡中“插图”组单击“图片”按钮，屏幕弹出“插入图片”对话框，如图 3.43 所示。用户可在“查找范围”栏查找所需图片，查到后显示在文本框中，单击图片下方的“插入”按钮，所选图片即可插入到文档中光标所指示的位置。

图 3.43　“插入图片”窗口

3. 插入艺术字

艺术字是 Word 提供的文字图形。插入时，可在“插入”选项卡中“文本”组单击“艺术字”按钮，如图 3.44 所示。在下拉列表中选择效果后，即插入相应艺术字文本框，如图 3.45 所示。在“请在此放置您的文字”占位符中输入文字，同时选项卡转换成“格式”选项卡，如图 3.46 所示。用户可根据需要选择相应组中的命令，如改变艺术字样式，设置形状样式等。

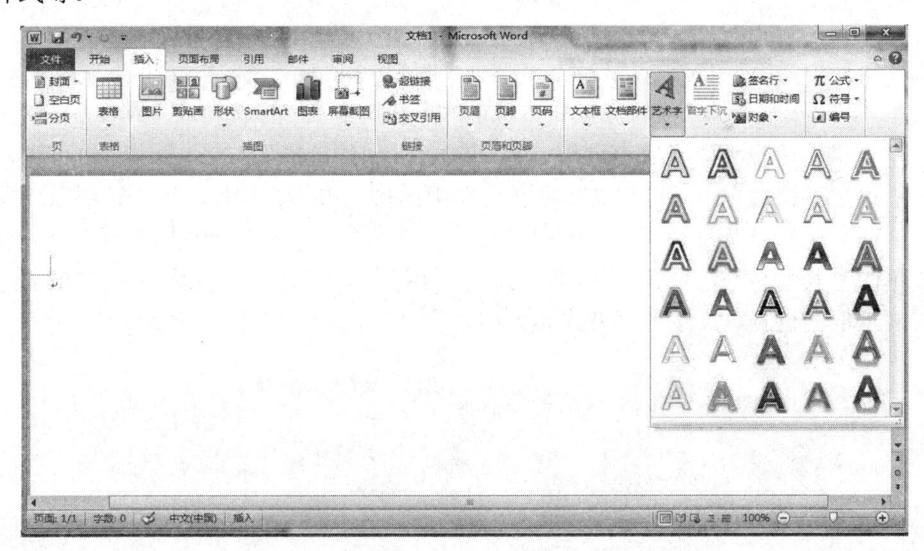

图 3.44　插入“艺术字”

图 3.45　“艺术字”文本框

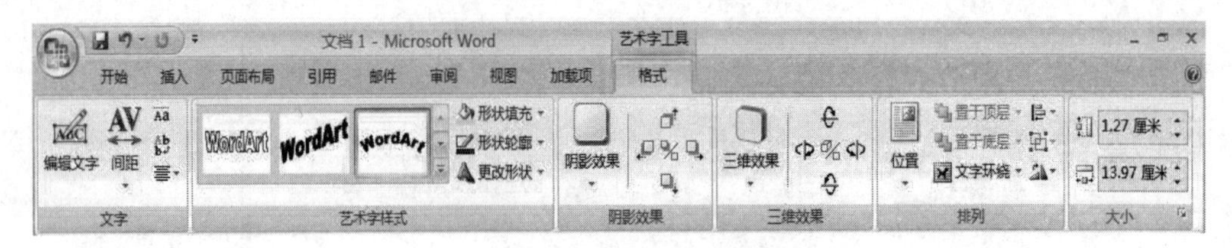

图 3.46 “格式”选项卡

4. 插入文本框

文本框是包含文字的图形对象。文本框中的文字有两种排列方式，即横排和竖排。插入方法是在“插入”选项卡中单击“文本”组中的“文本框” 按钮，再在下拉菜单中选择“内置”样式。单击后，“内置”样式文本框即可插入到光标所指示的位置。

若单击“绘制文本框”按钮，鼠标变为“+”，拖动鼠标可画出一个文字横排的文本框；若单击“绘制竖排文本框”按钮，可画出一个文字竖排的文本框。

在绘制文本框以后，文本框出现八个控点，屏幕转入“格式”选项卡，如图 3.47 所示，用户可设置文本框的形状样式、排列方式，调整文本框的大小。如果将鼠标指向控点，光标变成双向箭头，拖动鼠标也可调整文本框的大小。这也是一种常用的调整文本框和图形图片大小的方法。

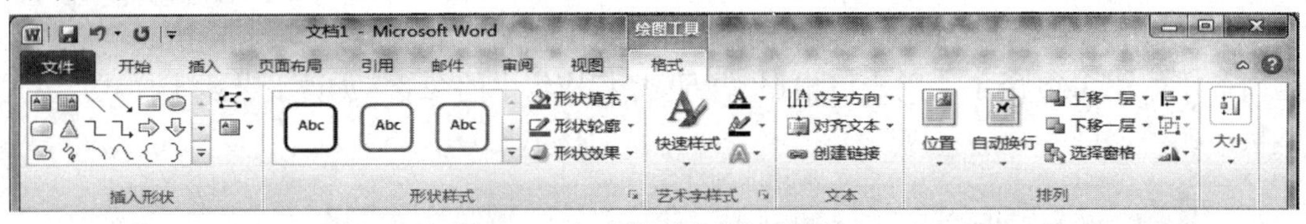

图 3.47 文本框“格式”选项卡

其中，在“形状样式”组可设置文本框的“形状填充”、“形状轮廓”或者“形状效果”；在“文本”组，可设置“文字方向”、对齐文本、“创建链接”；在“大小”组可调整文本框的大小；在“排列”组可设置文本框在文档中的排列方式，比如“置于顶层”、“置于底层”、“文字环绕”以及设置“对齐”和“旋转”方式等。若单击“位置”或“自动换行”下拉菜单的“其他布局选项”，屏幕弹出如图 3.48 所示“布局”对话框，用户可通过对话框设置文本框的位置、文字环绕方式和大小。

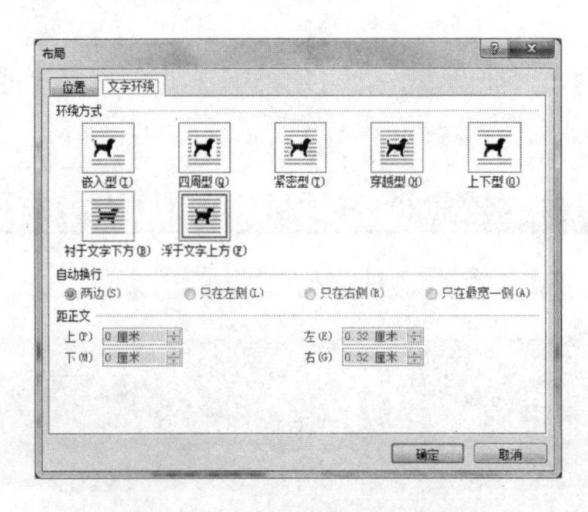

图 3.48 “环绕方式”对话框

3.5.2　绘制图形

利用 Word 提供的“绘图”功能，可绘制各种图形，还可以在图形中添加文字。在“插入”选项卡中“插图”组单击“形状”按钮，屏幕将弹出“形状命令”菜单，如图 3.49 所示。用户可选择所需要的图形工具，比如直线、曲线、弧线、箭头、矩形、菱形、三角形等。选中后，光标变成十字星，拖动鼠标可在文档中绘制相应的图形，同时选项卡转换成“格式”选项卡，如图 3.50 所示。

这时，一方面可以沿控点拖动鼠标调整图形的大小。另一方面，可使用“格式”选项卡中的工具修饰图形，比如选择形状样式，设置阴影、三维效果，选择排列方式等。

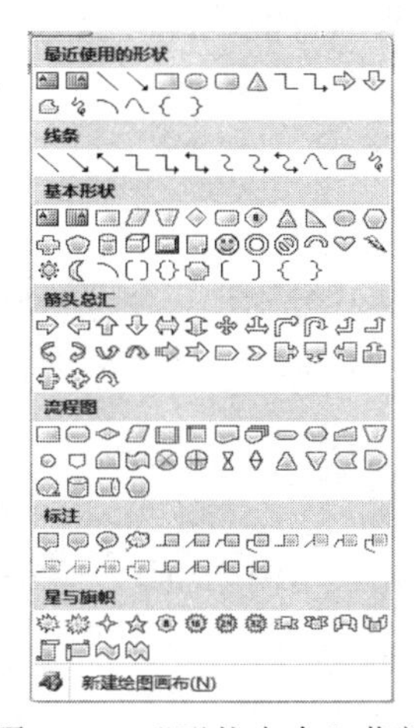

图 3.49　“形状命令”菜单

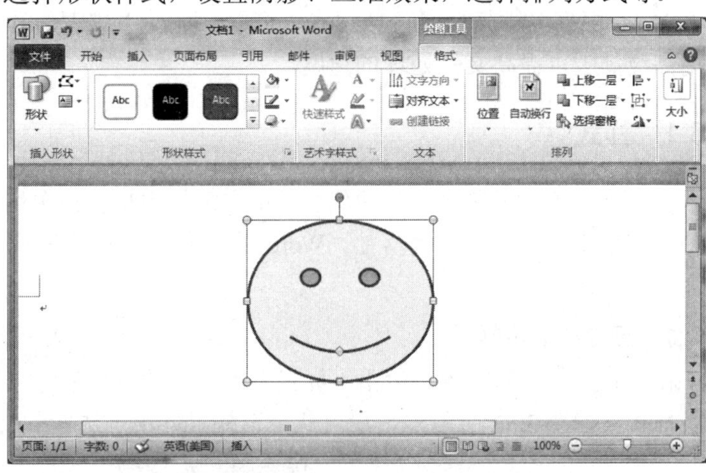

图 3.50　画图与“格式”选项卡

另外，用鼠标选中所画的闭合图形，单击右键，在弹出的快捷菜单中单击“添加文字”选项，然后可在其中输入文字。

3.5.3　图表

1. 创建图表

在“插入”选项卡中“插图”组单击“图表”按钮，屏幕弹出“插入图表”对话框，如图 3.51 所示，其中设有柱形图、折线图、饼图、条形图等多种类型的图形样式。

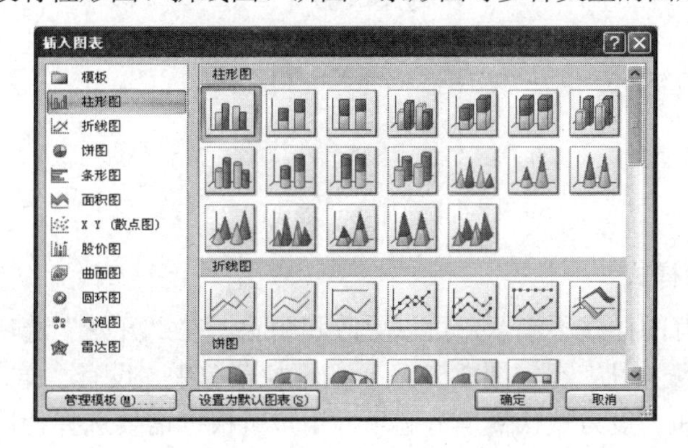

图 3.51　“插入图表”对话框

使用时，首先选中表格中的数据，或者调用 Excel 表格中的数据，然后执行上述命令，即可画出相应的图表。

2．编辑图表

创建图表后，可对其进行编辑，使图表更加美观，其过程，与上述“图片”、“文本框”和“艺术字”的编辑大体相同。

3.6 高级排版与管理

Word 中高级排版功能包括样式、模板、自动生成索引和目录等项目的编排与应用。利用高级排版可提高文档处理的速度。

3.6.1 样式

样式是一组排版格式指令的集合，用户可以先将文档中用到的样式分别加以定义，然后使之应用于各个字体、段落中。Word 在提供标准样式的同时，还支持用户修改标准样式和自定义样式。

1．查看和显示样式

在“开始”选项卡中，单击“样式”组右边的下拉箭头，在下拉菜单中列出了一系列排版样式，如图 3.52 所示，用户可从中选择，并用于选定的文本。

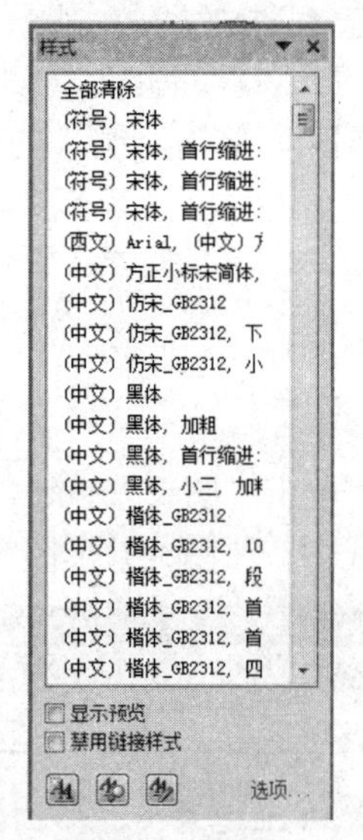

图 3.52　样式

2．更改和删除样式

如果用户对已有的样式不满意，可以更改和删除。在“开始”选项卡中“样式”组，单击“更改样式”按钮，在如图 3.53 所示的下拉菜单中，设有“样式集”、“颜色”、“字体”、“段落间距”和“设为默认值”等选项，用户可根据需要选择使用。若要修改颜色，单击“颜色”选项，在弹出的颜色菜单中选择所需要的颜色。若要修改字体，单击“字体”

选项，从中选择用户喜爱的字体。

若要删除“样式”，单击“样式”组的下拉箭头，在如图 3.52 所示菜单中执行“全部清除”命令。

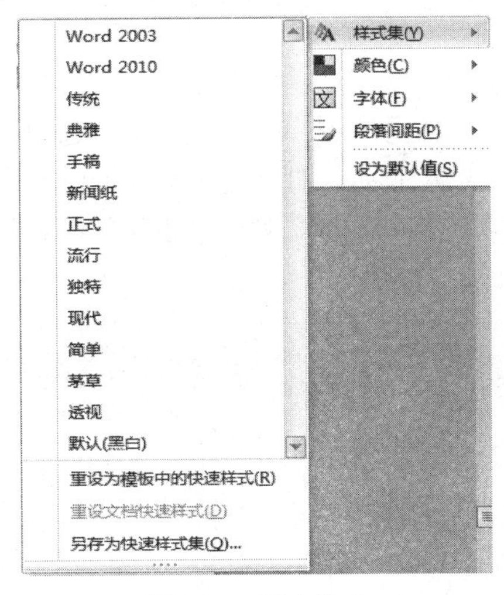

图 3.53　更改样式

3.6.2　模板

模板是指预先设置的文档外观框架，扩展名为“.dotx”。在 Word 中有许多预定义的模板可以直接使用，用户也可以自己定义模板。

建立模板的方法是单击 文件 按钮，在弹出的菜单中执行“新建”命令，屏幕显示如图 3.6 所示，包括“可用模板”和“Office.com 模板”。

Office.com 模板如图 3.54 所示。

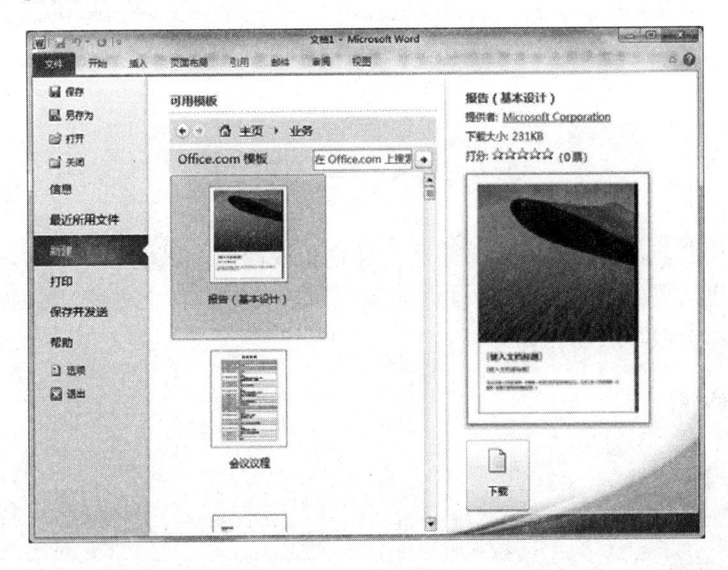

图 3.54　建立模板

3.6.3 生成目录和索引

书籍或长篇文档需要制作目录，Word 提供了自动编制目录功能，可根据文档中的标题自动生成目录。

创建目录的方法是将光标点定位到要插入目录的位置，在“引用”选项卡中单击“目录”组的“目录”按钮，在下拉菜单中选择“插入目录”选项，屏幕弹出“目录”对话框，如图 3.55 所示。单击“目录”选项卡，“打印预览”框给出样式，如果满意，单击“确定”按钮；若不满意，单击“选项”按钮，屏幕弹出“选项”对话框，可按提示确定目录形式。单击“确定”后，在光标处插入目录。

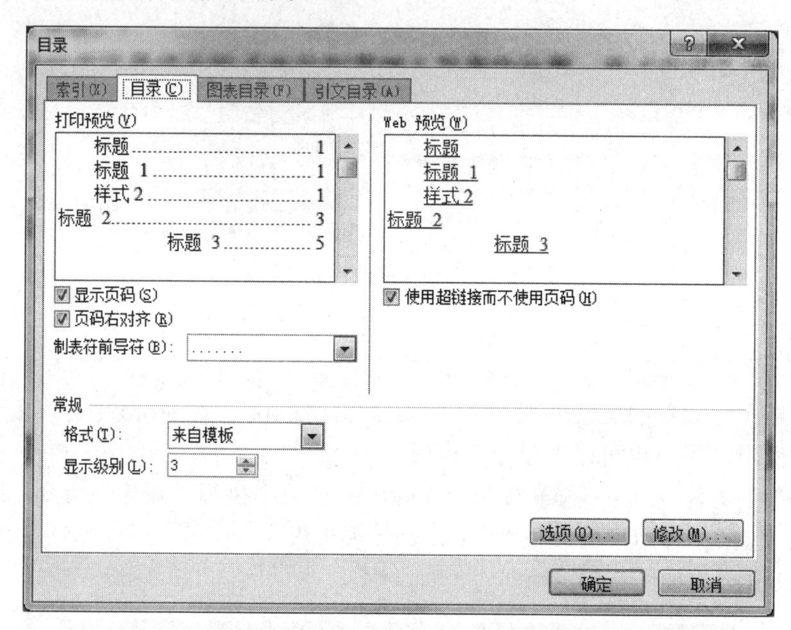

图 3.55 “目录”对话框

3.7 文档打印

在打印文档之前，应对文档版式进行全面调整或修饰，以便打印出漂亮美观的文稿。其中页面修饰包括页面设置，添加页码、页眉页脚以及脚注和尾注等。然后，设置打印机，确定打印范围和份数，启动打印。

3.7.1 页面修饰

1. 页面设置

页面设置包括选择纸型、排版方式、页边距等，已经在第 3.4.3 节介绍，这里不再重复。

2. 页眉与页脚

页眉与页脚是指在文档每一页的顶部和底部加入的信息。例如，在页眉处指明书或文档的名称，页脚标示页码，这些信息可以是文字、数符，也可以是图形。

添加页眉和页脚时，可在“插入”选项卡中“页眉与页脚”组单击“页眉”或者“页脚”按钮，如图 3.56 所示。单击后，可在下拉菜单中选择“页眉”、“页脚”形式。例如单击“页眉”下拉菜单中的“编辑页眉”按钮，屏幕显示如图 3.57 所示。

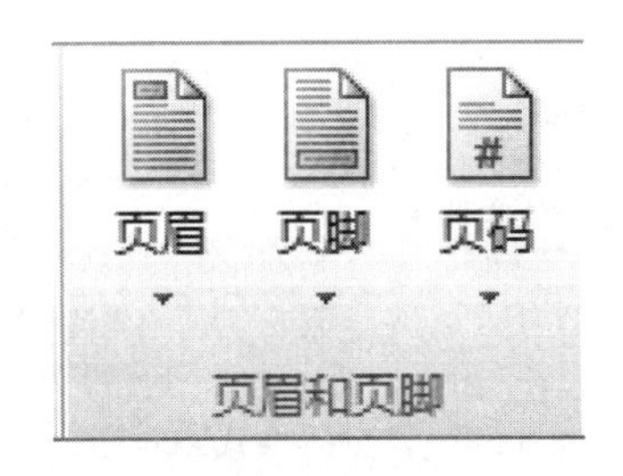

图 3.56　“页眉与页脚”组

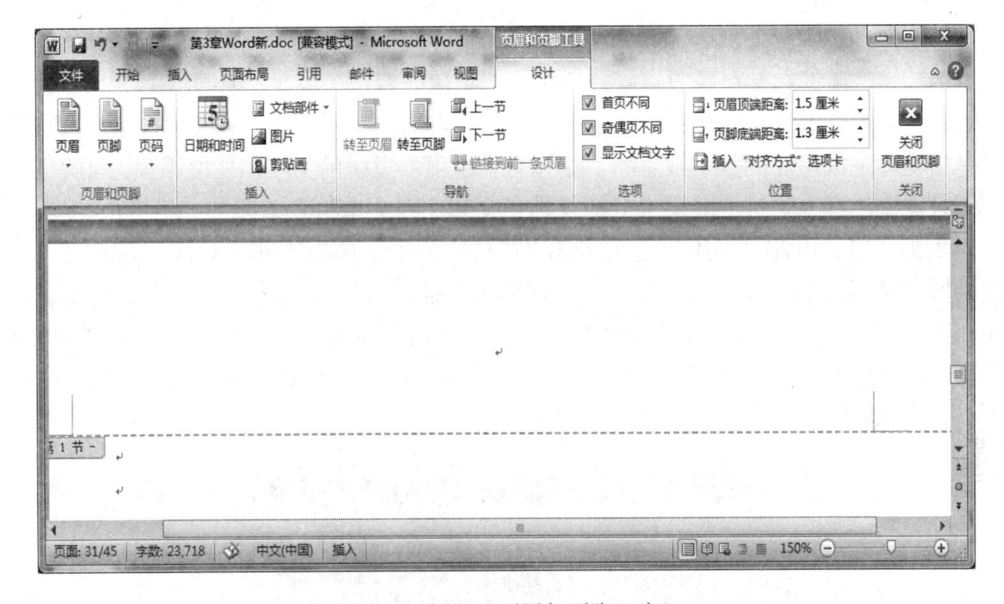

图 3.57　插入“页眉与页脚”窗口

这时，可输入文字，设置页眉的位置，或者插入日期、图片等。若单击“转至页脚”按钮，则转向页脚，对页脚进行设置和编辑。若单击“关闭页眉和页脚”按钮，则取消页眉页脚，退出设置。

此外，也可以单击“页面布局”选项卡中“页面设置”组右下角的下拉箭头，在如图 3.15 所示的“页面设置”对话框中单击“版式”选项卡，然后在其中设置“页眉”和“页脚”的边距。

3. 页码

在图 3.56 所示“页眉与页脚”组，若单击“页码”按钮，可在下拉菜单中选择页码的位置，即“页面顶端”、“页面底端”、“页边距”、“当前位置”等，选择某一项后，可在二级菜单中设置其位置。若单击“设置页码格式”按钮，屏幕弹出“页码格式”对话框，如图 3.58 所示，用户可根据提示，选择页码的编号格式、起始页码以及是否续前节等。

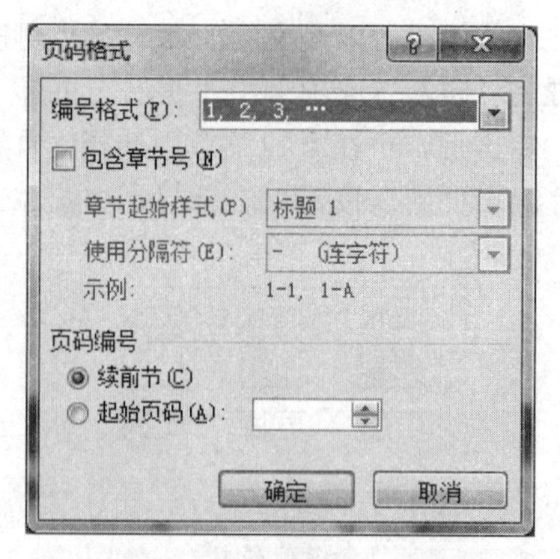

图 3.58 “页码格式”对话框

4. 脚注和尾注

脚注和尾注用于为文档中的文本提供解释、批注以及相关的参考资料。脚注出现在文档每一页的底端，用以对文档内容进行注释说明；尾注一般位于整个文档的末尾，用于作者介绍、论文说明或引用的文献。脚注和尾注由注释引用标记和相应的注释文本组成。注释引用标记是指明脚注或尾注的数字或字符；注释文本是用于说明的文字，长度不限，可设置其格式；还可定义注释分隔符，即用来分隔文档正文和注释文本的线条。

插入脚注时，可在“引用”选项卡的“脚注”组中，单击“插入脚注”AB¹按钮，即可在文档脚部插入“脚注”，且带有序号。若单击“插入尾注”按钮，可在文档末尾插入“尾注”。也可单击“脚注”组右下角的下拉箭头，屏幕弹出如图 3.59 所示“脚注和尾注”对话框。在“位置”栏确定脚注和尾注的位置，在“格式”栏选择编号格式、起始编号，也可以自定义标记等，设置完成后单击“插入”按钮。

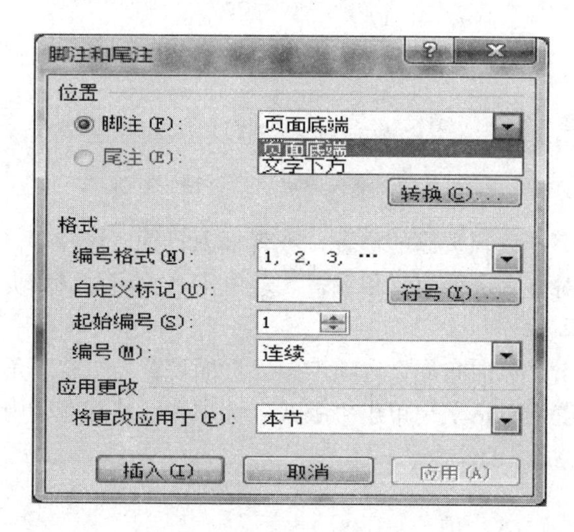

图 3.59 “脚注和尾注”对话框

3.7.2 设置打印机

Word 2010 预装多种类型的打印机驱动程序，支持多种型号的打印机，但是在使用前需要设置。

设置时，执行“开始/设备和打印机”命令，屏幕显示如图 3.60 所示“设备和打印机”窗口。选择 “添加打印机”，然后在“添加打印机”的引导下，选择安装打印机的类型，如图 3.61 所示。如选择 “添加本地打印机”，则要选择打印机的端口，点击“下一步”，再从列表中选择“厂商”和“打印机”进行安装，若要从安装 CD 安装驱动程序，则要单击“从磁盘安装”。如选择“添加网络、无线或 Bluetooth 打印机”，将搜索可用的打印机，选定打印机进行安装。

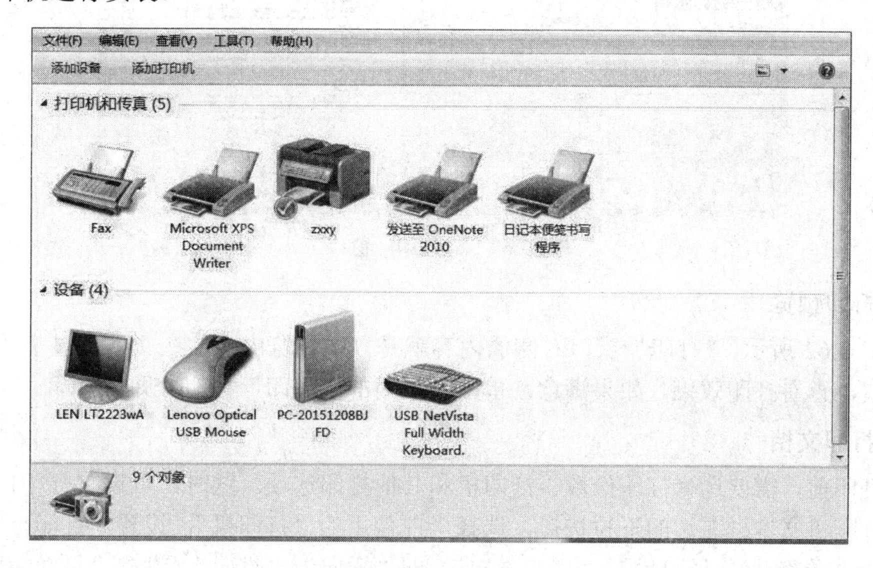

图 3.60　“设备和打印机”窗口

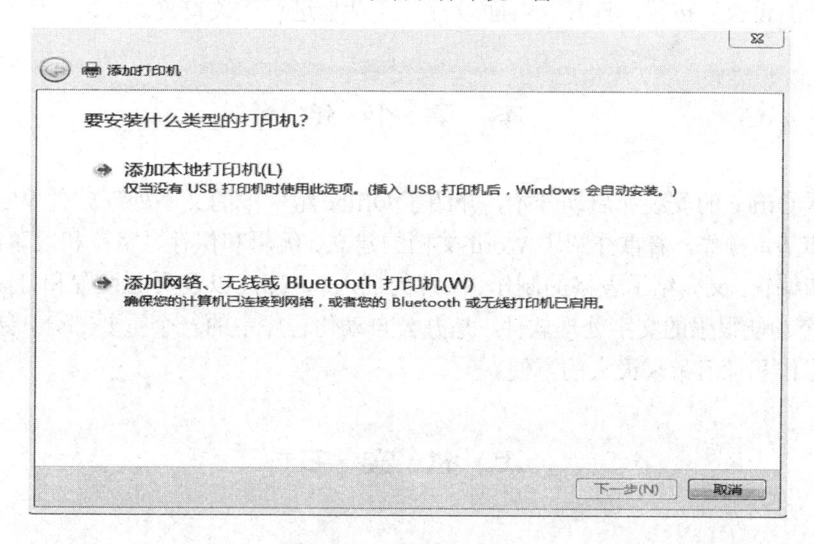

图 3.61　“添加打印机”

3.7.3　打印输出

单击 文件 按钮，在下拉菜单中选择“打印”命令，屏幕显示如图 3.62 所示。

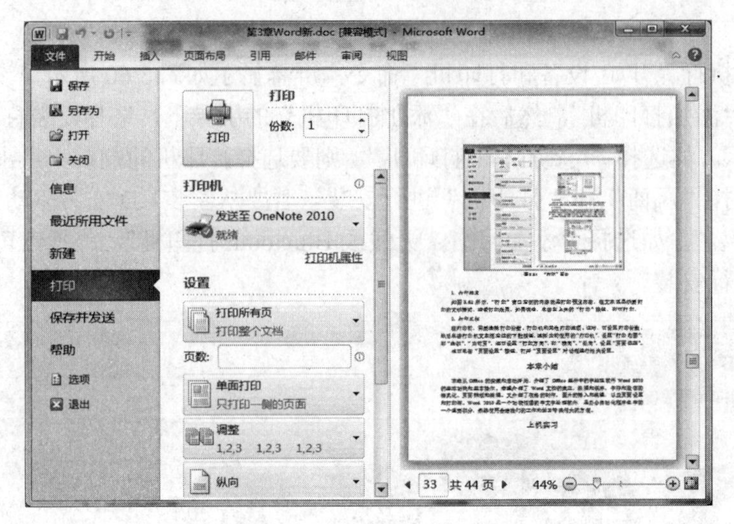

图 3.62 “打印”窗口

1. 打印预览

如图 3.62 所示，“打印”窗口右侧的内容就是打印预览内容，在文本区显示要打印的文档样式，查看打印效果。如果满意，单击左上角的“打印”按钮，即可打印。

2. 打印文档

在打印前，需要选择打印份数、打印机和其他打印选项。这时，可设置打印份数，然后单击打印机文本框右边的下拉按钮，选择当前使用的“打印机”，设置“打印范围”，即“全部”、“当前页”，还可设置“打印方向”，即“横向”、“纵向”，设置“页面边距”。也可单击“页面设置”按钮，打开“页面设置”对话框进行相关设置。

本 章 小 结

本章从 Office 的安装和启动开始，介绍了 Office 组件中的文字处理软件 Word 2010 的基本功能和基本操作。着重介绍了 Word 文档的建立、编辑和保存、字符和段落的格式化、页面排版和编辑。又介绍了表格的制作、图片的插入和编辑，以及页面设置和打印等。Word 2010 是一个功能很强的文字处理软件，是办公自动化程序中的一个重要部分，熟练使用会给我们的工作和学习带来很大的方便。

上 机 实 习

实习一　文本输入与分栏

1. 实习目的

(1) 学习启动 Word 2010 的方法。

(2) 练习文字录入、字体设置、段落划分、文字编辑等操作。

2. 实习内容

选择一种输入法，录入如图 3.63 所示的短文，然后按要求进行编排，存入自己建立的文件夹中，文件名为“Office 简介”。

Office 简介

现代办公所处理的信息日趋繁琐和多样化，如文字、图片、声音、视频等，对于不同的对象，需要用不同软件进行处理。Microsoft 公司推出的 Office 就是这样的一组办公软件。Office 包括 Word、Excel、PowerPoint、FrontPage、Access 等组件。熟练掌握 Office 套装软件中各组件的功能，可以提高办公效率和质量。本章主要介绍 Office 2010 软件中常用的 Word 2010 文字处理软件，在后面章节将陆续介绍 Excel 2010 电子表格处理软件、PowerPoint 2010 演示文稿制作软件。

图 3.63　“Office 简介”短文 1

3. 实习步骤

(1) 启动 Word 2010。

执行“开始/所有程序/Microsoft Office /Word 2010”命令，或者双击桌面上的 Word 2010 快捷图标。

(2) 文字录入。

① 用鼠标单击“文件”按钮下拉菜单中的“新建”命令，(或者按组合键 Ctrl+N)，在弹出的对话框中选择“空白文档”，单击“创建”按钮。

② 单击屏幕右下角的“CH”按钮，选择中文输入方式。

③ 移动光标，输入短文，一段输入完后按“Enter”(回车)键换行。

④ 录入完毕后，单击“开始”选项卡中“字体”组中的“字体”下拉按钮，选择仿宋字体，

⑤ 保存，把文件存入自己建立的文件夹中。

(3) 分栏排列。

选中全文，选择“页面布局”选项卡中“页面设置”组的“分栏”按钮，在弹出的对话框中选择“两栏”，单击“确定”保存，如图 3.64 所示。

Office 简介

现代办公所处理的信息日趋繁琐和多样化，如文字、图片、声音、视频等，对于不同的对象，需要用不同软件进行处理。Microsoft 公司推出的 Office 就是这样的一组办公软件。包括 Word、Excel、PowerPoint、FrontPage、Access 等组件。熟练掌握Office套装软件中各组件的功能，可以提高办公效率和质量。本章主要介绍 Office 2003 软件中常用的 Word 2010 字处理软件，在后面章节将陆续介绍 Excel 2003 电子表格处理软件、PowerPoint 2003 演示文稿制作软件。

图 3.64　“Office 简介”短文 2

编排完毕后保存，然后执行“文件按钮/关闭”命令，关闭文件。

在上述操作中，如果输入出错，可按下述办法纠正：

① 将光标移到错误文字的后面，按“Backspace”(←)键；或者将光标移到错误文字的前面，按“Del”键；或者执行撤销命令。

② 选中错误文字，按“Del”键或直接输入替换文字。

说明：为了使存盘的文件能在 Office 2003 环境下打开，存盘时请在“文件”菜单中选择“另存为/Word 97-2003 文档”命令。

实习二　文本编辑与字体设置

1. 实习目的

(1) 进一步熟悉启动 Word 的方法。

(2) 继续练习文字录入、段落划分、文本编辑、保存、另存为等操作。

(3) 学习字体的各种设置方式。

2. 实习内容

选择一种输入法，录入如图 3.65 所示“满江红”短文，然后进行字体与格式编排，文件名为“满江红”。

满江红

岳飞

怒发冲冠，凭阑处、潇潇雨歇。抬望眼、仰天长啸，壮怀激烈。

三十功名尘与土，八千里路云和月。莫等闲，白了少年头，空悲切。

靖康耻，犹未雪;臣子恨，何时灭。驾长车，踏破贺兰山缺。

壮志饥餐胡虏肉，笑谈渴饮匈奴血。待从头、收拾旧山河，朝天阙。

——摘自《宋词精选》

图 3.65　“满江红”短文 1

3. 实习步骤

(1) 文字录入。

① 启动 Word，选择汉字输入法，选择“宋体”，然后移动光标，输入诗词；

② 输入完后保存，文件名为“满江红”。

(2) 版面设置。

① 单击“页面布局”选项卡中“页面设置”组的“纸张大小”按钮，在弹出的下拉菜单中选择 B5。

② 拖动鼠标选中全文，然后进入“页面布局”选项卡中“段落”组的“缩进和间距”选项卡，设置缩进量(左右各 2.5 厘米或 2 个字符位)。

③ 选中全部文本(除最后一行)，在“开始”选项卡中“字体”组的“字体”列表选择“隶书”；再选中第一行和第二行，设置成“楷体”，然后选中标题“满江红”，用鼠标单

击按钮 U 添加下划线。

④ 编排完毕后存入用户自建的文件夹中，文件名为“满江红”。

⑤ 再执行“文件 按钮/另存为”命令，屏幕显示“另存为”对话框，在“文件名”栏输入文件名“岳飞”，然后“保存”。

⑥ 在菜单中执行“文件 按钮/关闭”命令，关闭文件。

实习三 文本复制与修改

1. 实习目的

(1) 练习文本的复制、移动、重复、撤销、恢复与删除等操作。

(2) 学习文本框的使用。

2. 实习内容

(1) 将实习二中建立的文件“岳飞”打开。

(2) 将“莫等闲、白了少年头，空悲切”一句，在其后复制两遍，然后进行“撤销”和“恢复”操作，观察结果，最后将复制的文字删除。

(3) 再将“——摘自《宋词精选》”移到题目“满江红”之后，并且设置底纹。

(4) 将全部字体改为仿宋，保存，文件名为“满江红—岳飞”。

(5) 将“满江红—岳飞”全文竖排。

(6) 删除文件“岳飞”。

3. 实习步骤

(1) 文本复制与修改。

① 启动 Word，执行“文件 按钮/打开”命令(或者按组合键 Ctrl + O)，屏幕显示“打开”对话框，选择用户自建的文件夹，打开文件“岳飞”。

② 选中需复制内容“莫等闲、白了少年头，空悲切”，即将光标移到起始点(“莫”字的左边)，按下鼠标左键，再将光标拖到这一句话的末尾(“切”字的右边)，选中内容反白显示。

③ 单击“开始”选项卡中“剪贴板”组的“复制”按钮(或按组合键 Ctrl + C)。

④ 把光标移至目标位置，单击“开始”选项卡中“剪贴板”组的“粘贴”按钮(或组合键 Ctrl + V)；也可以用光标指向选中内容，当光标变为↖时，按下 Ctrl 和鼠标左键，拖动到目的位置。重复操作两遍。

(2) 撤销与恢复修改。

取消上一次的操作。单击“自定义快速访问工具栏”中的“撤销”按钮 ↶，观察操作结果；恢复上一次的操作，单击“恢复”按钮 ↷，观察操作结果；然后将复制的文字删除。

(3) 修改与竖排。

① 用上述方法将“—— 摘自《宋词精选》”移到题目“满江红”之后，单击按钮 A，设置底纹后保存，如图 3.66 所示。

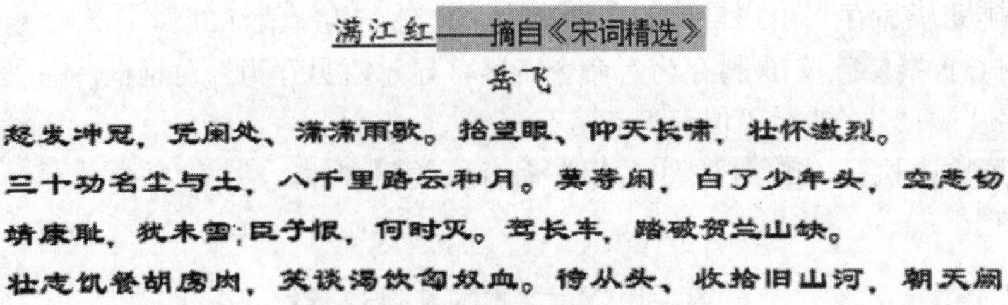

满江红——摘自《宋词精选》

岳飞

怒发冲冠，凭阑处、潇潇雨歇。抬望眼、仰天长啸，壮怀激烈。

三十功名尘与土，八千里路云和月。莫等闲，白了少年头，空悲切。

靖康耻，犹未雪；臣子恨，何时灭。驾长车，踏破贺兰山缺。

壮志饥餐胡虏肉，笑谈渴饮匈奴血。待从头、收拾旧山河，朝天阙。

图 3.66 “满江红”短文 2

② 选中全文，将字体改为仿宋，执行“另存为”命令，按文件名“满江红—岳飞”保存。

③ 在“插入”选项卡的“文本”组单击“文本框”按钮，在弹出的菜单中，选择“绘制文本框”。待光标变为“十”时拖动鼠标在书写板上的空白处画出一个矩形框，再选中全文，复制到文本框中；然后执行“页面布局”选项卡“页面设置”组的“文字方向”命令，屏幕弹出“文字方向”对话框，选择“竖排”并“确定”。

④ 将光标移到“文本框”的边线上，单击左键，选中“文本框”，单击“格式”选项卡的“形状样式”组的“形状轮廓”按钮，在下拉菜单中选择“无轮廓”，边框消失。

⑤ 在“开始”选项卡中“字体”组，再将字体改为仿宋，用文件名“满江红—岳飞”保存，如图 3.67 所示。

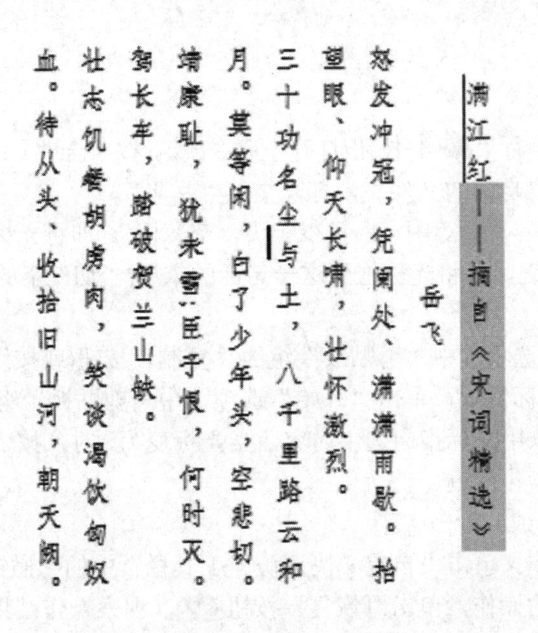
满江红——摘自《宋词精选》
岳飞
怒发冲冠，凭阑处、潇潇雨歇。抬
望眼、仰天长啸，壮怀激烈。
三十功名尘与土，八千里路云和
月。莫等闲，白了少年头，空悲切。
靖康耻，犹未雪；臣子恨，何时灭。
驾长车，踏破贺兰山缺。
壮志饥餐胡虏肉，笑谈渴饮匈奴
血。待从头、收拾旧山河，朝天阙。

图 3.67 “满江红”短文 3

(4) 删除文件。

执行“文件按钮/打开”命令，进入“打开”对话框，找到文件“岳飞”，单击鼠标右键，在弹出的快捷菜单中，执行“删除”命令。

实习四　文字修饰与打印预览

1. 实习目的

练习字体、字号设置、文本左右对齐、文字修饰的方法以及“打印预览”。

2. 实习内容

选择实习二中的文件“满江红”为操作对象，进行如下操作：

(1) 设置字体：第一行黑体，第二行楷体，正文仿宋，最后一行宋体。

(2) 设置字号：第一行小三号，第二行四号，正文小四号，最后一行五号。

(3) 设置字形：第一行粗体，第二行加下划线(波浪线)。

(4) 对齐方式：第二行居中，最后一行右对齐。

(5) 打印预览。

3. 实习步骤

打开文件“满江红”，然后进行如下操作：

(1) 设置字体。

① 选中该文档的第一行，单击“字体”组“字体”下拉按钮，从字体列表中选择黑体；

② 选中第二行，同上选择楷体；正文选择仿宋；最后一行选择宋体。

(2) 设置字号。

① 选中该文档的第一行，单击“字体”组的“字号”下拉按钮，从字号列表中选择小三号；

② 选中第二行，同上选择四号；正文选择小四号；最后一行选择五号。

(3) 设置字型。

① 选中该文档的第一行，单击“字体”组的“加粗”按钮 B，得到粗体；

② 选中第二行，单击“字体”组的“下划线”下拉按钮，选择波浪线。

(4) 对齐方式。

① 选中文档的第二行，单击“字体”组的“居中”按钮；

② 选中文档的最后一行，单击“字体”组的“右对齐”按钮；

③ 将文件“另存为”文件名“岳飞”(不要按原文件名保存，以免破坏原文件状态)。

结果如图 3.68 所示。

满江红

岳飞

怒发冲冠，凭阑处、潇潇雨歇。抬望眼、仰天长啸，壮怀激烈。
三十功名尘与土，八千里路云和月。莫等闲，白了少年头，空悲切。
靖康耻，犹未雪；臣子恨，何时灭。驾长车，踏破贺兰山缺。
壮志饥餐胡虏肉，笑谈渴饮匈奴血。待从头、收拾旧山河，朝天阙。

——摘自《宋词精选》

图 3.68　“满江红”短文 4

(5) 打印预览。

执行“文件/打印”菜单中的“打印”命令，查看打印预览结果。

实习五　插入图片

1. 实习目的

练习图片的插入方法和修改图片大小的方法。

2. 实习内容

选择实习二中的文件“满江红”为操作对象，进行如下操作：

(1) 在“满江红”文件中插入一张图片。

(2) 调节图片的大小，并移到合适的位置。

3. 实习步骤

(1) 插入图片。

① 打开文件“满江红”，把光标移到插入图片的位置。

② 单击“插入”选项卡“插图”组的“图片”按钮，打开“插入图片”对话框，选择要插入的图片，单击“插入”，如图 3.69 所示。

满江红

岳飞

怒发冲冠，凭阑处、潇潇雨歇。抬望眼、仰天长啸，壮怀激烈。

三十功名尘与土，八千里路云和月。莫等闲，白了少年头，空悲切。

靖康耻，犹未雪；臣子恨，何时灭。驾长车，踏破贺兰山缺。

壮志饥餐胡虏肉，笑谈渴饮匈奴血。待从头、收拾旧山河，朝天阙。

——摘自《宋词精选》

图 3.69　“满江红”短文 5

(2) 改变图片大小。

① 单击刚插入的图片，图片周围出现八个控制点，同时显示“图片工具”，单击“格式”，可在“大小”组设置高度和宽度。

② 也可用鼠标指向某一控制点拖拽，改变图片的大小，再拖到合适的位置。

③ 还可以单击鼠标右键，在快捷菜单中选择“设置图片格式”命令，如图 3.70 所示窗口。

④ 按原文件名保存。

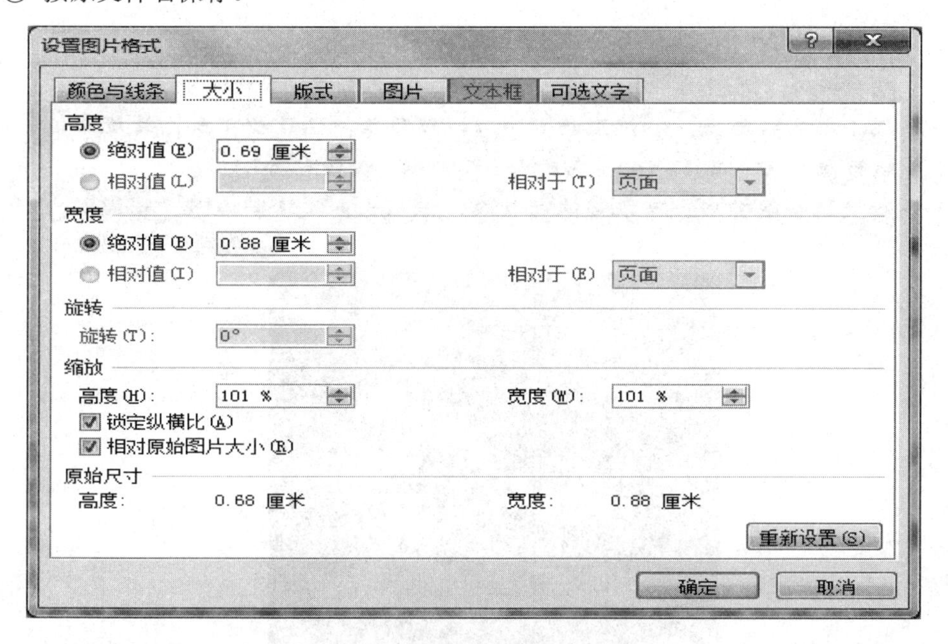

图 3.70　“设置图片格式”窗口

实习六　艺术字设置

1. 实习目的

练习艺术字、边框和底纹的设置方法。

2. 实习内容

选择实习五中的文件“满江红”为操作对象，进行如下操作：

(1) 把标题“满江红”设置为一种漂亮的艺术字，字体为隶书。

(2) 全文设置成灰色底纹。

3. 实习步骤

(1) 设置艺术字。

① 打开文件“满江红”，并选中标题“满江红”。

② 单击“插入”选项卡中“文本”组的“艺术字”按钮，显示“艺术字”样式，选择一种“艺术字”样式。

③ 选中艺术字，单击“字体”下拉按钮，选择“隶书”。

(2) 底纹设置。

选中全文，单击“字体”组中的“字符底纹”按钮，如图 3.71 所示。

满江红

岳飞

怒发冲冠，凭阑处、潇潇雨歇。抬望眼、仰天长啸，壮怀激烈。

三十功名尘与土，八千里路云和月。莫等闲，白了少年头，空悲切。

靖康耻，犹未雪；臣子恨，何时灭。驾长车，踏破贺兰山缺。

壮志饥餐胡虏肉，笑谈渴饮匈奴血。待从头、收拾旧山河，朝天阙。

——摘自《宋词精选》

图 3.71 “满江红”短文 6

实习七 页面与页眉/页脚设置

1. 实习目的

(1) 练习页面/页码的设置方法。

(2) 练习页眉/页脚的设置方法。

2. 实习内容

选择实习二中的文件“满江红”为操作对象，进行如下操作：

(1) 设置文本页面，页边距为上 3.2 cm、下 3.8 cm、左右各 3.3 cm，装订线 1.2 cm；纸张大小自定义，宽度 19 cm、高度 26 cm。

(2) 添加“满江红”页眉和“岳飞”页脚文字，插入页码，并设置页眉、页码的格式。

3. 实习步骤

(1) 页面设置。

① 打开文件“岳飞”，进入“页面布局”选项卡的“页面设置”组。

② 选择“页边距”按钮，在弹出的下拉菜单中选择“自定义边距”，按题目要求进行上、下、左、右和装订线的选择与设置。

③ 选择“纸张大小”按钮，在弹出的下拉菜单中选择“其他页面大小”，在弹出的页面设置对话框中设置宽度和高度。

(2) 页码与页眉/页脚设置。

① 单击“插入”选项卡“页眉和页脚”组的“页码”按钮，在下拉菜单中设置页码的位置和页边距；单击“设置页码格式”按钮，屏幕弹出“页码格式”对话框，选择“编号格式”和“起始页码”等，单击“确定”。

② 单击“页眉和页脚”组的“页眉”按钮，在“页眉”下拉菜单中选择“编辑页眉”，光标指向页眉编辑框，输入页眉文字“满江红”。

③ 单击“页眉和页脚”组的“页脚”按钮，在“页脚”下拉菜单中选择“编辑页脚”，光标指向页脚编辑框，输入页脚文字“岳飞”，将文件保存。

实习八　表格制作与修饰

1. 实习目的

练习表格制作和修饰的方法。

2. 实习内容

建立一个文件名为 kcb 的课程表，要求如下：

(1) 该表中行为日期，列为课程，且分上、下午，上午四节课，下午二节课。

(2) 在“日期”和“课程”的单元格内画斜线。

(3) 对制作的表格进行修饰。

3. 实习步骤

(1) 表格制作。

① 启动 Word，单击“插入”选项卡中“表格”组的下拉按钮，在打开的“插入表格”对话框中，拖动鼠标，选择行数和列数；比如 8 行、6 列，即 8 × 6 的表格。

② 单击“插入”选项卡中“表格”菜单的“绘制表格”按钮，光标移到正文时变成一支笔；把“笔形”光标由第一行第一列表格的左上角拖到该单元格右下角，出现一条虚线，松开鼠标左键后得到一条斜线。

③ 把“笔形”光标由表格的第二行第一列的适当位置拖到第八行第一列的相对位置时出现一条垂直虚线，松开鼠标左键后，得到一条垂直直线。

④ 双击其他位置，取消该功能。

⑤ 选中第二行第一列至第五行第一列，单击“布局”选项卡的“合并”组的“合并单元格”按钮，则四行合并为一行；选中第七行第一列至第八行第一列竖线左边的部分，执行“合并单元格”命令，二行合并为一行。

⑥ 选中第六行中的所有单元格，执行“合并单元格”命令，一行合并成一大格，输入文字“午休”。

⑦ 将光标移到表头位置，键入汉字“课程表”，居中并在字间加空格。

⑧ 将光标分别移到各单元格中，输入文字并居中，如图 3.72 所示。

课　程　表

星期 课程		星期一	星期二	星期三	星期四	星期五
	第 1 节	数学	作文	语文	数学	语文
	第 2 节	音乐	作文	数学	语文	数学
	第 3 节	自然	数学	语文	体育	英语
	第 4 节	语文	体育	音乐	美术	品德
午　休						
	第 5 节	美术	英语	自习	语文	劳动
	第 6 节	活动	班会	微机	活动	写字

图 3.72　“课程表”示例 1

⑨ 保存该文档，文件名为“kcb”。

(2) 表格修饰。

① 打开文件 kcb.docx，单击组中“设计”选项卡的“绘图边框”组的“线型”右边的下拉按钮，在线型的下拉列表中选择双线型后，按下左键用“笔形”光标分别选中课程表的四条边框线，松开鼠标后即为双线。

② 再单击“线型”下边的下拉按钮，选择单线条，再用鼠标单击“宽度”下拉按钮 1.0 磅 在下拉列表从中选择“1.5 磅”；然后，用鼠标选中第一行下边框线，该线条变粗。

③ 选中课程表第二行，单击鼠标右键，选择“边框和底纹”命令，弹出“边框与底纹”对话框，选择“底纹”选项，在下拉式色彩灰度菜单，选择 20%灰色。

④ 再分别选中表格的 4、6、8 行，执行步骤③。

⑤ 修改完后保存，如图 3.73 所示，文件名为 kcbx.doc。

课　程　表

星期 课程		星期一	星期二	星期三	星期四	星期五
上午	第 1 节	数学	作文	语文	数学	语文
	第 2 节	音乐	作文	数学	语文	数学
	第 3 节	自然	数学	语文	体育	英语
	第 4 节	语文	体育	音乐	美术	品德
午　休						
下午	第 5 节	美术	英语	自习	语文	劳动
	第 6 节	活动	班会	微机	活动	写字

图 3.73　“课程表”示例

习　题　三

一、填空题

1．窗口实质上是用户与__________之间的可视界面。

2．文档视图方式有____________、___________、________________、__________和__________。

3．切换中/英文输入方法时可用_____________键。

4．编辑文档时若有错误，需恢复原来状态时常用的撤销方式是____________。

5．在 Word 2010 的页面设置对话框中，包括_______________、_____________、______________和____________等 4 个选项卡。

二、选择题

1．若要精确设定页边距，可用(　　)。

A．“打印预览”中的“页边距”按钮

B．“页面布局”选项卡中“页面设置”组的“页边距”按钮

C．“视图”选项卡的“显示比例”组的“页宽”

D．标尺上的“页边距”调整

2．在 Word 编辑状态，执行编辑菜单中“复制”命令后(　　)。

A．被选择的内容复制到光标处　　B．被选择的内容复制到剪贴板

C．光标所在的段落复制到剪贴板　　D．剪贴板上的内容复制到光标所在的位置

3．在 Word 文档中，要把多处同样的错误一次更正，正确的方法是(　　)。

A．用光标查找，再输入正确的文字

B．使用“开始”选项卡的“编辑”组的“替换”命令

C．使用“撤销”与“恢复”命令

D．使用“定位”命令

4．页面设置在下列(　　)选项卡中。

A．“视图”　　B．“开始”

C．“页面布局”　　D．“格式组的其他按钮”

5．改变表格外围边框格式的工具按钮(如图所示)是(　　)。

A． 　　B．　　C．　　D．

6．Word 的字数统计功能在以下哪个选项卡中可找到(　　)。

A．插入　　B．引用　　C．审阅　　D．视图

三、问答题

1．简述 Word 2010 的基本功能。

2．试说明建立和编辑一个文档的基本步骤。

3．怎样打印文档中的某几页？

4．用剪切的方法与用 Delete 键删除文本有什么不同？

第 4 章 Excel 2010 的功能与使用

教学目的

☑ 掌握 Excel 2010 工作界面、工作簿、工作表及单元格的基本功能与操作
☑ 掌握 Excel 2010 公式和函数的使用方法
☑ 掌握 Excel 2010 数据图表的制作和应用
☑ 了解 Excel 2010 数据清单等功能

4.1 Excel 2010 简介

Excel 2010 是 Office 应用程序中的电子表格处理程序，也是应用较为广泛的办公软件之一，主要用于数据统计与报表，适用于财务、工程预决算、物资与设备管理及人事档案管理等方面。

4.1.1 Excel 2010 的基本功能与特点

1. 制表与表格运算

Excel 最基本的功能就是在窗口上利用网格线，绘制整齐漂亮的数据表格。表格中既可存放原始数据，又可生成处理结果，类似于日常的手工填表，容易学习和使用。特别是数据运算中的自动修改，只要某数据参与运算或被修改，与之相关的运算结果也随之修改，使用户摆脱了反复演算的困扰。

2. 数据处理

Excel 具有很强的数据处理能力。一张二维工作表，最多可达 1 048 576 行、16 384 列，每个单元格最多能保存 32 767 个字符，足以满足一般业务的需求。此外，存放在 Excel 中的数据可像存放在数据库中一样，进行检索、分类和筛选等操作。Excel 还具有与其他数据库链接的能力，使用户可检索大型机或网络服务器上大型数据库中的数据。

3. 函数与公式

Excel 提供了大量的内置函数，用以构成各种公式，或对数据进行分析处理。其范围涉及常用函数、日期与时间函数、文本函数、财务函数、工程函数、统计函数、数据库函数、逻辑函数等。

4. 图表

在 Excel 中，拥有包括柱形图、饼图、折线图、条形图、面积图、散点图及其他在内的 11 类 73 种基本图表，具有“图表向导”，可帮助用户创建所需要的图表。在“图表向导”中，可预览用户选择的效果，而且还能返回，重新选择。

5. 文字与图形修饰

Excel 不仅是一个数据处理软件，还可以像文字处理软件一样对表中的字体、格式进行修饰，增添边框、底纹，使用艺术字，能绘制直线、箭头、矩形、椭圆、圆和弧线等图形，还可在调色板上获得各种颜色、不同深度的阴影、过渡色、填充纹理，增强图表的效果。

6. 数据分析

Excel 有许多数据分析工具，可让用户利用简单的拖放操作，找出数据之间隐含的关系，对数据进行分析。

除此之外，在 Excel 中，窗口的结构、菜单、组的组成与所有 Office 办公软件相近，许多菜单项、快捷按钮采用相同模式，提供“Office 助手”、自动更新以及拖放功能，使用方便、顺手。

4.1.2 Excel 2010 的窗口

1. Excel 2010 的启动

在 Windows 98/2000/NT/XP/7 中，用户可用多种方法启动 Excel 2010。

(1) 利用“开始”菜单，执行“开始/所有程序 / Microsoft / Microsoft Excel 2010”命令。

(2) 利用快捷方式，在桌面上(或者其他文件夹中)创建 Excel 应用程序的快捷方式，双击快捷图标。

2. Excel 2010 主窗口

启动 Excel 后，屏幕显示如图 4.1 所示主窗口，其中包括标题栏、组、工作表格区等。这些区域组合在一起称作 Excel 工作区。工作区中各组成部分的作用如表 4.1 所示。

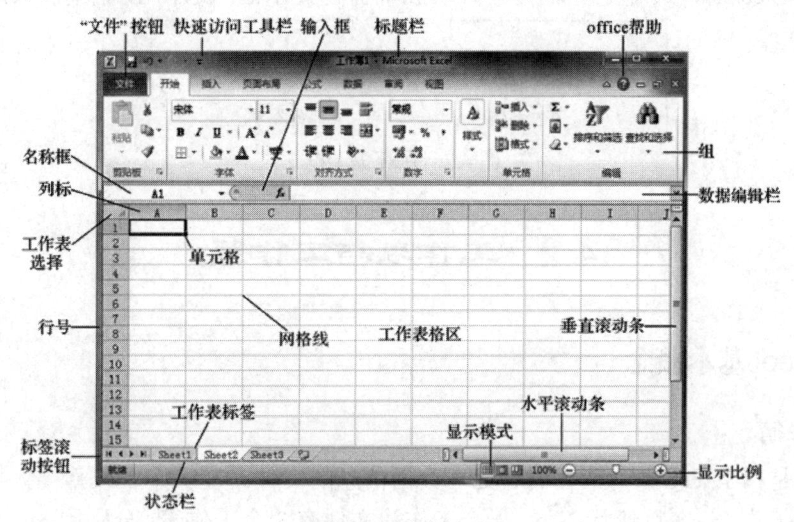

图 4.1　屏幕显示

Excel 2010 工作界面中，除与包含与其他 Office 组件相同的界面元素外，还有许多特有组件，比如数据编辑栏、工作表格区、工作表标签、行号与列标等。

表 4.1 Excel 窗口界面

数据编辑栏	用于显示和编辑活动单元格中的数据或公式
工作表格区	用于记录数据，所有与数据有关的信息都将存在工作表格区，可输入数据，制作电子表格或图表
工作表标签	用于显示工作表名称，单击工作表标签将激活工作表
输入框	有 3 个按钮：✕ ✓ fx，其中✕用于取消，✓用于确认输入，fx 用于调用“公式选项板”
单元格	工作表的基本编辑单位，输入基本数据
网格线	单元格之间的分界线
行号	用于标识各单元格的行号
列标	用于标识各单元格的列号。列号与行号的组合构成单元格的名称(地址)
滚动条	包括垂直滚动条和水平滚动条，由滑块和几个滚动按钮组成，用于文档上下或左右移动，以查看工作表中未显示出的内容
工作表标签	即工作表的名称。单击某个标签，激活相应的工作表。若要显示与工作表操作相关的快捷菜单，可在标签上单击鼠标右键
标签滚动按钮	单击标签滚动按钮，可显示其他的工作表标签
状态栏	显示相关命令、工具按钮的功能，或者显示正在进行操作的提示信息
Office 帮助	供“帮助”主题和提示，以帮助用户完成任务

3. Excel 2010 的退出

退出 Excel 2010 的方法也有多种，其中最常用的是执行 文件 按钮的“关闭”命令，关闭文件，再执行 文件 按钮的“退出 ” ✕ 命令；也可单击 Excel 窗口右上角的“关闭” ✕ 按钮；或者使用键盘命令 Alt + F4。

在退出 Excel 时，如果没有保存文件，则屏幕弹出提示框，提示用户保存，如图 4.2 所示。

图 4.2 保存提示框

4.2 工作表与工作簿

4.2.1 Excel 基本概念

1. 工作簿

工作簿是指 Excel 中用来存储并处理数据信息的文件。在一个工作簿中，可以有多张不同类型的工作表。在默认状态下，一个工作簿文件有 3 个工作表，分别用 Sheet1、Sheet2、

Sheet3 命名。

2. 工作表

工作表如图 4.1 所示，是由 1 048 576 行和 16 384 列构成的一个表格。行的编号自上而下为“1”到“1048576”；列的编号自左向右为“A”、“B”、…、“Z”、“AA”、“AB”、…、“AZ”到“XFD”。

在一个工作簿文件中，无论有多少个工作表，保存时都将保存在该工作簿文件中。

3. 单元格

在工作表中，列和行的坐标所指定的矩形框称为单元格。单元格是基本的“存储单元”，可输入或编辑任何数据，例如字符串、常量、公式、图形或者声音等。

4. 单元格地址

每一个单元格都有固定的地址，用列、行序号表示。例如“A3”，表示 A 列、3 行的单元格，而且一个地址唯一地表示一个单元格。

一个工作簿往往有多个工作表，为了区分不同工作表中的单元格，常在地址的前面增加工作表名称，例如 Sheet2!A6 表示工作表“Sheet2”中的“A6”单元格。

5. 活动单元格

活动单元格是正在使用的单元格，外边框显示黑色，如图 4.1 中的 A1 所示。这时，输入的数据被保存在该单元格中。单击某单元格，该单元格变为活动单元格。由相邻单元格组成的矩形区域，称为单元格区域，用矩形区的两对角单元格地址来标识，两地址间用冒号隔开，比如 C2:F4。

4.2.2 工作簿的创建、打开与保存

1. 创建新工作簿

在启动 Excel 时，系统自动打开一个新的工作簿，默认文件名为工作簿 1、工作簿 2、……，用户可根据自己的需要重新命名。要创建新的工作簿，可单击 文件 按钮，在下拉菜单中选择“新建”命令，也可以按 Ctrl + N 快捷键。在“新建工作簿”对话框中，单击“可用模板”中的“空白工作簿”，然后单击“创建”按钮，如图 4.3 所示，即创建了新的空白工作簿。

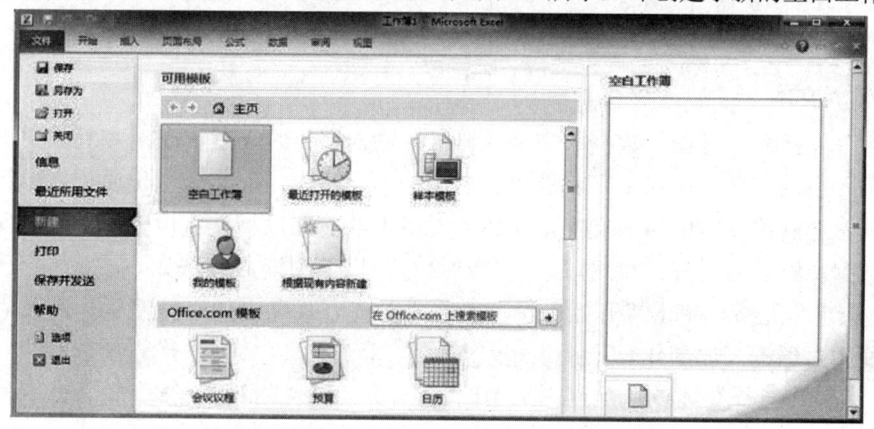

图 4.3 “新建工作簿”对话框

2. 打开工作簿文件

打开工作簿文件时，单击 文件 按钮，在下拉菜单中选择“打开”命令，或者打开“快速访问工具栏”，单击“打开” 按钮，屏幕弹出“打开”对话框，从中选择所要打开的文件夹，找到文件后单击鼠标左键选中，然后单击“打开”按钮，或者双击文件名。

3. 保存文件

如果原名保存，可单击快速访问工具栏的“保存” 按钮。或者，单击 文件 按钮，在下拉文件菜单中执行“保存”命令，屏幕弹出“另存为”对话框，用户可选择文件夹，若更名保存，输入文件名，然后单击“保存”按钮。如果在文件菜单中选择“另存为”命令，则在二级菜单中列出不同类型的文件夹和保存形式，可根据需要选择。

为了使被保存的文件能在低版本的 Excel 环境下运行，可在“保存类型”框选择“Excel 97-2003 工作簿”。

4.2.3 工作表数据输入

在工作表中，可以输入两种形式的数据，一种是常量，另一种是公式。常量可以是数值、日期或者文本等。公式是一个由常量、单元格引用、名字、函数或操作符组成的序列，并能产生结果。公式以等号“=”开头，当工作表中其他值改变时，由公式生成的值也相应地改变。有关公式的使用将在 4.3 节中介绍。

1. 单元格光标移动方向

在输入过程中，按下 Enter 键表示确认输入的数据，同时单元格光标自动移到下一个单元格。单元格移动方向键如表 4.2 所示，也可以使用上下左右键。

表 4.2 单元格光标移动方向

单元格移动方向	按 键
从上向下	Enter
从下向上	Shift + Enter
从左向右	Tab
从右向左	Shift + Tab

2. 输入文本

选定单元格后，可输入数据、文字或符号。输入字符时，默认左对齐。如果输入的文字超出单元格的宽度，输入文字将溢出到右边的单元格内，但实际上仍属于本单元格。如果再在其右边的单元格中输入文字，左边单元格中的文字以默认宽度显示，文字保留。输入数值数据，默认右对齐。也可以设置自动换行，以便阅读，方法如下：

(1) 选定单元格，单击“开始”选项卡中“对齐方式”组的下拉箭头，进入“设置单元格格式”对话框，如图 4.4 所示。

(2) 选择“对齐”选项卡，在“文本控制”栏，选中“自动换行”复选框，单击“确定”按钮。

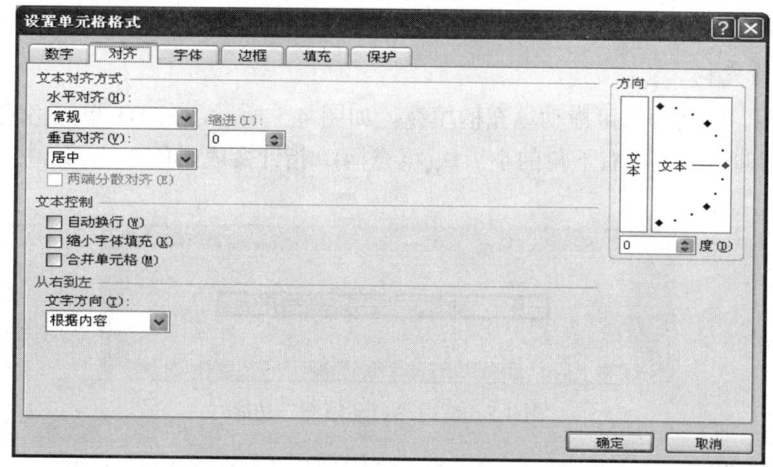

图 4.4　“设置单元格格式”对话框

在遇到换行时，行高自动增加。对于全部由数字组成的字符串，为区别于“数值型”数据，其字符串前添加单引号“′”，例如“′05316”；或者用双引号括起来，例如“05316”。

3. 输入数值型数据

在建立新的工作表时，所有单元格默认为常规数值格式，采用整数(例如 789)、小数(例如 7.89)格式。而当数字长度超过 11 位时，自动转用科学计数法，取 6 位有效数字(小数点后 5 位)。例如输入“123456789123”时，自动记入“1.23456E+11”。

数值是由字符(0, 1, …, 9)和特殊符号(+、−、(、)、,、/、$、%、.、E、e)组成的字符串。输入时可参照以下规则：

(1) 可在数值中包括逗号，作为千分位，例如 1,450,500；

(2) 数值项目中的单个句点作为小数点处理；

(3) 在数值前输入的加号被忽略；

(4) 输入负数时，在数字前加上一个减号或者用圆括号将数字括起来。

数字输入时，Excel 2010 根据输入的数字自动确定其格式。例如输入的数字前面有货币符，或者后面有百分号，Excel 2010 会自动改变单元格格式，从通用格式改变为货币格式或百分比格式。输入数字，在单元格中靠右对齐。对于分数，应先输入“0”和空格，再输入分数，例如“0 1/2”和“0 3/2”，以免与“日期型”数据混淆。

4. 输入日期和时间

在单元格中输入日期或时间时，单元格自动从“常规”格式转换为“日期”或“时间”格式。输入日期和时间数据时，可按照以下规则进行：

(1) 若使用 12 小时制，需输入 am 或 pm，例如 5:30:20 pm；也可输入 a 或 p。但在时间与字母之间必须有一个空格。若未输入 am 或 pm，则按 24 小时制处理。若在同一单元格中输入日期和时间，二者之间用空格分隔，例如 09/04/23 17:00。输入字母时，忽略大小写。

(2) 输入日期时，有多种格式，可以用“/”或“-”连接，也可以使用年、月、日。例如 17/04/23、17-04-23、23-APR-17、2017 年 4 月 23 日等。

5. 使用填充功能

输入数据时，对于同种类型的序列数据，例如“一月”到“十二月”，或者输入一个等差等比数列等。这时，可以使用 Excel 提供的填充功能，自动输入。

1) 拖曳填充柄

例如日期、时间等，可拖动填充柄填充。如图 4.5 所示，在 B3 单元格输入“一月”后，将鼠标指向该单元格右下角的小黑块(填充柄)，指针变成黑色“+”形，按下左键拖动，即可输入其他月份。

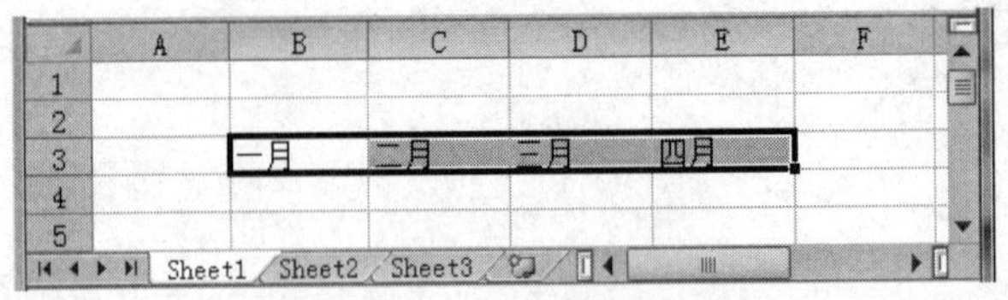

图 4.5 使用“自动填充”功能

2) 菜单填充

使用菜单自动填充，步骤如下：

(1) 在具有“序列”特性的第一个单元格输入数据，例如，“星期一”。

(2) 按下 Shift 键，选定“序列”所使用的单元格区域，例如“A1:A5”。

(3) 单击“开始”选项卡中“编辑”组的“填充”填充按钮，可在下拉菜单中选择向上、向下、向左、向右填充；若单击“序列”选项，屏幕显示如图 4.6 所示“序列”对话框，从中选择“行“、“列”、“自动填充”和输入步长值。

(4) 单击“确定”按钮，即可在选定的区域内显示如图 4.7 所示数据序列。

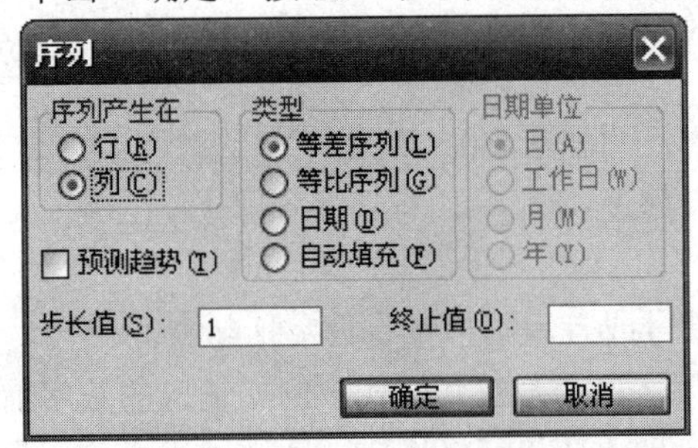

图 4.6 “序列”对话框

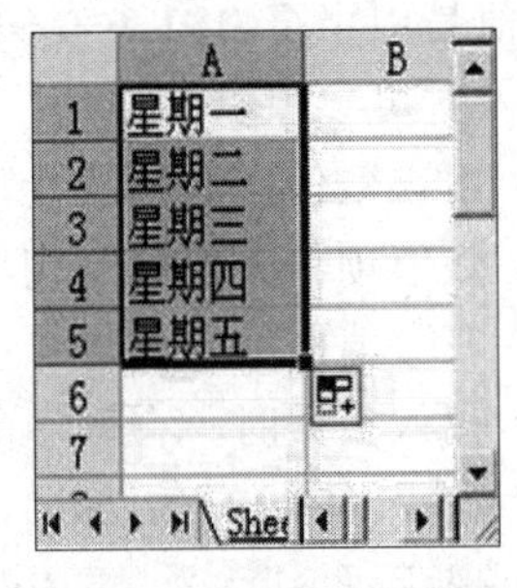

图 4.7 填充数据序列

3) 记忆输入法

在一个表内，经常需要在同一列重复输入相同的数据。为此，可使用“记忆输入法”，如图 4.8 所示。若要在 A6 单元格输入“华美公司”，只要在 A6 单元格输入“华”字，Excel 将自动从本列中寻找与“华”字匹配的数据项，并添加到 A6 单元格中。

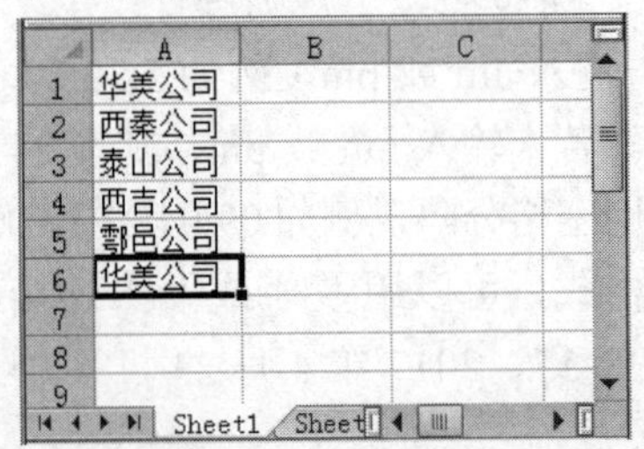

图 4.8 记忆输入法

4) 选择列表法

如图 4.9 所示，若要在 A6 单元格输入同一列中某一数据项，例如“泰山公司”，光标指向 A6，单击鼠标右键，在拉出的快捷菜单中选择“从下拉列表中选择”。这时，在 A6 单元格下拉出一个包含本列所有数据项的菜单，从中选择“泰山公司”即可。

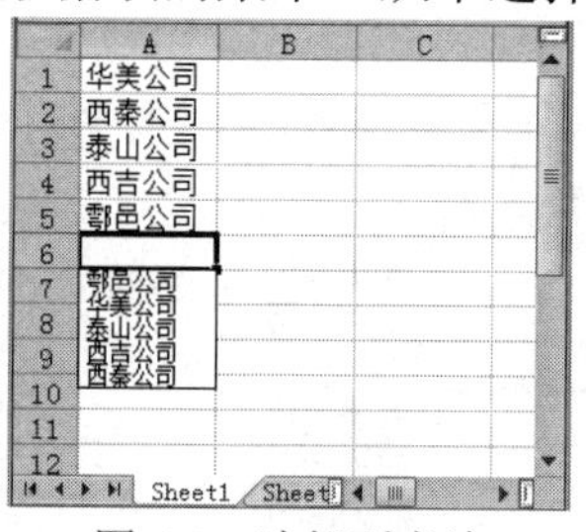

图 4.9　选择列表法

4.2.4　工作表编辑

在编辑工作表时，常用到修改、删除、复制、剪切和粘贴。如果操作有误，可使用 Excel 提供的“撤销”或“恢复”按钮。但在 Excel 中，不是所有执行过的操作都能撤销和恢复。

1. 修改单元格数据

选择所要修改的单元格，可编辑修改其中的内容，然后按“Enter”键或选择，确定按钮；若要取消修改，按“Esc”键或者单击输入框的撤销按钮。

2. 插入单元格、行和列

在工作表的编辑过程中，经常需要插入空白单元格、空白行或列。插入时，首先选中要插入的位置，然后单击“开始”选项卡中“单元格”组的“插入”按钮的下拉箭头，屏幕弹出如图 4.10 所示下拉菜单，可插入单元格、行、列或工作表。

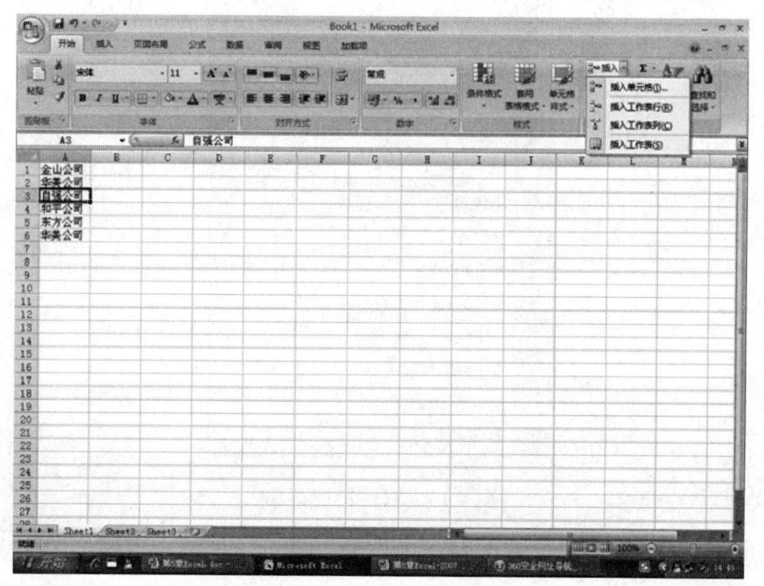

图 4.10　“插入”菜单

例如，如图 4.11(a)所示，选中“自强公司”，单击“插入”按钮的下拉箭头，然后在下拉菜单中选择“插入工作表行”和“插入工作表列”。行插入在“自强公司”的上面，“列”插入在其左边，如图 4.11(b)所示。

若插入单元格，屏幕弹出如图 4.12 所示“插入”对话框，用户可根据需要单击其中的选项。

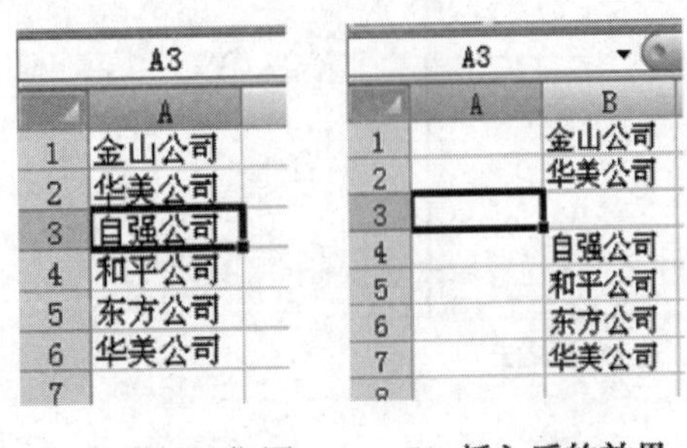

图 4.11　插入行和列

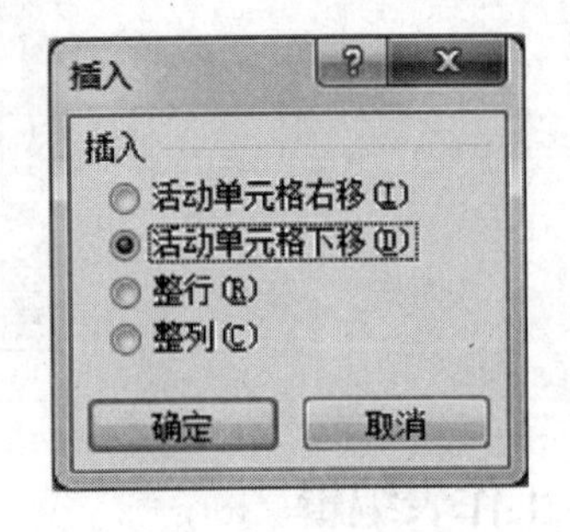

图 4.12　“插入”对话框

3. 移动和复制单元格数据

在 Excel 2010 中，移动可用“开始”选项卡中剪贴板组的“剪切”和“粘贴”来完成。首先选中要移动的单元格或者区域，单击剪切按钮，该单元格或区域变成动态状（边框为动态虚线），然后单击目标位置(单元格)，再单击“粘贴”按钮即可。

复制是在选中待复制的内容后单击“剪贴板”组的“复制”按钮，然后单击目标位置(单元格)，再单击“粘贴”按钮即可。

另外，上述“剪切”、“复制”和“粘贴”功能，在按鼠标右键弹出的快捷菜单中也有，如图 4.13 所示。

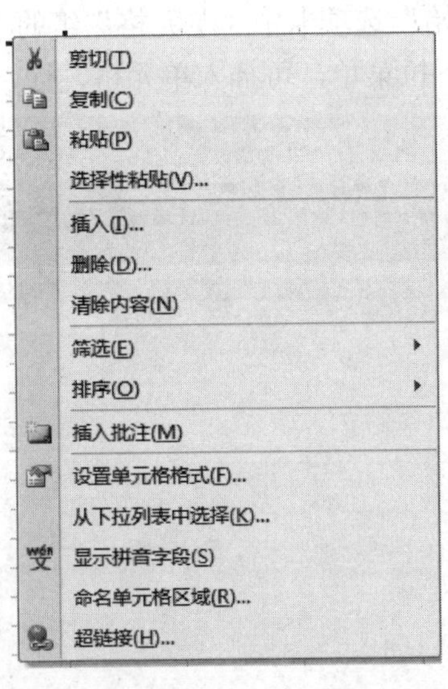

图 4.13　右键快捷菜单

以上移动和复制过程，不仅可在同一工作表中进行，也可在不同的工作表或工作簿中进行。

4. 清除或删除单元格、行或列

1) 清除单元格

清除单元格是指清除某一单元格中的内容或格式，单元格本身保留。清除时，选中单元格或某一区域，单击“开始”选项卡中“编辑”组“清除” 按钮的下拉箭头，屏幕弹出如图 4.14 所示下拉菜单，可选择“全部清除”、“清除格式”、“清除内容”或“清除批注”。

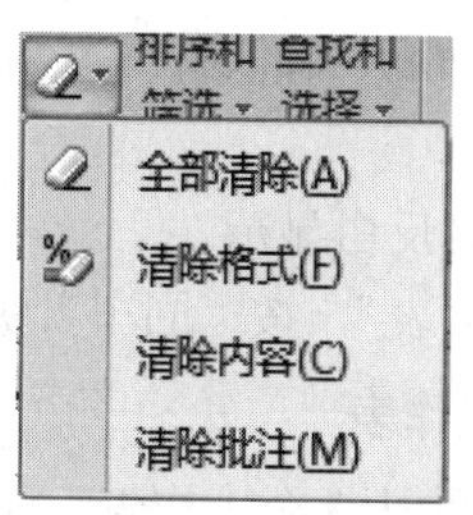

图 4.14　“清除”菜单

也可单击鼠标右键，在拉出的快捷菜单，(如图 4.13 所示)中执行“清除内容”命令；或者使用“Delete”键清除单元格中的内容。

2) 清除行或列

当鼠标指向某行号时，光标变成向左的箭头，单击鼠标左键，该行被选中，其边框变成粗线条；当光标移向列标时，光标变成向下的箭头，单击鼠标左键，该“列”被选中，其边框变成粗线条。

清除行或者列时，首先选中所要清除的行或列，然后执行上述“清除”命令。

3) 删除单元格

删除单元格是将所选单元格中的内容及单元格本身从工作表中删除，其位置由右侧或下方的单元格填补。删除时，选中单元格，单击“单元格”组的“删除” 按钮的下拉箭头，屏幕弹出如图 4.15 所示的“删除”菜单，可删除单元格、行、列和工作表。单击“删除单元格”，屏幕弹出如图 4.16 所示“删除”对话框；然后选择“右侧单元格左移”或“下方单元格上移”，单击“确定”按钮。

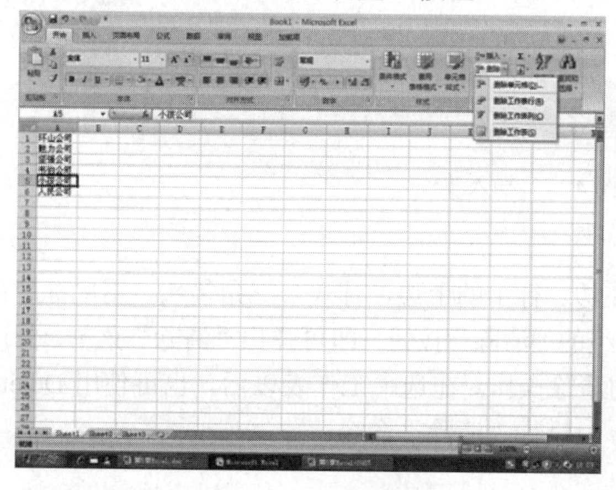

图 4.15　“删除”菜单

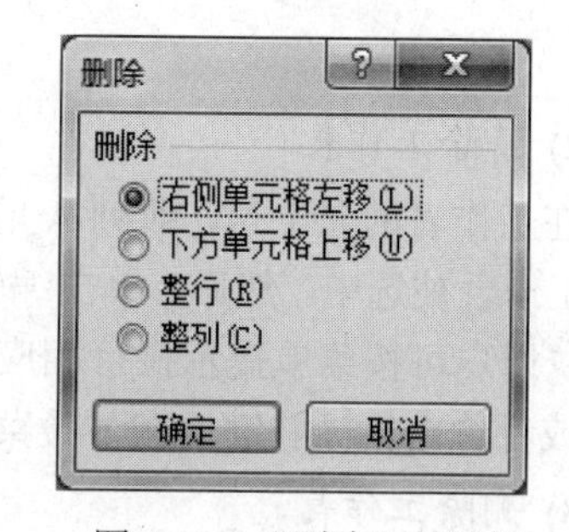

图 4.16　“删除”对话框

4) 删除行或列

首先选中所要删除的行或者列，然后执行上述命令。

4.2.5 工作表的基本操作

1. 工作表的命名

在初建工作簿时，所有工作表都以“Sheet1”、“Sheet2”、……命名。其后，用户可以根据需要重新命名，操作如下：

(1) 双击工作表标签，工作表名反白显示。

(2) 输入新的名字，例如“成绩表”，按“回车”键即可。

2. 插入、清除、删除与增加工作表

通常在一个新建的工作簿中，默认 3 个工作表，即 Sheet1、Sheet2 和 Sheet3。在实际工作中，经常需要插入、删除或者增加工作表。

1) 插入工作表

插入工作表最简单的方法是单击如图 4.17 所示“插入工作表”按钮。单击后，即插入一个工作表，且为当前活动工作表。然后，可用鼠标指向该标签，按下鼠标左键，拖到所需的位置。

也可用鼠标指向某标签，然后按鼠标右键，在弹出的快捷菜单中执行“插入”命令，则在标签左侧插入一张新的标签，且为当前活动工作表。

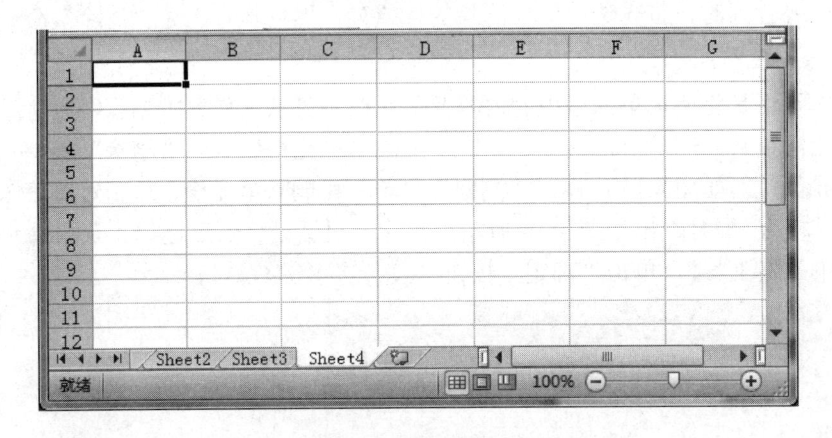

图 4.17 插入工作表

2) 清除工作表

在工作表的左上角，即列 A 的左边、行 1 的上边，有一个三角箭头，用鼠标单击该方格，工作表被选中。然后，单击编辑组的“清除”按钮，即可弹出“清除”菜单，如图 4.14 所示，用户可按菜单提示执行相应的清除操作。在选中工作表以后，也可使用 Delete 键清除，或者单击鼠标右键后在下拉菜单中执行“清除”命令。

3) 删除工作表

选中工作表，单击单元格组的“删除”按钮，在图 4.15 所示的“删除”的菜单中单击

“删除工作表”按钮，该工作表即被删除。也可用鼠标指向工作表的标签，单击鼠标右键，在快捷菜单中执行“删除”命令。

3. 移动和复制工作表

1) 移动工作表

用鼠标指向工作表标签，按住鼠标左键，光标处出现一个信笺图标，拖动到指定的位置即可。

2) 复制工作表

工作表的复制有多种方法，可以使用鼠标拖动，也可以使用命令。

(1) 用鼠标指向待复制的工作表标签，同时按下 Ctrl 键和鼠标左键，光标处的信笺图标上显示一个“+”号，拖动到指定的位置，即可复制工作表到新的位置。

(2) 单击工作表左上角“工作表选择”方格，选中工作表，然后单击“开始”选项卡中“剪贴板”组的“复制”按钮，再选中目标工作表，单击“剪贴板”组的“粘贴”按钮，源工作表中的内容将全部复制到目标工作表中。也可使用图 4.13 所示的快捷菜单中的“复制”与“粘贴”按钮。

3) 在工作簿之间移动和复制工作表

(1) 打开源工作表所在的工作簿和待复制的目标工作簿，单击需要移动或复制的工作表标签。

(2) 单击鼠标右键，在下拉菜单中执行“移动或复制工作表”命令，屏幕弹出“移动或复制工作表”对话框，如图 4.18 所示。

图 4.18　“移动或复制工作表”对话框

(3) 在“工作簿”栏选择待移动或复制的目标工作簿，在“下列选定工作表之前”栏确定移动的位置，然后单击“确定”按钮。

(4) 如果选定“建立副本”，则完成复制操作。

4.2.6　工作表格式设置

在 Excel 中提供了许多格式设置命令，可实现单元格的列宽、行高、显示、文字对齐、字型与字体、框线、图案颜色等选项的设置，用来对工作表进行修饰，使之美观、漂亮。

1. 改变单元格的列宽和行高

1) 改变列宽

将鼠标指向工作表中列号右侧网格线上，光标变成左右双向箭头，按下鼠标左键向左或者向右拖动，可改变列宽。或者选择列号，单击鼠标右键，在快捷菜单中执行“列宽”命令，屏幕显示如图 4.19 所示“列宽”对话框；再在“列宽”栏输入列宽数值，例如“12”，单击“确定”后即可。

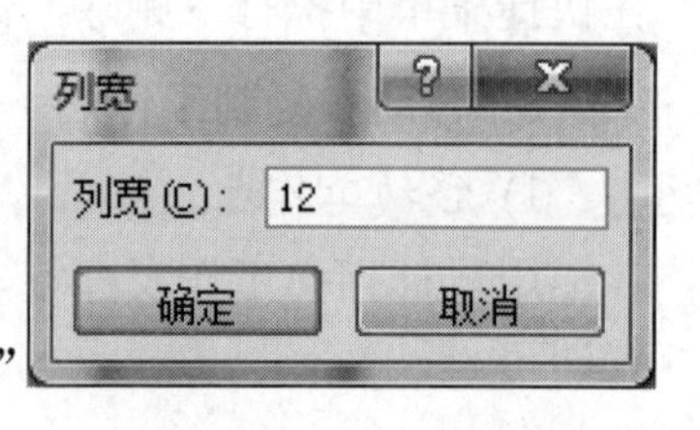

图 4.19 “列宽”对话框

2) 改变行高

改变行高的方法与改变列宽相似。在用鼠标拖动时，鼠标指向行号下面的网格线，按下鼠标左键向上或者向下拖动；或选择行号，单击鼠标右键，在快捷菜单中执行“行高”命令。

2. 设定单元格格式

单元格的格式可由系统默认，也可以由用户设置。设置时，单击“开始”选项卡中“字体”或者“对齐方式”或者“数字”组右下角的下拉箭头，屏幕显示如图 4.20 所示的“设置单元格格式”对话框，其中有“数字”、“对齐”、“字体”、“边框”、“填充”、“保护”等 6 个选项卡。然后，选择不同的选项卡进行设置。

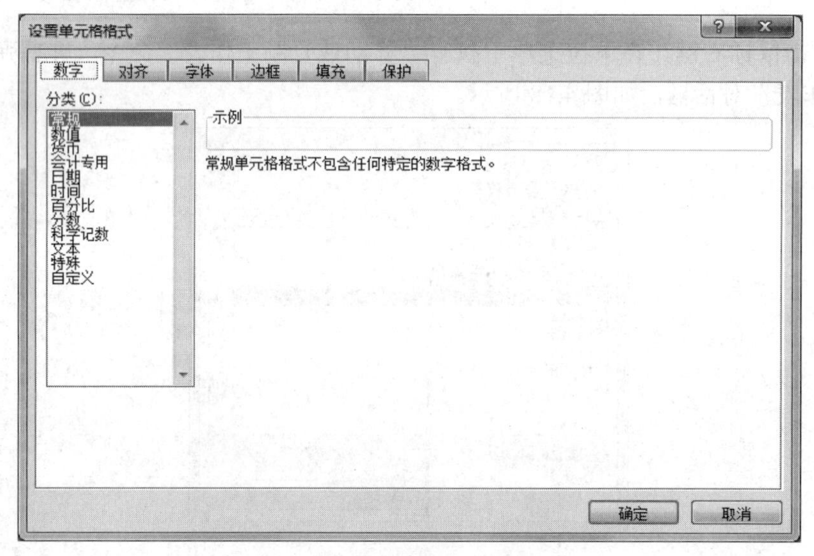

图 4.20 “单元格格式”对话框

1) 数字

选择“数字”选项卡，可设置单元格为数字格式。其中包括“常规”、“数值”、“货币”、“会计专用”、“日期”、“科学记数”等类型，用户可根据需要选择。

2) 对齐

选择“对齐”选项卡，可在所选单元格或区域中，对数据进行水平左对齐、右对齐、居中、两端对齐、跨列居中、分散对齐等项设置；垂直方向可进行靠上、居中、靠下、两端对齐和分散对齐等设置，如图 4.21 所示。

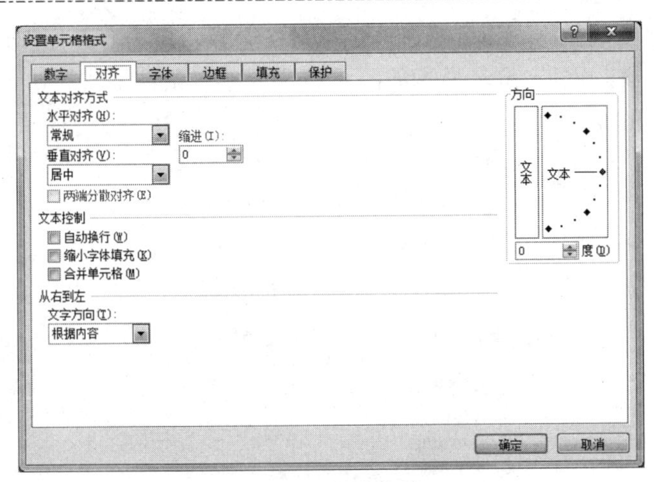

图 4.21　对齐方式

3) 字体

选择“字体”选项卡，可对所选单元格中文字的字体、字号、颜色、字形以及下划线等特性进行设置，具体操作与 Word 相同。

4) 边框

选择“边框”选项卡，可对所选单元格或区域进行边框线或网线设置，可以选择线型、线宽及颜色。其过程与 Word 中的“边框”操作相同。

5) 填充

选择“填充”选项卡，可设置单元格或区域的底纹颜色；单击“图案样式”下拉按钮，还可选择底纹图案，如图 4.22 所示。

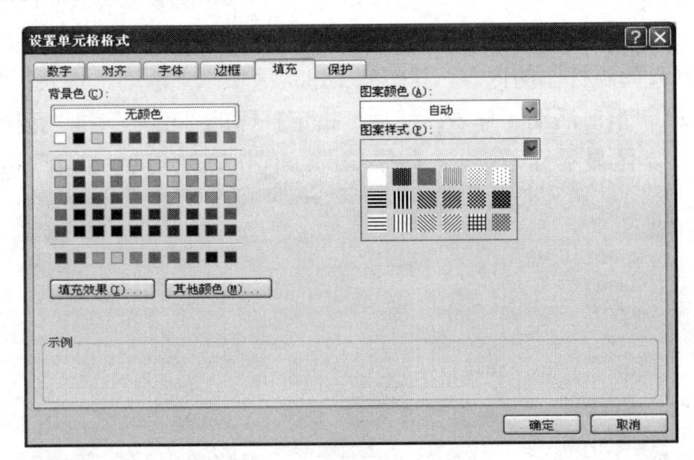

图 4.22　“填充”对话框

6) 保护

选择“保护”选项卡，可将所选定的单元格或区域锁定，或者隐藏，以保护其中的数据不被修改。

3. 设置条件格式

使用条件格式可根据指定的公式或数值确定搜索条件，然后将格式应用到选定区域范围中符合搜索条件的单元格。设置时，选定单元格区域，单击“开始”选项卡中“样式”组的“条件格式” 按钮，屏幕显示如图4.23所示的“条件格式”对话框。可根据需要，设置需要突出显示的动态数据。

图4.23 “条件格式”下拉列表

4. 自动套用格式

Excel 2010提供了多种数据格式可供套用。使用自动套用格式，不仅能美化工作表，而且大大提高了工作效率。设置时，选定单元格区域，单击“开始”选项卡中“样式”组的“套用表格格式” 按钮的下拉箭头，屏幕显示60种表格样式，颜色深度分为浅、中、深三个层次，用户可根据需要，选择套用。

4.2.7 工作表打印输出

工作表编辑完成后，可以打印输出，可选择单页、其中几页或全部打印。如图4.24所示，单击 文件 按钮中的“打印”命令，设置“打印机”、“打印份数”等选项。实际打印时，在“设置”中选择要打印的内容，其中有“选定区域”、“活动工作表”、“整个工作簿”，在默认情况下仅打印当前活动工作表。然后，指定打印的“份数”和“范围”。右边的“打印预览”窗口在文本区显示打印效果，如果满意，单击左上角的“打印”按钮，即可打印。

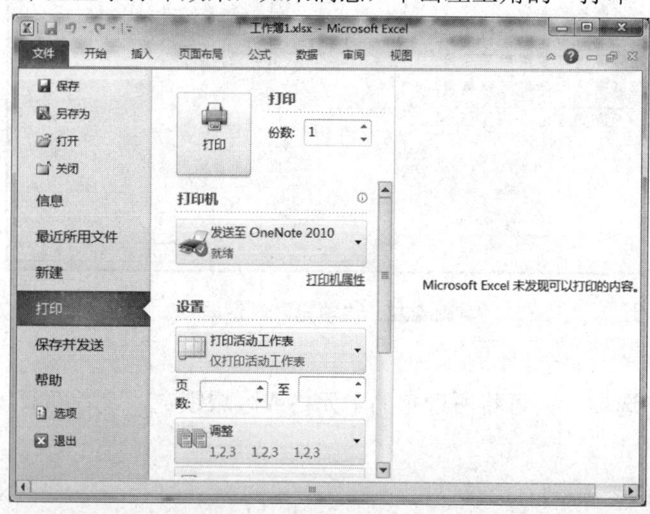

图4.24 “打印内容”对话框

4.3　公式与函数

电子表格与普通表格的最大区别在于能够进行复杂的数值计算。Excel 提供了能实现多种运算的数学公式，方便数据处理。函数是预定义或者说是内置的公式，用来进行复杂的运算。Excel 2010 为用户提供了数百个函数，用于数学运算、逻辑运算和财务运算等。本节仅介绍如何在 Excel 工作表中使用公式和函数。

4.3.1　输入公式

使用公式有助于分析工作表中的数据。公式用来执行运算，例如加、减、乘、除、比较、求平均值、最大值等。在向工作表输入数值时，也可使用公式，其操作类似于输入文字，但需以等号“=”开头，然后输入公式表达式。在一个公式中，可以包含算术运算符、常量、变量、函数、单元格地址等。

输入公式时，首先选中要输入公式的单元格，然后在数据编辑栏输入等号“=”，其后输入公式。输入完毕，按 Enter 键或者单击编辑栏的“确认”按钮。

【例 4.1】 设单元格 A1 中输入了数值 100，分别在单元格 A2、A3、A4 中输入下列公式：

=A1*100

=(A2+A1)/A1

=A1+A3

输入过程如图 4.25 所示，可看到 A2、A3、A4 中分别显示 10000、101 和公式“=A1+A3”。

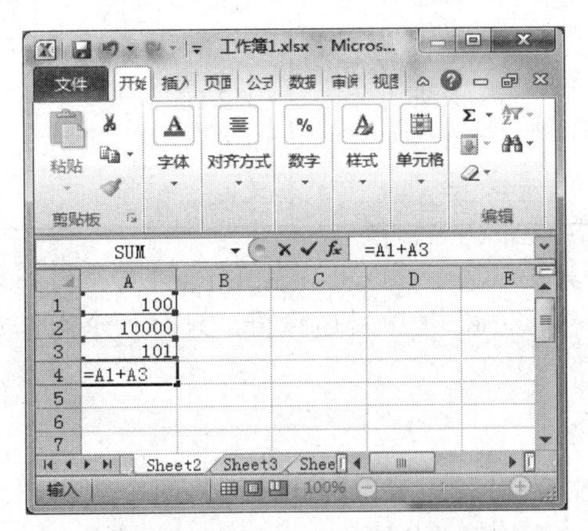

图 4.25　输入公式后的运算结果

若要取消输入的公式，可单击编辑栏的“取消”按钮。

4.3.2　显示公式

在例 4.1 所示单元格中显示的是运算的结果，若要显示公式，可选择“公式”选项卡中“公式审核”组的“显示公式”按钮，以后在单元格中显示的不再是运算结果，而是公式本身，如图 4.26 所示。

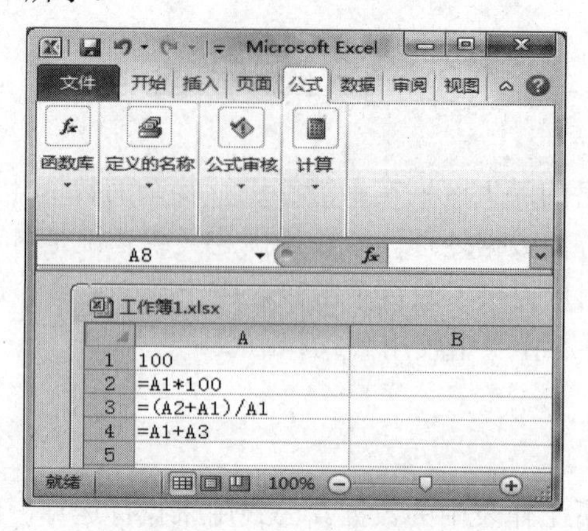

图 4.26　公式显示

通过组合键 Ctrl + ` (数字键 1 的左边)，可实现在显示结果与公式之间进行切换。

4.3.3　在公式中使用运算符

1. 算术运算

在 Excel 中，常用的算术运算符有“+”、“−”、“*”、“/”、“%”、“^”等，其作用如表 4.3 所示。

表 4.3　常用算术运算符

操作符	操作类型	举 例	结 果
+	加法	=2+100	102
−	减法	=200−8	192
*	乘法	=2*6	12
/	除法	=112.5/5	22.5
%	百分数	10%	0.1
^	乘方	=5^3	125

在执行算术运算时，“+”、“−”、“*”、“/”、“^”属于二目运算符，要求有两个操作数或变量，例如 = “10^2”。而“%”是单目运算符，只有一个操作数，例如“=5%”，5 除以 100，得 0.05。

2. 文本运算

文本运算是对正文(文字)进行运算，因此，可将两个或两个以上的文本连接起来，其运算符及作用如表 4.4 所示。

表 4.4　文本运算符

操作符	操作类型	举 例	结 果
&	文字连接	=“本月”&“销售”	本月销售
&	将单元格同文字连接起来	=A5&“销售”	上月销售(假定 A5 单元格中是文字“上月”)

3. 比较运算

比较运算用于逻辑运算，根据判断条件，返回逻辑值 TRUE(真)或 FALSE(假)，其运算符及作用如表 4.5 所示。例如："=A10<120"，如果 A10 单元格中的数值小于 120，则返回结果"TRUE"；否则，返回"FALSE"。

表 4.5 比较运算符

操作符	说　明
=	等于
<	小于
>	大于
<=	小于等于
>=	大于等于
<>	不等于

4. 引用运算

引用运算是通过引用运算符对单元格区域进行引用，其运算符及作用如表 4.6 所示。

表 4.6 引用运算符

引用符	说　明	举　例
冒号":"	区域运算符，在两个引用之间，对包括两个引用在内的所有单元格进行引用	B5:B15
逗号","	联合运算符，将多个引用合并为一个引用	SUM(B5:B15, D5:D15)相当于 SUM(B5:B15)+SUM(D5:D15)
空格	交叉运算符，表示对同时属于两个引用单元格的区域进行引用，类似于对单元格引用进行逻辑"交"运算	SUM(B5:B15, A7:D7)计算同属于两个区域的单元格 B7 值的和

5. 运算顺序

进行运算时首先进行引用运算，其次是算术运算运算，然后是文本运算"&"，最后是比较运算。在算术运算中，优先顺序是：－(负号)、%、^、(*、/)、(+、－)。

在公式中输入负数时，只需在数字前面添加负号"－"，而不能使用括号。例如，"=5*-10"的结果是"-50"。

4.3.4 单元格的引用

在 Excel 中，公式的真正作用在于使用单元格引用。它表示在哪些单元格中查找公式中所要使用的数据。通过单元格引用，可在公式中引用工作表上不同单元格中的数据，还可引用同一工作簿中其他工作表上的单元格数据，或者引用其他工作簿或应用程序中的数据。引用其他工作簿中单元格的数据称为外部引用。

1. 相对地址引用

在输入公式时，除非特别说明，Excel 一般使用"相对地址"引用单元格。所谓"相对地址"，是当公式在移动或复制时根据移动的位置自动调整公式中所引用单元格的地址。

例如，如图 4.27 所示，在 B3 单元格中输入 =A1+A2+C6，然后将 B3 单元格的公式复制到 C3、D3。这时，在 C3、D3 显示的是相对地址表达式“=B1+B2+D6”和“=C1+C2+E6”。

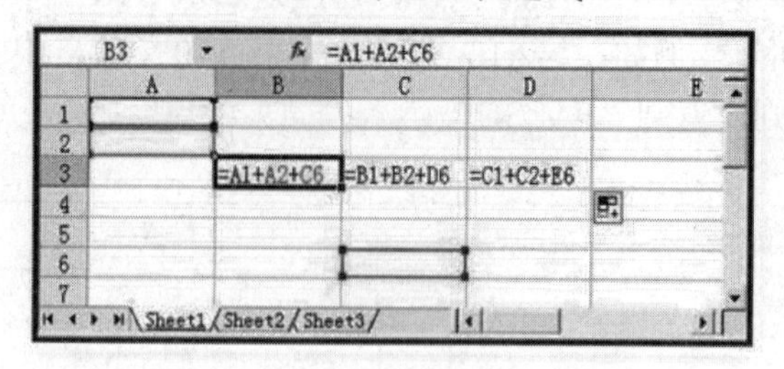

图 4.27 “相对地址”引用

2. 绝对地址引用

“绝对地址”引用是指单元格地址不变的引用。当公式复制或移动到新的单元格时，公式中所引用的单元格地址保持不变。通常是在列号和行号前面添加美元符号“$”来表示。

例如，如图 4.28 所示，在 B2 单元格中输入公式“=$A$1*A3”，将 B2 中的公式拷贝到 B3、B4 时，A1 单元格的地址 $A$1 始终保持不变。

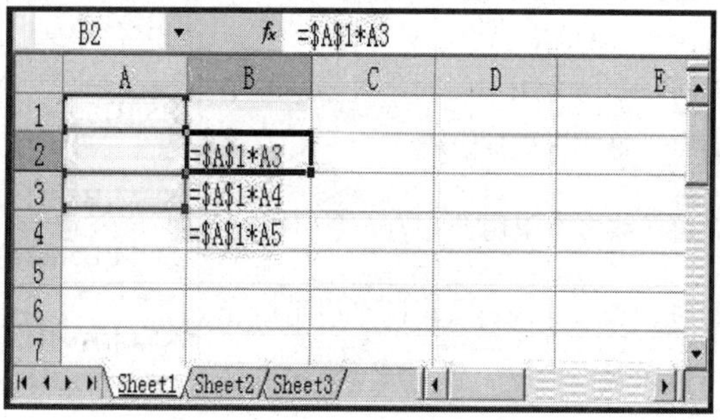

图 4.28 “绝对地址”引用

3. 混合地址引用

“混合地址”引用是在一个单元格的地址引用中，既有绝对地址，又有相对地址。公式复制时，绝对地址保持不变。

例如，如图 4.29 所示，在 B2 单元格中，单元格地址“$A5”表示“列”不变，“行”号随着公式向下复制而变化。同理，在 C2 单元格中，地址“A$5”表示“行”保持不变，“列”号随着公式向右复制而变化。

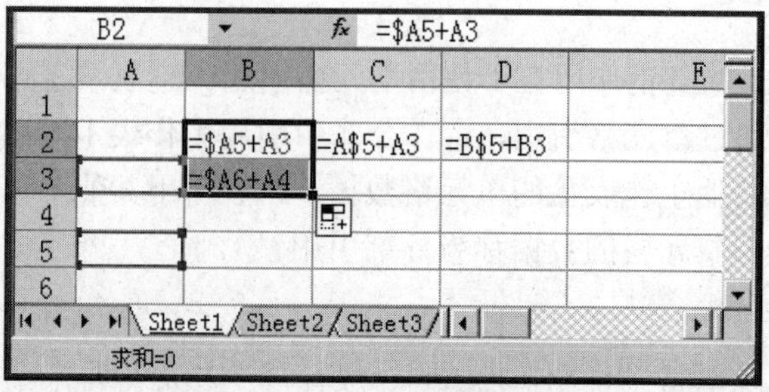

图 4.29 “混合地址”引用

4. 三维地址引用

“三维地址”引用是在一个工作簿中从不同的工作表中引用单元格，一般格式为：工作表名！单元格地址。其中工作表名后的“！”由系统自动添加。

例如，在第二张工作表的“B2”单元格中，输入公式“=Sheet1!A1+A2”，表示工作表“Sheet1”中的单元格“A1”和“Sheet2”中的单元格“A2”相加，结果在工作表“Sheet2”的“B2”单元格中。

4.3.5 名称的使用

为了便于不同表格和工作簿之间的引用，在 Excel 中可使用一个标识符代表一个单元格、一组单元格、数值或者公式。

1. 为单元格或单元格区域命名

操作步骤如下：

(1) 选定单元格或单元格区域，单击“公式”选项卡中“定义的名称”组的“定义名称”按钮，屏幕显示如图 4.30 所示的“新建名称”对话框。

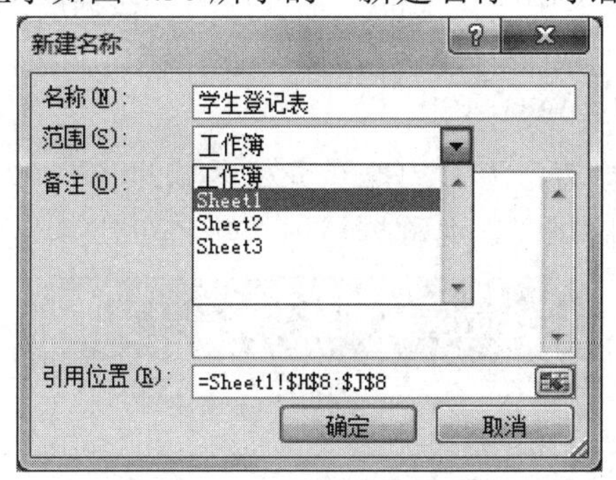

图 4.30　“新建名称”对话框

(2) 在“名称”文本框输入名称，例如“学生登记表”；在“范围”框选定使用范围，即工作簿或工作表；在“引用位置”框中输入单元格地址，也可以用鼠标选定单元格或单元格区域；然后，单击“确定”按钮即可。

(3) 命名后，可单击“定义名称”右边的下拉箭头，再单击下拉菜单中的“应用名称”选项，屏幕弹出“应用名称”对话框，如图 4.31 所示，可查看命名及其表示的范围。

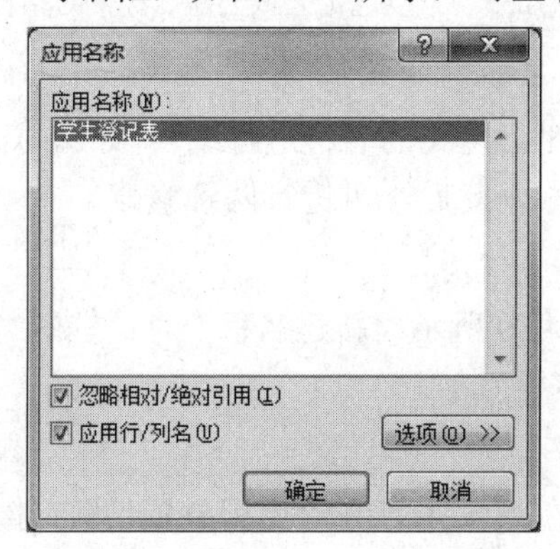

图 4.31　“应用名称”对话框

2. 自动命名

利用 Excel 的自动命名功能，可使用工作表上的文字标记，为工作表上的范围自动命名，而且一次可以为许多范围命名。操作步骤如下：

(1) 选择要命名的范围，包括用作范围名称的文字标记。例如在图 4.32 中，选择范围为 B1:H7，用 B 列和第一行的文字(即姓名)当作范围名称，其范围必须包括 B 列和第一行。

	A	B	C	D	E	F	G	H
1	学号	姓名	语文	数学	英语	政治	总成绩	平均成绩
2	1	徐涛	88	65	82	89	324	81
3	2	闫陕辉	93	86	89	96	364	91
4	3	戚璋璋	80	78	86	80	324	81
5	4	郑帅	88	91	87	85	351	87.75
6	5	杨颖娟	92	83	98	88	361	90.25
7	6	林夕	89	87	93	85	354	88.5
8								

Sheet1 Sheet2 Sheet3 Sheet4

图 4.32　选定名称范围

(2) 单击“公式”选项卡中“定义的名称”组的“根据所选内容创建”按钮，屏幕显示如图 4.33 所示对话框，选择首行、最左列，单击“确定”按钮，则“姓名”被命名为单元格区域 B1:H7 的名称。

同样，也可以命名“徐涛”为 B2:H2 单元格区域的名称，“语文”为 C1:C7 单元格区域的名称；当选择 B1:H7 区域时，名称框显示“姓名”二字。

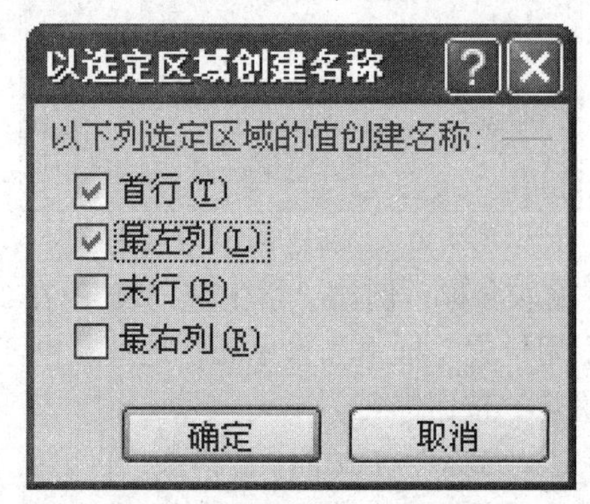

图 4.33　“以选定区域创建名称”对话框

3. 名称的修改和删除

利用定义名称功能，可对已定义的名称进行编辑修改。打开“新建名称”对话框，然后在“名称”框输入新的名称。此后，可进行两种修改。

1) 修改名称

修改名称，可直接在图 4.30 所示“新建名称”对话框的“名称”框中直接修改，然后单击“确定”。

2) 修改名称代表的内容

修改名称代表的内容可在图 4.30 所示“引用位置”框直接输入，或者用鼠标选取某一单元格区域。

3) 删除名称

单击“定义的名称”组的“名称管理器”按钮，屏幕弹出“名称管理器”对话框，如图 4.34 所示。选中某行名称，单击“删除”按钮即可。

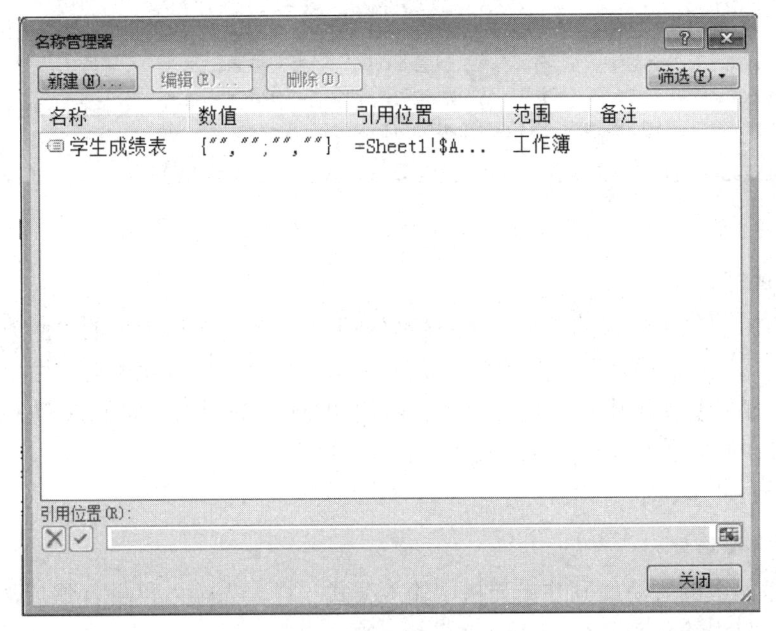

图 4.34　“名称管理器”对话框

若单击“编辑”按钮，可对其进行编辑，修改“名称”和“引用位置”。

4. 名称的应用

在新建名称之后，即可应用。如果在新建名称之前已经建立了公式，且引用某一单元格，若对单元格重新命名，则立即替换原来的名称。其操作如下：

(1) 单击“公式”选项卡中“定义的名称”组的“定义名称”按钮右边的下拉箭头，再单击“应用名称”选项，屏幕弹出如图 4.31 所示“应用名称”对话框。

(2) 选择要应用的名称，如果选择多个名称，只需用鼠标连续单击。

(3) 单击“确定”按钮。

在“应用名称”对话框中，“忽略相对/绝对引用”是指不管引用的类型是名称还是引用，一律用名称替换引用。如果清除这个选择框，替换的方式则以绝对名称替换绝对引用，相对名称替换相对引用，混合名称替换混合引用。

“应用行/列名”是指：如果不能精确地找出某一单元格的名称，则可使用行和列区域的名称，该名称应包含引用的单元格。

4.3.6　函数的使用

函数是 Excel 提供给用户的数值计算和数据处理公式。函数由三部分组成，即函数名、参数和括号。括号表示参数从哪里开始，到哪里结束，括号前后不能有空格。参数可有多个，之间用逗号隔开，可以是数字、文本、逻辑值或引用，也可以是常量、单元格地址、公式或其他函数。当函数的参数是其他函数时，称为嵌套。一个公式可以嵌套 7 级函数。

Excel 2010 提供了多种类型的函数库，供用户选择。单击“公式”选项卡，屏幕显示“函数库”组，如图 4.35 所示。

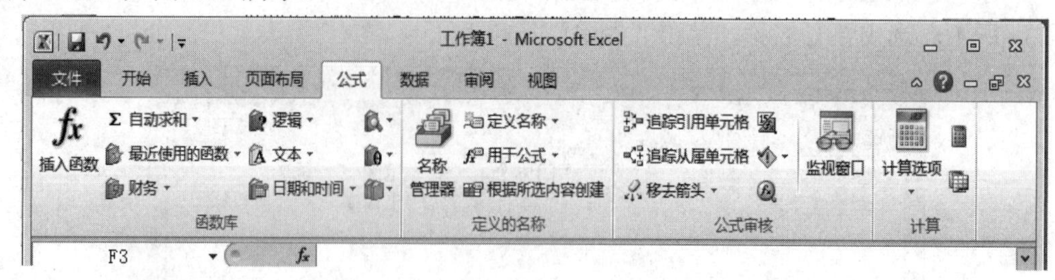

图 4.35 “公式”选项卡

1. 常用函数

Excel 2010 提供了丰富的函数，常用函数列于“公式”选项卡中的“函数库”中，如图 4.35 所示，其中包括数值计算、财务、逻辑函数、日期与时间函数等，用户可在电子表格中使用。数值计算函数中最常用的有求和函数 SUM、求平均值函数 AVERAGE、求最大值函数 MAX、求最小值函数 MIN 等。

2. 输入函数

1) 手工输入函数

手工输入函数的方法如同在单元格中输入公式一样，先输入“=”，然后再输入函数。例如，在单元格中输入函数：

=SQRT(D1)

=SUM(D2:D6)

2) 插入函数

“插入函数”是经常使用的输入方法，操作步骤如下：

(1) 选中要输入函数的单元格，如图 4.36 所示，选中“成绩统计表”中的平均成绩单元格“H3”。

H3 =AVERAGE(C3:F3)

	A	B	C	D	E	F	G	H
1				成绩统计表				
2	学号	姓名	语文	数学	英语	政治	总成绩	平均成绩
3	1	徐涛	88	65	82	89		81
4	2	闫陕辉	93	86	89	96		
5	3	戚璋璋	80	78	86	80		
6	4	郑帅	88	91	87	85		
7	5	杨颖娟	92	83	98	88		
8	6	林夕	89	87	93	85		

Sheet1 Sheet2 Sheet3 Sheet4

就绪 100%

图 4.36 求平均值

(2) 单击“公式”选项卡中“函数库”组中的“插入函数” *fx* 按钮，屏幕显示“插入函数”对话框，如图 4.37 所示。

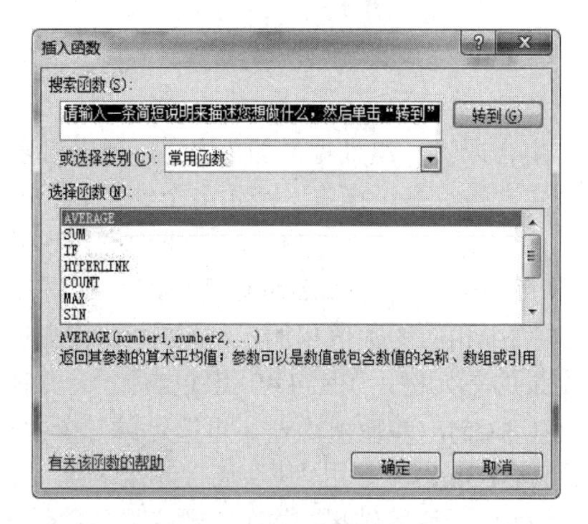

图 4.37　“插入函数”对话框

(3) 从“或选择类别”框选择输入函数的类型，例如“常用函数”；再从“选择函数”框选择所需要的函数，例如求平均值函数“AVERAGE”；然后单击“确定”按钮，屏幕显示“函数参数”对话框，如图 4.38 所示。

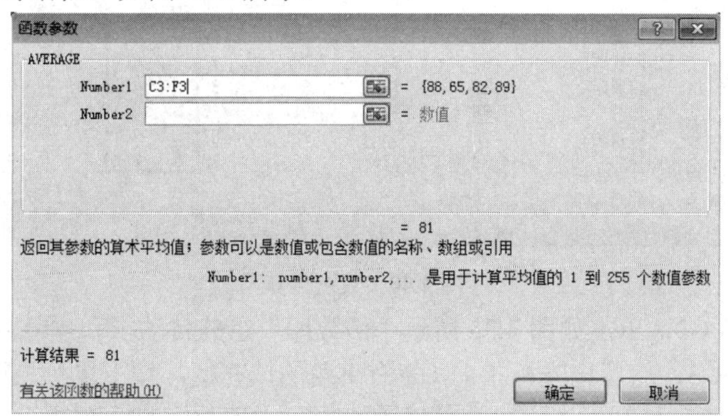

图 4.38　“函数参数”对话框

(4) 在“Number1”框输入“C3:F3”，函数结果显示在下方的“计算结果”栏中；单击“确定”按钮后，运算结果输入单元格 H3。

另外，在选定可进行函数运算的单元格中输入等号“=”，如图 4.39 所示，其左上角的“单元格名称栏”变成函数提示栏(图中显示的是 AVERAGE)。单击右边的下拉按钮，拉出函数列表，用户也可从中选择所需要的函数。

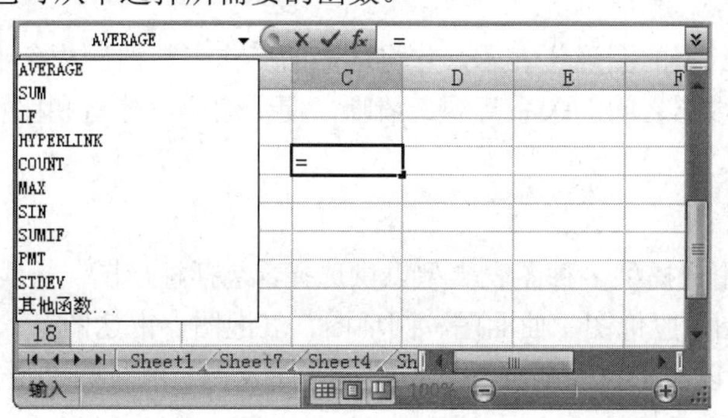

图 4.39　“输入函数”提示菜单

4.3.7 数组的使用

数组是若干单元格的集合或者一组处理值的集合，可用来对多值或多组值进行同一公式的运算，即输入一个公式，执行多个操作，产生多个结果。所用到的数组公式可以看成是多重数值运算的公式，可占用一个或多个单元格。下面举例说明数组公式的使用。

如图 4.40 所示，计算每一位学生的总成绩(语文+数学+英语+政治)。只要将 C 列各单元格中的数值与 D、E、F 列中相应的数值相加，结果置入 G 列的单元格中即可。

首先选定放置运算结果的单元格，如图 4.40 黑线框所示，并在编辑栏输入“=”，然后用鼠标选定第一个数组区(C3:C8)，并输入“+”，再选定第二个数组区(D3:D8)、第三个数组区(E3:E8)和第四个数组区(F3:F8)，并用“+”连接起来。最后按组合键“Ctrl + Shift + Enter”。于是，在选定的 G 列显示运算结果，并在编辑栏显示数组公式：{ =C3:C8+D3:D8+E3:E8+F3:F8}。

G3　{=C3:C8+D3:D8+E3:E8+F3:F8}

	A	B	C	D	E	F	G	H
1				成绩统计表				
2	学号	姓名	语文	数学	英语	政治	总成绩	平均成绩
3	1	徐涛	88	65	82	89	324	
4	2	闫陕辉	93	86	89	96	364	
5	3	戚璋璋	80	78	86	80	324	
6	4	郑帅	88	91	87	85	351	
7	5	杨颖娟	92	83	98	88	361	
8	6	林夕	89	87	93	85	354	

Sheet1 Sheet2 Sheet3 Sheet4

就绪　平均值: 346.3333333　计数: 6　求和: 2078　100%

图 4.40　数组运算

也可选中 C3:G3，单击如图 4.35 所示“函数库”组的自动求和 Σ 自动求和 按钮，其和自动写入单元格 G3，然后把光标指向 G3 右下角的填充柄，按下鼠标左键拖动到 G8，各行的总成绩自动写入 G 列。还可以直接选中 C3:G8 单元格区域，单击自动求和 Σ 自动求和 按钮。

以上是求和运算，其他比如求平均值等，照此进行。

4.4 数据图表

图表是工作表数据的图形化表示，它将选定的工作表数据制成条形图、柱形图或饼图等形式的图表，使数据之间的关系直观、清晰，便于阅读、分析和比较。

4.4.1 创建图表

Excel 2010 为用户提供多种图表类型以供选择，包括柱形图、折线图、饼图、条形图、面积图、XY 散点图、股价图、曲面图、圆环图、气泡图、雷达图等。对于多数图表(如柱形图和条形图)，可以将工作表的行列数据绘制在图表中。但有些类型(如饼图和气泡图)则需要特定的数据排列方式。

如图 4.40 所示，以姓名、各科成绩、总成绩为基本数据，生成学生成绩统计图表，操作步骤如下：

(1) 选择需要绘制图表的数据列，即 B2:F8。

(2) 单击“插入”选项卡中“图表”组(如图 4.41 所示)中的一种图形，比如“柱形图”。

(3) 在其下拉菜单中列出多种“柱形图”，单击所需要的样式，屏幕即可显示柱形图表，如图 4.42 所示。

图 4.41　“图表”对话框

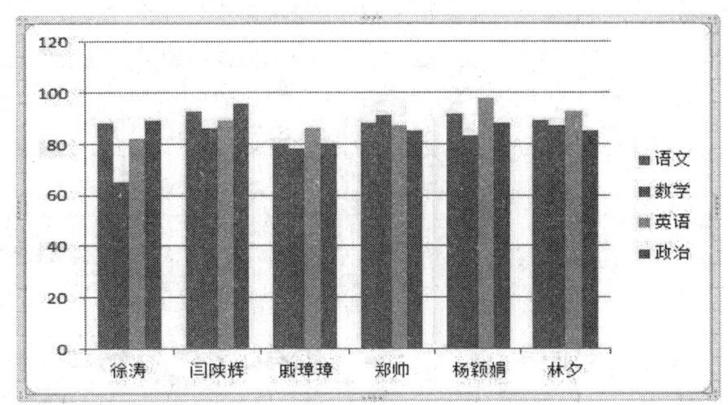

图 4.42　生成“成绩”图表

(4) 在生成图 4.42 所示图表后，屏幕显示如图 4.43 所示的“设计”选项卡，可选用不同组中的工具对生成的图表进行修改或者设置。比如改变图表的类型、位置和布局，切换行/列位置，选择数据或者选用不同的图表样式。若单击“图表布局”组中的按钮，可改变图表布局，增添“图表标题”。

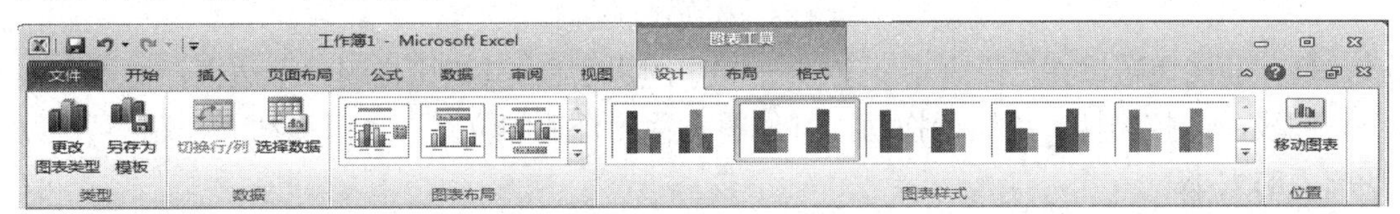

图 4.43　“设计”选项卡

(5) 若单击“移动图表”按钮，屏幕弹出如图 4.44 所示对话框，可将图表放置在同一工作表中，也可置入新工作表中。

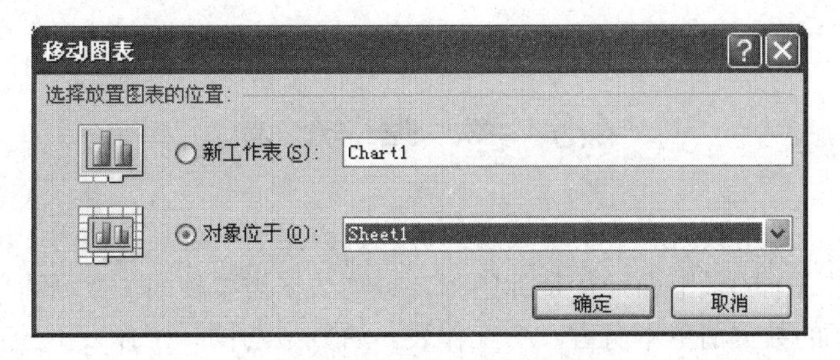

图 4.44　“移动图表”对话框

4.4.2　编辑图表

图表制作完成后，可以修改。例如在图表所对应的数据表中继续输入数据，即更改数据，也可以修改图表类型，或者对插入图表的元素进行修改。将鼠标指向图表区域，选中图表，单击右键，在弹出的快捷菜单中可选择相应的命令。另外，也可以对图表中的文字、颜色、图案进行设置或者修改。

例如，如图4.42所示的柱形图，要改变成折线图，操作如下：

(1) 选中图表，单击“设计”选项卡中“类型”组的“更改图表类型”按钮，屏幕弹出“更改图表类型”对话框。

(2) 在“更改图表类型”对话框中，选择折线图，柱形图变成“折线图”；然后在“折线图”中选择需要的样式，如图4.45所示。

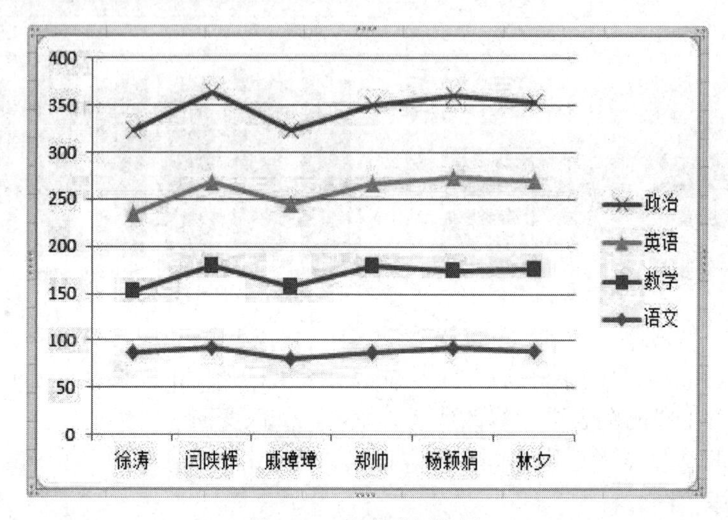

图4.45 修改成折线图

嵌入的图表可以在工作表中随意移动。选中图表后，其周围出现一个边框，框上有八个虚线段，即控制柄。用鼠标拖动，可使图表移到合适的位置；也可拖动“控制柄”，改变图表的大小。

另外，还可以在图表中删除某些数据或者整个数据系列。删除时，可在图表中选定数据系列(数据系列的名字将出现在“单元格名称框”中)，然后按Delete键，也可从图表的数据源中删除，图表自动更新。

4.5 数据清单

在Excel中，是用数据清单实现数据的管理。数据清单就是工作簿中满足多个条件的数据表格。数据清单的最上面一行是标题行，每列数据类型相同，数据清单中没有空白行或空白列。理想的数据清单本身占一个工作表，否则应与同一工作表上的其他信息分开，至少隔一个空行或一个空列。

实际上，数据清单与数据库有些相似，数据清单中的每一个数据行相当于数据库中的一个记录，而清单中的列相当于字段，标题行中的列标题相当于字段名。

若将数据清单作为数据库使用，只要执行数据库操作就可以了，例如查找、排序、分类汇总等。

4.5.1　数据清单的创建与编辑

建立数据清单的第一步是确定列标题，而且把列标题作为单独的一行放在数据清单的顶行，用来识别每一列数据。一个数据清单至少要有一行数据。创建和编辑数据清单有两种方法，一种是直接在单元格内输入数据；另一种是使用记录单输入数据。直接在单元格输入数据的方式比较简单，下面首先介绍在 Excel 中添加“记录单”按钮，然后介绍使用“记录单”按钮输入数据的方法。

1. 数据清单的创建

1) 添加“记录单”按钮

(1) 单击 文件 按钮，在其菜单中单击“选项”命令，打开“Excel 选项”对话框，如图 4.46 所示。单击“快速访问工具栏”选项，单击“从下列位置选择命令”右侧的下拉按钮，在下拉菜单中选择“不在功能区中的命令”选项。

图 4.46　“Excel 选项”对话框

(2) 在列表中找到“记录单”选项，如图 4.46 所示，单击“添加”按钮，将其添加到“自定义快速访问工具栏”中。

(3) 单击“确定”按钮，返回即可，“记录单”按钮添加到屏幕左上角的“快速访问工具栏”中。

2) 利用“记录单”输入数据

(1) 打开一个新的工作簿，在工作表的第一行输入表头“成绩统计表”；从第二行的 B1 单元格开始，依次输入学号、姓名、语文、数学、英语、政治等，作为数据表的列字段；然后，输入一行数据。

(2) 选中第二行中的所有列字段，单击“快速访问工具栏”中的“记录单”按钮，屏幕弹出记录单对话框，如图 4.47 所示，并显示第一个记录的数据。其右上角的分数表示记录总数和当前的记录号。

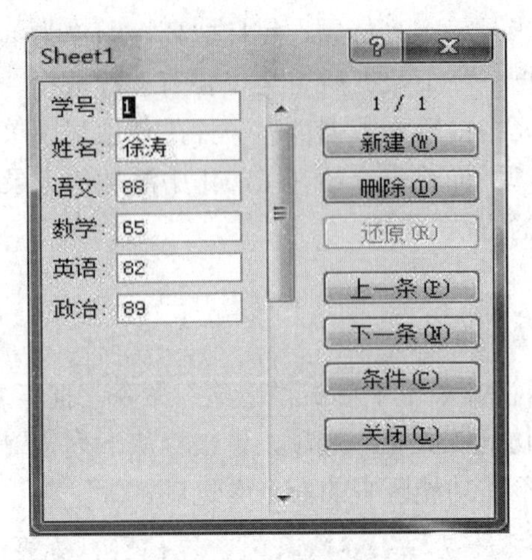

图 4.47 记录单对话框

(3) 单击“新建”按钮，增添一个新的记录(各字段为空白)，输入下一记录的数据；若要移到下一字段，可按“Tab”键或用鼠标指定。然后，再单击“新建”按钮，依次输入各记录的数据。

(4) 若要取消正在输入的数据，可按 Delete 键或“恢复”按钮；全部输入完毕，单击“关闭”按钮。

2. 数据清单的编辑与删除

(1) 浏览、定位及编辑时，进入“记录单”对话框，按“上一条”或“下一条”按钮，可浏览前面或后面相邻的一条记录；拖动“滚动条”可以快速浏览；使用键盘的上下箭头键或翻页键，也可浏览各个记录，同时实现记录定位。若要编辑一条记录，首先定位，然后单击所要修改的字段框，进行修改。若放弃修改，单击“还原”按钮。

(2) 删除记录，进入“记录单”对话框，定位到要删除的记录，单击“删除”按钮。若要删除多条记录，可一条一条地删除，而且被删除的记录将不能再恢复。

4.5.2 数据排序

Excel 提供了多种方法对数据清单进行排序。用作排序的字段名称为“关键字”，可选择单一关键字；也可选择多个“关键字”，称为“多重排序”。在“多重排序”中，第一关键字称为“主要关键字”。

排序可以按行，也可以按列进行。在排序时可根据字母、数字或日期排序，可以升序，也可以降序。下面举例说明排序过程。

【例 4.2】 对学生“成绩统计表”，以“数学”为主要关键字递减排序，“英语”为次要关键字递增排序，操作如下：

(1) 选定数据表中的任意一个单元格，例如 D4，单击“数据”选项卡中“排序和筛选”组的“排序”按钮，屏幕弹出“排序”对话框，如图 4.48 所示。

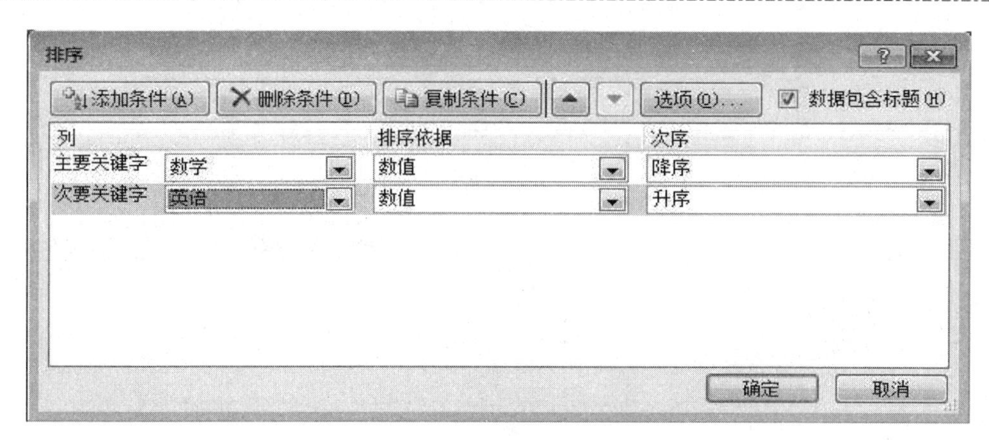

图 4.48　“排序”对话框

(2) 单击“添加条件”按钮，单击“主要关键字”下拉按钮，选择“数学”和“降序”，在“次要关键字”框中选择“英语”和“升序”；单击“确定”按钮，各记录重新排列，如图 4.49 所示。

	A	B	C	D	E	F	G	H
1	成绩统计表							
2	学号	姓名	语文	数学	英语	政治	总成绩	平均成绩
3	4	郑帅	88	91	87	85	351	
4	6	林夕	89	87	93	85	354	
5	2	闫陕辉	93	86	89	96	364	
6	5	杨颖娟	92	83	98	88	361	
7	3	戚璋璋	80	78	86	80	324	
8	1	徐涛	88	65	82	89	324	
9								

Sheet1 Sheet2 Sheet3 Sheet4

图 4.49　排序结果

另外，也可以使用快速访问工具栏中的“升序”按钮 或“降序”按钮 来进行；或者，使用“开始”选项卡中“编辑”组的“排序和筛选”命令来进行。

4.5.3　数据筛选

筛选数据清单，可使 Excel 只显示符合条件的数据行，隐藏其他行，以便快速查找或使用数据清单中的数据记录。Excel 提供了两种筛选命令，即“筛选”和“高级筛选”。在一般情况下，“筛选”也称为“自动筛选”，可满足大部分需要；对于复杂条件的筛选，可使用“高级筛选”。

1. 筛选

“筛选”要求在数据清单中必须有列标题。操作如下：

(1) 单击数据清单中的任意一个单元格，选中数据清单。

(2) 单击“数据”选项卡中“排序和筛选”组的“筛选”按钮，各列字段名旁出现下拉箭头，如图 4.50 所示，然后单击下拉箭头，在下拉菜单中确定筛选条件。这里单击“姓名”字段的下拉箭头，打开“姓名”子菜单，用户可从中挑选。

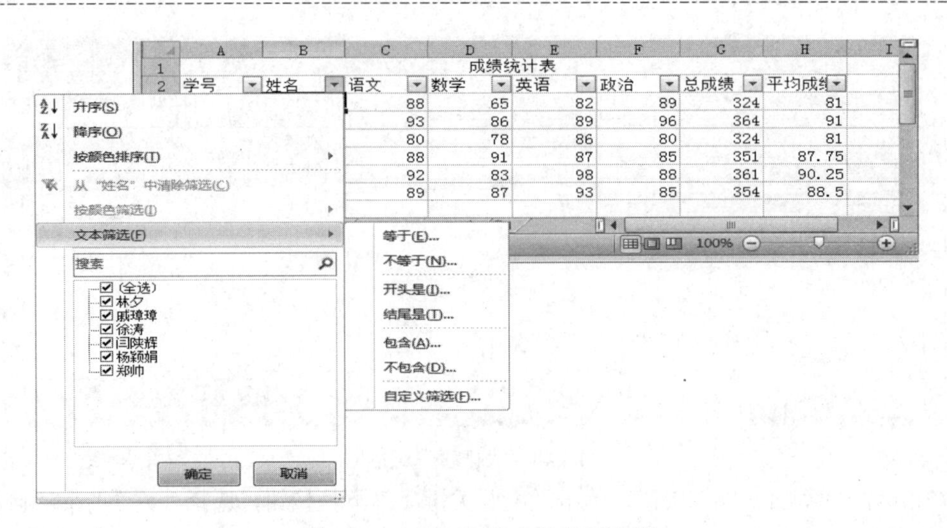

图 4.50　出现下拉箭头的数据清单

(3) 若要选定多个条件，可单击下拉菜单中“文本(或数字)筛选”子菜单中的“自定义筛选”，屏幕弹出“自定义自动筛选方式”对话框，如图 4.51 所示。

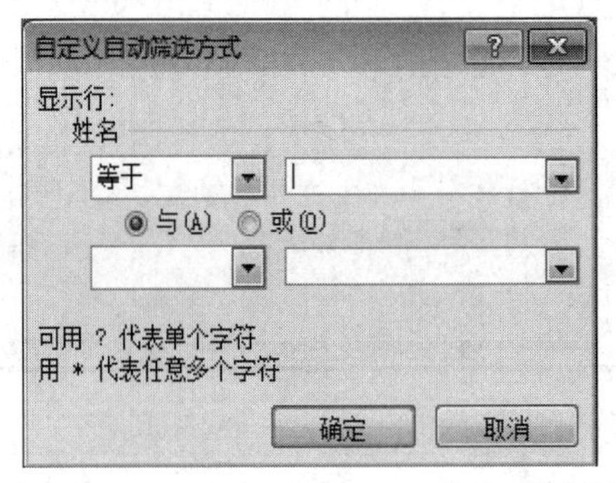

图 4.51　“自定义自动筛选方式”对话框

按照提示，输入多个筛选条件后，可看到筛选结果，不满足条件的记录被隐藏。例如选定姓名“闫陕辉”和“郑帅”，则工作表上仅显示两条记录，如图 4.52 所示。

	A	B	C	D	E	F	G
1	成绩统计表						
2	学号	姓名	语文	数学	英语	政治	总成绩
4	2	闫陕辉	93	86	89	96	364
6	4	郑帅	88	91	87	85	351
9							
10							

Sheet1　Sheet2　Sheet3　Sheet4

图 4.52　筛选结果

再次单击“排序和筛选”组的“筛选”按钮，可取消筛选结果。

另外，数据筛选也可使用“开始”选项卡中“编辑”组的“排序和筛选”命令来进行。

2. 高级筛选

使用上述“筛选”命令查找符合特定条件的记录，方便、快捷。但是，该命令的条件不能太复杂。如果执行复杂查找，可使用“高级筛选”命令。操作如下：

(1) 在远离筛选数据清单的工作表的某一行中，输入或复制筛选条件标题，且与要筛选的字段名一致。

(2) 在条件标题下面的行中，输入匹配条件。条件值与数据清单之间至少保留一个空行，如图 4.53 所示，设定条件为“数学>80 且英语>95”。

(3) 将光标定位到要进行筛选的数据区域里，单击“数据”选项卡中“排序和筛选”组的“高级”按钮，屏幕弹出如图 4.53 所示的“高级筛选”对话框。

	A	B	C	D	E	F
1			成绩统计表			
2	学号	姓名	语文	数学	英语	政治
3	1	徐涛	88	65	82	89
4	2	闫陕辉	93	86	89	96
5	3	戚璋璋	80	78	86	80
6	4	郑帅	88	91	87	85
7	5	杨颖娟	92	83	98	88
8	6	林夕	89	87	93	85
9						
10						
11	学号	姓名	语文	数学	英语	政治
12				>80	>95	
13						
14						

高级筛选

方式

◉ 在原有区域显示筛选结果(F)

○ 将筛选结果复制到其他位置(O)

列表区域(L): Sheet1!$A$2:$F$8

条件区域(C): $D$11:$E$12

复制到(T): $A$13:$H$13

☐ 选择不重复的记录(R)

确定　取消

图 4.53　设置“高级筛选”条件

(5) 若要从结果中排除相同的行，可选定“选择不重复的记录”，本例不选择。

(6) 单击“确定”按钮，即可看到如图 4.54 所示的筛选结果。

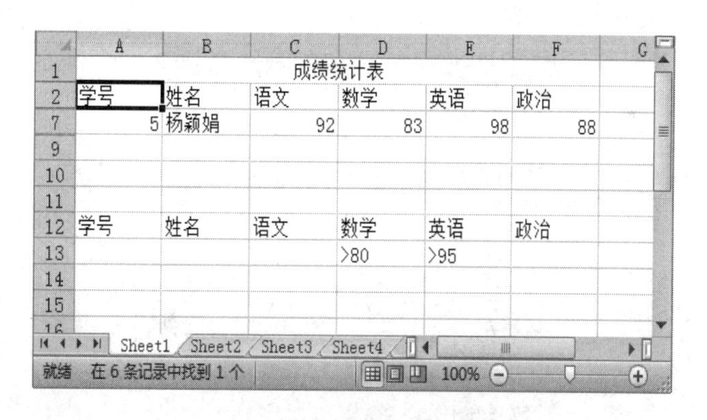

	A	B	C	D	E	F
1			成绩统计表			
2	学号	姓名	语文	数学	英语	政治
7	5	杨颖娟	92	83	98	88
9						
10						
11						
12	学号	姓名	语文	数学	英语	政治
13				>80	>95	
14						
15						

Sheet1　Sheet2　Sheet3　Sheet4

就绪　在 6 条记录中找到 1 个　100%

图 4.54　条件筛选结果

4.5.4　数据分类汇总

分类汇总是对数据清单上的数据进行分析的一种方法。单击“数据”选项卡中“分级显示”组的“分类汇总”按钮，可在数据清单中插入分类汇总行，然后按照所选方式对数据进行汇总。同时，在插入分类汇总时，Excel 还将自动在数据表底部插入一个总计行。

1. 分类汇总基本要素

(1) 分类字段，是指定按某个字段对数据清单进行分类汇总，汇总前要按该字段进行排序。

(2) 汇总方式，使用诸如“求和”和“平均”之类的汇总函数，实现对分类汇总值的计算；也可同时使用多种计算类型，对分类汇总进行计算。

(3) 汇总项，指明对哪些字段给出汇总结果。

2. 分类汇总举例

下面以图 4.55 所示的“学生成绩表”数据清单为例，以“班级”为分类字段，对各科成绩按班级“求平均值”，汇总操作如下：

	A	B	C	D	E	F	G	H
1					成绩统计表			
2	班级	姓名	语文	数学	英语	政治	总成绩	平均成绩
3	1	徐涛	88	65	82	89	324	81
4	1	闫陕辉	93	86	89	96	364	91
5	2	戚璋璋	80	78	86	80	324	81
6	2	郑帅	88	91	87	85	351	87.75
7	3	杨颖娟	92	83	98	88	361	90.25
8	3	林夕	89	87	93	85	354	88.5
9								

Sheet1 Sheet2 Sheet3 Sheet4

图 4.55 “学生成绩表”数据清单

(1) 对数据清单按分类字段排序，即按“班级”排序。

(2) 单击“数据”选项卡中“分级显示”组的“分类汇总”按钮，屏幕显示如图 4.56 所示的“分类汇总”对话框。

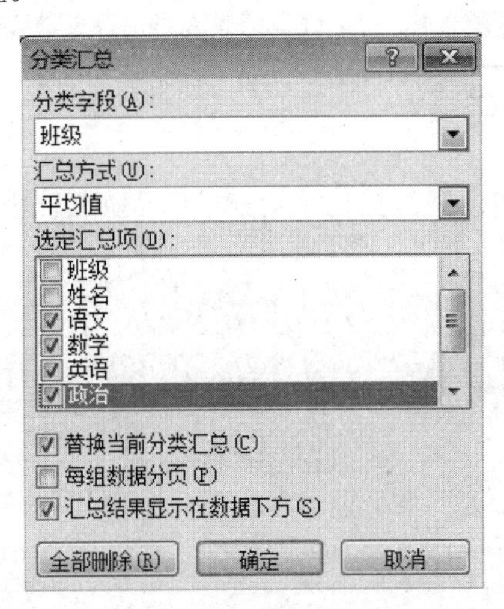

图 4.56 “分类汇总”对话框

(3) 在“分类字段”框中选择“班级”；在“汇总方式”框中选择“平均值”；在“选定汇总项”框中选择需要汇总的课目名。

(4) 单击“确定”按钮，分类汇总结果如图 4.57 所示。从图 4.57 中可以看出，分类汇总结果分级显示，行号的左边是分级符(1，2，3)。单击某一数字按钮，即将该数字下面的数据项折叠起来，并在数据清单中只显示该级别的数据。如果单击数字最大的按钮“3”，将显示所有数据行；如果单击数字最小的按钮“1”，则只显示汇总结果“总计平均值”行。

	A	B	C	D	E	F	G	H
1	成绩统计表							
2	班级	姓名	语文	数学	英语	政治	总成绩	平均成绩
3	1	徐涛	88	65	82	89	324	81
4	1	闫陕辉	93	86	89	96	364	91
5	1 平均值		90.5	75.5	85.5	92.5		86
6	2	戚璋璋	80	78	86	80	324	81
7	2	郑帅	88	91	87	85	351	87.75
8	2 平均值		84	84.5	86.5	82.5		84.375
9	3	杨颖娟	92	83	98	88	361	90.25
10	3	林夕	89	87	93	85	354	88.5
11	3 平均值		90.5	85	95.5	86.5		89.375
12	总计平均值		88.33333	81.66667	89.16667	87.16667		86.58333
13								

Sheet1　Sheet2　Sheet3　Sheet4

就绪　100%

图 4.57　分类汇总结果

4.6　数据透视表

数据透视表是 Excel 提供的另一种数据分析工具。当数据清单的记录非常多时，使用“分类汇总”可能难以满足统计要求。这时，若借助于数据透视表，可达到事半功倍的效果。所谓数据透视表，是一种对大量数据快速汇总和建立交叉列表的交互表格。Excel 2010 提供了一种简单、形象、实用的数据分析工具——数据透视表，可以生动、全面地对数据清单重新组织和统计。

4.6.1　数据透视表的创建与修改

1. 数据透视表的创建

如图 4.58 所示，是一张“成绩统计表”数据清单。

	A	B	C	D	E	F	G	H	I
1	成绩统计表								
2	班级	姓名	语文	数学	英语	政治	总成绩	平均成绩	是否大于平均成绩
3	1	徐涛	88	65	82	89	324	81	否
4	1	闫陕辉	93	86	89	96	364	91	是
5	2	戚璋璋	80	78	86	80	324	81	否
6	2	郑帅	88	91	87	85	351	87.75	否
7	3	杨颖娟	92	83	98	88	361	90.25	是
8	3	林夕	89	87	93	85	354	88.5	否
9	1	李云芳	89	88	89	96	362	90.5	是
10	2	柴静	95	89	90	89	363	90.75	是
11	3	杜明月	79	85	87	84	335	83.75	否
12	1	丁彤	94	87	98	79	358	89.5	是
13	2	孙海洋	85	98	89	86	358	89.5	是
14	3	陈冰雨	87	97	96	92	372	93	是
15	1	苏蕾	95	89	95	94	373	93.25	是
16	2	张鹏辉	78	95	94	89	356	89	是
17	3	王丹丹	95	90	88	87	360	90	是
18									

Sheet1　Sheet2　Sheet3　Sheet4

图 4.58　“成绩统计表”数据清单

建立数据透视表的步骤如下：

(1) 单击“插入”选项卡中“表格”组的“数据透视表”按钮，屏幕弹出如图 4.59 所示的“创建数据透视表”对话框。

(2) 在“请选择要分析的数据”栏选择“选择一个表或区域”，选定 A2:I17 单元格区域；在“选择放置数据透视表的位置”栏选中“新工作表”。

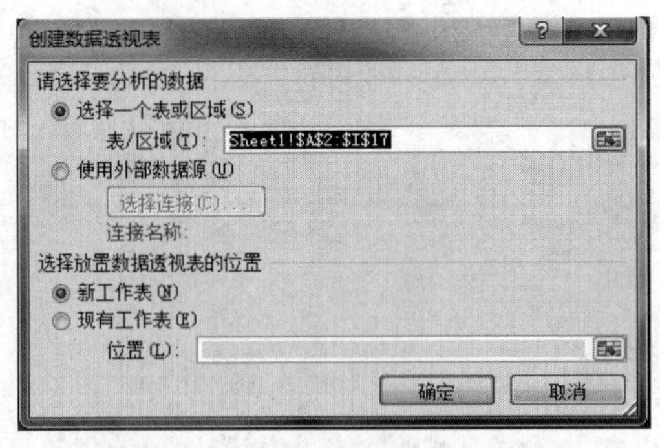

图 4.59　“创建数据透视表”对话框

(3) 单击“确定”按钮，在新工作表中插入数据透视表，并将新工作表命名为“数据透视表”，其右侧的任务窗格如图 4.60 所示，显示“数据透视表字段列表”，左侧将生成“数据透视表”。

图 4.60　插入新工作表与“数据透视表字段列表”

(4) 按照屏幕提示，将 “是否大于平均成绩”拖到“列标签”框，“班级”拖到“行标签”栏，“计数项：是否大于平均成绩”拖到“Σ数值”框，如图 4.61 所示，同时生成数据透视表。

图 4.61　创建“数据透视表字段列表”

(5) 单击 文件 按钮，在弹出的菜单中选择“另存为”命令，将工作簿以“数据透视表”为文件名进行保存。

说明：在“数据透视表字段列表”任务窗格中，单击“字节段和区域节层叠”按钮，在弹出的菜单中可以选择任务窗格中各部分显示布局。

2. 数据透视表的修改

数据透视表建立完成后，可修改。打开“数据透视表”，鼠标指向透视表区域，单击鼠标右键，在其快捷菜单中单击“显示字段列表”选项，如图 4.61 所示任务窗格弹出，显示“数据透视表字段列表”。这时，可对数据透视表进行修改，其过程和建立“数据透视表”相同。

4.6.2　改变汇总方式

在建立数据透视表时，可根据需要修改汇总方式，步骤如下：

(1) 用鼠标单击“Σ 数值”框中字段右侧的下拉按钮，选择“值字段设置”，打开“值字段设置”对话框，如图 4.62 所示。

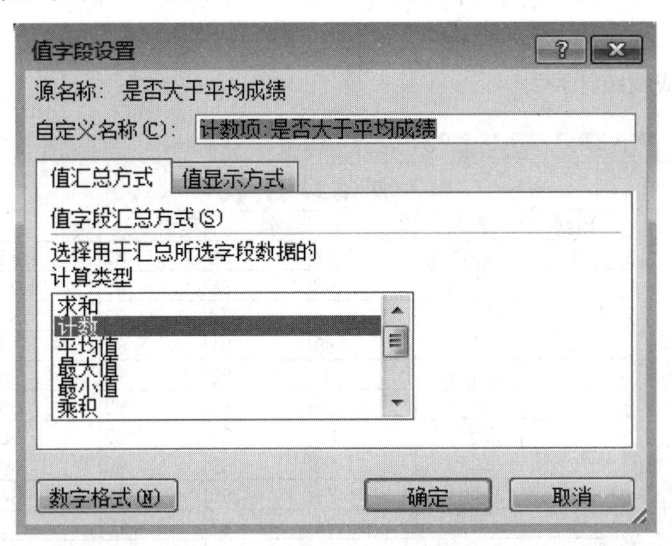

图 4.62　改变汇总方式

(2) 在“值汇总方式”选项卡中选择值字段汇总方式，单击“确定”按钮。

本 章 小 结

本章首先介绍了 Excel 2010 基本功能、工作簿、工作表和单元格等基本概念，其次介绍了电子表格的使用，包括工作表的创建、数据输入、编辑、格式化和打印输出等基本操作，然后又介绍了电子表格中使用的公式与函数、单元格地址、单元格的引用、数据清单、记录单的使用以及记录的排序、筛选、查找和分类汇总，最后介绍了 图表的创建及透视表的使用等。

上 机 实 习

实习一　Excel 2010 的基本操作

1. 实习目的

(1) 掌握 Excel 中单元格、单元格区域、工作表、工作簿的基本概念。

(2) 掌握 Excel 中数据输入、编辑、修改及保存的方法。

(3) 学习 Excel 工作表的编辑、修改和打印。

2. 实习内容

(1) 启动 Excel，新建一个工作簿，在标签为“Sheet1”的工作表中输入数据。

(2) 将工作表标签“Sheet1”更名为“成绩统计表”。

(3) 编辑和修改工作表如图 4.63 所示。

(4) 保存工作簿到自己创建的文件夹中，文件名为“成绩统计表”。

(5) 打印“成绩统计表”。

	A	B	C	D	E	F
1	成绩统计表					
2	班级	姓名	语文	数学	英语	政治
3	1	徐涛	88	65	82	89
4	1	闫陕辉	93	86	89	96
5	2	戚璋璋	80	78	86	80
6	2	郑帅	88	91	87	85
7	3	杨颖娟	92	83	98	88
8	3	林夕	89	87	93	85
9	1	李云芳	89	88	89	96
10	2	柴静	95	89	90	89
11	3	杜明月	79	85	87	84
12	1	丁彤	94	87	98	79
13	2	孙海洋	85	98	89	86
14	3	陈冰雨	87	97	96	92
15	1	苏蕾	95	89	95	94
16	2	张鹏辉	78	95	94	89
17	3	王丹丹	95	90	88	87

图 4.63　成绩统计表

3. 实习步骤

(1) 启动 Excel。执行“开始/所有程序/ Microsoft Office / Microsoft Excel 2010 ”命令，启动 Excel 2010。

(2) 输入数据。按图 4.63 输入数据。

(3) 编辑和修改工作表。

① 单击单元格 A1，输入“成绩统计表”。

② 选中 A1:F1 单元格区域，单击“开始”选项卡中“对齐方式”组右下角箭头，屏幕弹出“设置单元格格式”对话框，然后选择“对齐”选项卡，在其中的“水平对齐”框中选择“跨列居中”；在“字体”选项卡中设置标题为隶书、加粗、18 磅、蓝色；在“填充”选项卡中设置浅黄色底纹，单击“确定”按钮。

③ 选中单元格区域 B2:B17，在“开始”选项卡中“单元格”组的“格式”列表选择“列宽”选项，在弹出的“列宽”对话框中输入“9”，单击“确定”按钮；再按下 Ctrl 键，分别选中单元格区域 A2:A17、C2:F17，将列宽设置为 5。

④ 选中单元格区域 A2:B17，在“开始”选项卡中“单元格”组的“格式”列表选择“行高”选项，在“行高”对话框中输入 16，单击“确定”按钮；单击“开始”选项卡中“对齐方式”组右下角的下拉箭头，弹出“设置单元格格式”对话框，在弹出的“单元格格式”对话框中选择“字体”选项卡，设置宋体、12 磅；在“对齐”选项卡的“水平对齐”框中选择“居中”；在“边框”选项卡中按照图 4.63 设置表格线，单击“确定”按钮。

⑤ 选中单元格区域 A1:F17，单击“开始”选项卡中“剪贴板”组的“复制”按钮，或单击鼠标右键，在弹出的快捷菜单中选择“复制”命令；打开“Sheet2”工作表，单击“开始”选项卡中“剪贴板”组的“粘贴”按钮，将“成绩统计表”的内容复制到“Sheet2”中。

⑥ 执行 文件 按钮的“保存”命令，把文件存入自己建立的文件夹中，文件名改为“成绩统计表”，再单击“保存”按钮。

(4) 打印。

① 打开“成绩统计表”；

② 执行 文件 按钮的“打印”命令，进入“打印”窗口，设定打印区域，单击“打印”按钮，即可完成打印。

实习二　公式和函数的使用

1. 实习目的

(1) 学习公式的使用方法。

(2) 掌握自动求和与编辑、复制和移动公式的方法。

(3) 了解函数的作用，掌握函数的使用方法。

2. 实习内容

(1) 使用公式，对图 4.64 中的数据进行计算：

总成绩 = 语文 + 数学 + 英语 + 政治

总平均成绩 = 总成绩/4

(2) 学习公式的编辑和复制方法。

(3) 利用函数求各课程的平均成绩。

	A	B	C	D	E	F	G	H
1	成绩统计表							
2	班级	姓名	语文	数学	英语	政治	总成绩	总平均成绩
3	1	徐涛	88	65	82	89	324	64.8
4	1	闫陕辉	93	86	89	96	364	72.8
5	2	戚璋璋	80	78	86	80	324	64.8
6	2	郑帅	88	91	87	85	351	70.2
7	3	杨颖娟	92	83	98	88	361	72.2
8	3	林夕	89	87	93	85	354	70.8
9	1	李云芳	89	88	89	96	362	72.4
10	2	柴静	95	89	90	89	363	72.6
11	3	杜明月	79	85	87	84	335	67
12	1	丁彤	94	87	98	79	358	71.6
13	2	孙海洋	85	98	89	86	358	71.6
14	3	陈冰雨	87	97	96	92	372	74.4
15	1	苏蕾	95	89	95	94	373	74.6
16	2	张鹏辉	78	95	94	89	356	71.2
17	3	王丹丹	95	90	88	87	360	72
18			88.46667	87.2	90.73333	87.93333		

图 4.64 公式和函数计算

3. 实习步骤

(1) 使用自动求和的方法计算。

① 打开“成绩统计表”，在“政治”列的右面添加“总成绩”、“总平均成绩”两列，并添加边框。选中 A1:H1 单元格区域，单击“开始”选项卡“对齐方式”组中的“合并后居中”按钮。

② 激活单元格 G3，单击“公式”选项卡中“函数库”组的“自动求和”按钮 Σ，设置编辑栏中的公式为“=SUM(C3:F3)”，此时单元格域 C3:F3 为虚线框，当确定公式无误时，单击编辑栏中的“输入”按钮 ✓，完成单元格 G3 的自动求和。

③ 将鼠标指向单元格 G3 的右下角，利用填充柄将公式复制到 G 列其他单元格，完成所有数据行的自动求和。

(2) 编辑公式计算。

激活单元格 H3，单击“函数库”组的“自动求和”按钮 Σ，在编辑栏中修改公式，将“=SUM(G3)”修改为“=SUM(G3)/5”，然后单击编辑栏的“输入”按钮 ✓，完成 H3 单元格的计算；再利用填充柄将公式复制到 H 列的其他单元格，完成所有数据行总平均成绩的计算。

(3) 计算各课程平均成绩。

① 激活单元格 C18，在“公式”选项卡中“函数库”组单击“最近常用函数”，选择求平均值函数“AVERAGE”。

② 在弹出的“函数参数”对话框 Number 1 中输入 C3:C17，或者单击“折叠对话框”按钮，选择数据区域 C3:C17，单击“确定”按钮，则在单元格 C18 中统计出“语文平均成绩”。

③ 将鼠标指向单元格 C18 的右下角的填充柄，向右拖动，复制 C18 中的公式，计算出所有课程的平均成绩。

实习三 数 据 排 序

1. 实验目的

学习和掌握数据的排序方法。

2. 实验内容

根据实习二的计算结果，按学生“总平均成绩”由大到小进行排序。

3. 实验步骤

(1) 打开“成绩统计表”文件。

(2) 将鼠标指针放在工作表的任意单元格。

(3) 在“开始”选项卡的“编辑”组单击“排序和筛选”，弹出下拉菜单，选择“自定义排序”，屏幕显示“排序”对话框。在“主关键字”的下拉列表框中选择“总平均成绩”选项，在“排序”序列中选择“降序”，然后单击“确定”按钮，完成排序操作，如图 4.65 所示，并保存。

	A	B	C	D	E	F	G	H
1	成绩统计表							
2	班级	姓名	语文	数学	英语	政治	总成绩	总平均成绩
3	1	苏蕾	95	89	95	94	373	74.6
4	3	陈冰雨	87	97	96	92	372	74.4
5	1	闫陕辉	93	86	89	96	364	72.8
6	2	柴静	95	89	90	89	363	72.6
7	1	李云芳	89	88	89	96	362	72.4
8	3	杨颖娟	92	83	98	88	361	72.2
9	3	王丹丹	95	90	88	87	360	72
10	1	丁彤	94	87	98	79	358	71.6
11	2	孙海洋	85	98	89	86	358	71.6
12	2	张鹏辉	78	95	94	89	356	71.2
13	3	林夕	89	87	93	85	354	70.8
14	2	郑帅	88	91	87	85	351	70.2
15	3	杜明月	79	85	87	84	335	67
16	1	徐涛	88	65	82	89	324	64.8
17	2	戚璋璋	80	78	86	80	324	64.8
18			88.46667	87.2	90.73333	87.93333		

图 4.65 按“总平均成绩”降序排序

实习四 图表制作

1. 实习目的

(1) 了解图表的功能。

(2) 掌握制作和编辑图表的方法。

2. 实习内容

(1) 建立如图 4.66 所示的“销售统计表”。

	A	B	C	D
1	销售统计表（单位：万元）			
2		微机	打印机	扫描仪
3	东北	590	420	84
4	西北	550	379	98
5	西南	620	548	110
6	华北	735	613	148
7				

图 4.66 销售统计表

(2) 根据“销售统计表”提供的数据，使用图表向导创建图表。

(3) 用“微机”、“打印机”、“扫描仪”三列数据创建一个簇状柱形图，并且把图表和数据建在一张工作表上。

3. 实验步骤

(1) 建立表。如图 4.66 所示的“销售统计表”。

(2) 创建图表。

① 选定用于创建图表的数据区域 A2:D6。

② 在“插入”选项卡中“图表”组单击选择 “柱形图”下拉列表中的“簇状柱形图”。

③ 在“设计”选项卡的“图表样式”组中选择“样式 2”。

④ 在“设计”选项卡的“图表布局”组中选择“布局 1”。

⑤ 单击“图表标题”，修改为“销售统计表”，如图 4.67 所示。

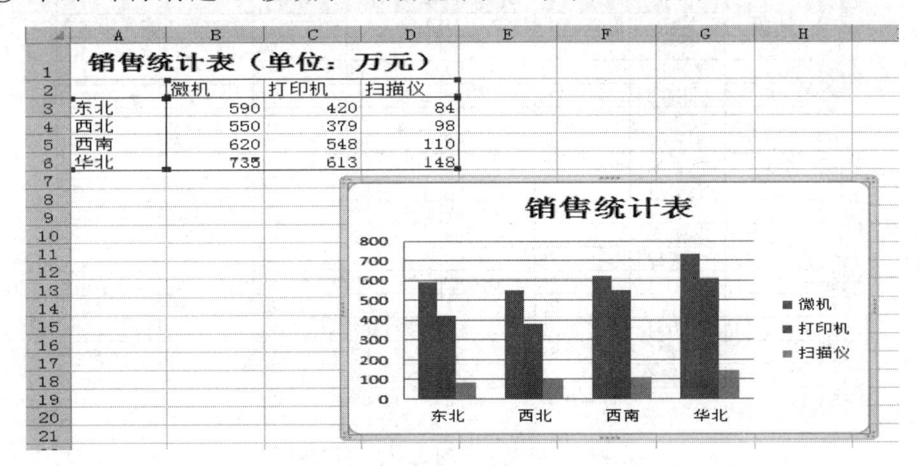

销售统计表（单位：万元）

	微机	打印机	扫描仪
东北	590	420	84
西北	550	379	98
西南	620	548	110
华北	735	613	148

图 4.67 插入图表

在“布局”选项卡的“坐标轴”和“标签”组，可设置或修改纵、横坐标和标题。若单击“设计”选项卡中的“移动图表位置”按钮，在弹出的“移动图表”对话框中选择“新工作表”，即可将图表放置在新工作表中。

实习五 数据筛选

1. 实习目的

学习和掌握数据筛选的方法。

2. 实习要求

(1) 根据图 4.64 所示的“学生成绩表”，筛选出“总平均成绩”大于等于 70 分的学生。

(2) 筛选出“总成绩”为前五名的学生。

3. 实验步骤

(1) 打开“成绩统计表”文件。

(2) 单击表中的任一单元格，单击“开始”选项卡中“编辑”组的“排序和筛选”按钮，在弹出的下拉菜单中选择“筛选”命令。屏幕显示如图 4.68 所示。

班级	姓名	语文	数学	英语	政治	总成绩	总平均成

图 4.68　自动筛选

(3) 单击“总平均成绩”下拉箭头，在下拉列表中执行“数字筛选/大于或等于”命令，屏幕弹出如图 4.69 所示的“自定义自动筛选方式”对话框，根据题目要求，设置“大于或等于 70”，然后单击“确定”按钮，即可筛选出总平均成绩大于等于 70 的学生名单，如图 4.70 所示。

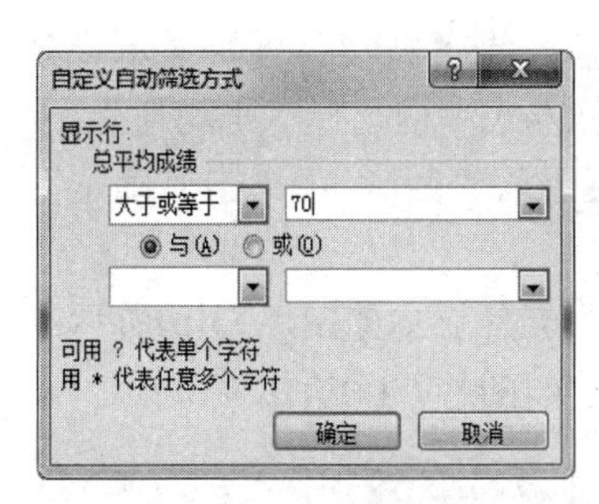

图 4.69　“自定义自动筛选方式”对话框

成绩统计表

班级	姓名	语文	数学	英语	政治	总成绩	总平均成
1	闫陕辉	93	86	89	96	364	72.8
2	郑帅	88	91	87	85	351	70.2
3	杨颖娟	92	83	98	88	361	72.2
3	林夕	89	87	93	85	354	70.8
1	李云芳	89	88	89	96	362	72.4
2	柴静	95	89	90	89	363	72.6
1	丁彤	94	87	98	79	358	71.6
2	孙海洋	85	98	89	86	358	71.6
3	陈冰雨	87	97	96	92	372	74.4
1	苏蕾	95	89	95	94	373	74.6
2	张鹏辉	78	95	94	89	356	71.2
3	王丹丹	95	90	88	87	360	72

图 4.70　总平均成绩大于等于 70 分的学生名单

(4) 在“总平均成绩”的下拉列表框中选择“全选”，恢复显示所有成绩表数据。

(5) 单击“总成绩”下拉箭头，在下拉列表中执行“数字筛选/10 个最大值”命令，屏幕弹出如图 4.71 所示“自动筛选前 10 个”对话框，将数字“10”修改为“5”；再单击“确定”按钮，即可筛选出“总成绩”为前五名的学生名单，如图 4.72 所示。

图 4.71　“自动筛选前 10 个”对话框

成绩统计表

班级	姓名	语文	数学	英语	政治	总成绩	总平均成
1	闫陕辉	93	86	89	96	364	72.8
1	李云芳	89	88	89	96	362	72.4
2	柴静	95	89	90	89	363	72.6
3	陈冰雨	87	97	96	92	372	74.4
1	苏蕾	95	89	95	94	373	74.6

图 4.72　“总成绩”为前五名的学生名单

实习六　数据分类汇总

1. 实习目的

学习和掌握数据分类汇总的方法。

2. 实习要求

对各班级成绩，以“班级”作为关键字，对“语文”、“数学”、“英语”的平均值进行分类汇总。

3. 实习步骤

(1) 按“班级”排序。

① 打开文件，选中“班级”列中的任一单元格。

② 单击“开始”选项卡中“编辑”组的“排序和筛选”下拉菜单中的“升序”或“降序”按钮，或者单击“数据”选项卡“排序和筛选”组中的“升序”或“降序”按钮。

(2) 按“班级”对各门课的平均值进行分类汇总。

① 单击“数据”选项卡中“分级显示”组的“分类汇总” 按钮；屏幕显示“分类汇总”对话框，在“分类字段”框选择“班级”；在“汇总方式”框选择“平均值”。

② 再在“选定汇总项”中选择汇总对象：“语文”、“英语”、“数学”；单击“确定”按钮后，屏幕显示如图 4.73(a) 所示分类汇总表。

③ 在分类汇总表格的左上方有 1 2 3 按钮，单击“1”，屏幕显示如图 4.73(b)所示；单击“2”， 屏幕显示如图 4.73(c)所示；单击“3”，屏幕显示如图 4.73(a)所示。

成绩统计表

班级	姓名	语文	数学	英语	政治	总成绩	总平均成绩
1	苏蕾	95	89	95	94	373	74.6
1	闫陕辉	93	86	89	96	364	72.8
1	李云芳	89	88	89	96	362	72.4
1	丁彤	94	87	98	79	358	71.6
1	徐涛	88	65	82	89	324	64.8
1 平均值		91.8	83	90.6			
2	柴静	95	89	90	89	363	72.6
2	孙海洋	85	98	89	86	358	71.6
2	张鹏辉	78	95	94	89	356	71.2
2	郑帅	88	91	87	85	351	70.2
2	戚璋璋	80	78	86	80	324	64.8
2 平均值		85.2	90.2	89.2			
3	陈冰雨	87	97	96	92	372	74.4
3	杨颖娟	92	83	98	88	361	72.2
3	王丹丹	95	90	88	87	360	72
3	林夕	89	87	93	85	354	70.8
3	杜明月	79	85	87	84	335	67
3 平均值		88.4	88.4	92.4			
总计平均值		88.46667	87.2	90.73333			

(a)

成绩统计表

班级	姓名	语文	数学	英语	政治	总成绩	总平均成绩
总计平均值		88.46667	87.2	90.73333			

(b)

成绩统计表

班级	姓名	语文	数学	英语	政治	总成绩	总平均成绩
1 平均值		91.8	83	90.6			
2 平均值		85.2	90.2	89.2			
3 平均值		88.4	88.4	92.4			
总计平均值		88.46667	87.2	90.73333			

(c)

图 4.73　分类汇总表

习 题 四

一、填空题

1. 启动 Excel 2010 的常用方法有________________和__________________。

2. 每一个单元格实际上是由______________组成的。

3. 数据分类汇总的三个基本要素是__________、__________和_________。

4. 在 Excel 中，用户可以使用__________、__________和高级筛选等方式筛选数据。

二、选择题

1. 以下说法正确的是(　　)。

A．工作表是计算和存取数据的文件

B. 工作表的名称在工作簿的顶部显示

C. 无法对工作表的名称进行修改

D. 工作表的默认名称表示为“Sheet 1, Sheet 2…”

2. 下列 Excel 单元格地址表示正确的是(　　)。

A. 22E　　B. 2E2　　C. E22　　D. AE

3. 在 Excel 工作表中，若要输入身份证号,设置单元格数字格式为(　　)。

A．科学计数　　B. 日期　　C．数值　　D. 文本

4. 以下在选定不相邻的多个单元格区域时使用的键盘按键是(　　)。

A．Shift　　B. Alt　　C. Ctrl　　D. Enter

5. 如图 4.74 所示，在 Excel 视图中没有第 2 行和第 C 列，因为(　　)。

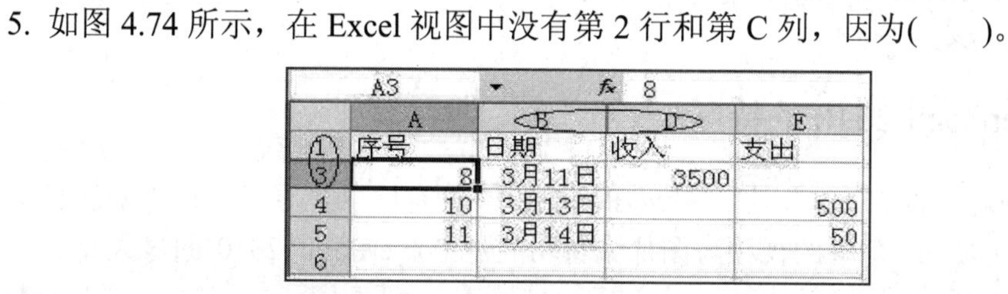

图 4.74　数据表

A. 工作表的行号和列号可以不连续

B. 被删除　　C. 被隐藏　　D. 宏病毒

三、问答题

1. 什么是工作簿、工作表、单元格？它们之间的关系是什么？Excel 是如何定义单元格地址的?

2. 什么是相对引用、绝对引用、混合引用？试举例说明。

3. 什么是数据清单？如何在数据清单中寻找需要的数据？

4. 什么是分类汇总？如何实现数据清单的分类汇总？

5. 建立图表的步骤有哪些？如何改变图表的类型？

6. 什么是数据透视表？有什么作用？试以图 4.58 为例，说明建立数据透视表的步骤。

第5章 PowerPoint 2010的功能与使用

教学目的

☑ 了解 PowerPoint 2010 的基本特性与功能
☑ 掌握 PowerPoint 2010 文档的版式设计和编辑方法
☑ 掌握 PowerPoint 2010 动画设计和放映
☑ 了解 PowerPoint 2010 的优化设计

5.1 PowerPoint 2010 简介

PowerPoint 是 Office 应用程序中用于制作和放映演示文稿的工具软件。利用 PowerPoint 可以制作集文字、图形、图像、声音以及视频等多种媒体元素为一体的演示文稿，图文并茂，声形兼备，信息表达轻松、高效、有趣。用 PowerPoint 2010 制作的文件默认扩展名为 .pptx。

5.1.1 PowerPoint 2010 的特点

与 PowerPoint 2007 版本相比，PowerPoint 2010 拥有比以往更多的方式来创建动态演示文稿并与观众共享，新增的视频与图片编辑功能是 PowerPoint 2010 的最大亮点，主要体现在以下几个方面。

1. 视频、图像处理功能

PowerPoint 2010 增加了更多视频功能，用户可直接在 PowerPoint 2010 中设定开始和终止时间剪辑视频，也可将视频嵌入到 PowerPoint 文件中。另外，PowerPoint 2010 可以将演示文稿保存为视频格式，还可以控制多媒体文件的大小和视频的质量。

在图像处理方面，PowerPoint 2010 新增了两个小工具，屏幕截图工具和删除背景工具。通过这两个小工具，可以随时获取屏幕上的绚丽效果，几步操作就可以完成抠图。

2. 动画与幻灯片切换效果更丰富

与 PowerPoint 2007 相比，PowerPoint 2010 将“幻灯片切换”从动画选项卡中独立出来，成为一级菜单项。其中“计时”组的命令大大方便了时间轴的设定。PowerPoint 2010 引入了“动画格式刷”，可以直接将一个对象的动画复制到另一个对象上，还为动画效果做了很多优化，比如边缘的羽化和透明处理等，让动画更为绚丽。

在幻灯片的切换上，增加了很多特效，原有的切换效果也变得更加绚丽。

3. 联机功能

联机功能是 PowerPoint 2010 中全新引入的功能。在“文件/保存并发送”中，可以看到所有的联机选项，可直接把 PPT 文稿保存到微软的 Sky Driver 网盘上，也可发布到 SharePoint，与他人共享协作，还可以创建一个链接，让其他人远程观看你的 PPT 放映。

4. 其他功能

除此之外，PowerPoint2010 还有很多功能，比如为幻灯片添加章节，以便更好地组织幻灯片，也可以通过创建讲义功能制作适合分发的 Word 文档，还可以联机下载各种模板制作日历、证书或者贺卡等。

5.1.2　PowerPoint 2010 的启动与退出

1. PowerPoint 2010 的启动

与启动 Word 2010 一样，启动 PowerPoint 2010 可采用以下方法：

(1) 执行“开始 / Microsoft PowerPoint 2010 ”命令。

(2) 执行“开始/所有程序 / Microsoft Office / Microsoft PowerPoint 2010 ”命令。

(3) 双击 PowerPoint 2010 文档或者“Microsoft PowerPoint 2010”的快捷方式图标。

(4) 在桌面空白区域单击鼠标右键，在弹出的快捷菜单中执行“新建/ Microsoft PowerPoint 演示文稿 ”命令。

2. PowerPoint 2010 的退出

在退出 PowerPoint 2010 前，应先关闭正在编辑、放映的文件，然后再退出。退出 PowerPoint 可采用以下方法：

(1) 单击“文件/退出”命令，即可退出 PowerPoint 2010。

(2) 鼠标指向标题栏，单击右键，在弹出的快捷菜单中执行“关闭”命令。

(3) 单击标题栏右边的“关闭”按钮。

(4) 使用组合功能键 Alt + F4。

5.1.3　PowerPoint 2010 的窗口

PowerPoint 2010 主窗口界面如图 5.1 所示，与 Office 2010 其他组件相似，主要包括标题栏、PowerPoint 控制按钮、快速访问工具栏、选项卡区与常用工具栏、幻灯片编辑区、幻灯片导航区、备注编辑区、状态栏、视图工具及显示比例调节工具等。

1. 标题栏

标题栏显示当前运行程序或 PowerPoint 演示文稿的名称，在其右侧是窗口控制按钮，即“最小化”、“最大化/还原”和“关闭”按钮。

2. PowerPoint 控制按钮

单击“ 按钮”，屏幕弹出一个控制菜单，包含窗体的基本操作命令，常用命令有“还原”、“移动”、“大小”、“最小/大化”和“关闭”。

图 5.1　PowerPoint 2010 主窗口

3. 快速访问工具栏

在快捷访问工具栏设有一些常用命令按钮，默认有“保存”、“撤消”和“恢复”，也可由用户自行添加，其方法与 Word 2010 相同。

4. 选项卡区与常用工具栏

在选项卡区列有“文件”、“开始”、“插入”、“设计”、“切换”、“动画”、“幻灯片放映”、“审阅”和“视图”等选项卡，每个选项卡设有不同的组，给出相应的工具和命令。

5. 幻灯片编辑区

幻灯片编辑区是制作编辑演示文稿的工作区域，用以制作编辑演示文稿。

6. 幻灯片导航区

通过“大纲视图”或“幻灯片视图”进行导航，使用户可快速查看整个演示文稿中的幻灯片。在“大纲”选项卡中，幻灯片是以大纲形式显示在导航区中；在“幻灯片”选项卡中，幻灯片是以缩略图的形式显示在导航区中。

7. 备注编辑区

在制作或编辑演示文稿时，可将相应幻灯片的说明、注意事项等内容写入到备注区，供用户在放映时参考。

8. 状态栏

状态栏显示当前 PowerPoint 的一些状态要素，比如幻灯片序号、幻灯片应用的主题等。

9. 视图工具

视图工具位于状态栏右侧，包括“普通视图”、“幻灯片浏览”和“幻灯片放映”等按钮，用以控制幻灯片操作。

10. 显示比例调节工具

显示比例调节工具位于状态栏右端。拖动其中的滑动块或单击两端的“缩小”和“放大”按钮，即可调整当前幻灯片的显示比例。

5.1.4　PowerPoint 2010 的视图模式

“视图模式”是指在制作演示文稿过程中窗口的显示方式。PowerPoint 2010 提供多种视图模式，主要有普通视图、幻灯片浏览视图、备注页视图、阅读视图、幻灯片放映视图、幻灯片母版视图、讲义母版视图、备注母版视图等，如图 5.2 所示。下面仅介绍几种最为常用的视图模式。

图 5.2　“视图”选项卡

1. 普通视图

普通视图是 PowerPoint 2010 默认的视图模式，如图 5.3 所示。在该视图模式下可以输入、编辑和格式化文字，也可以对幻灯片的总体结构进行调整。要从其他视图切换到普通视图，可单击“视图”选项卡中的“普通视图”按钮。

图5.3　普通视图

2. 幻灯片浏览视图

单击“视图”选项卡中的“幻灯片浏览”按钮，可切换至幻灯片浏览视图，如图 5.4 所示。在该视图模式下可浏览并调整演示文稿中所有幻灯片的整体效果，也可对演示文稿进行编辑。

图 5.4　幻灯片浏览视图

3. 备注页视图

单击“视图”选项卡中的“备注页”按钮，可切换到备注页视图，如图 5.5 所示。备注页视图由两部分组成，上部分为幻灯片，下部分为备注页。

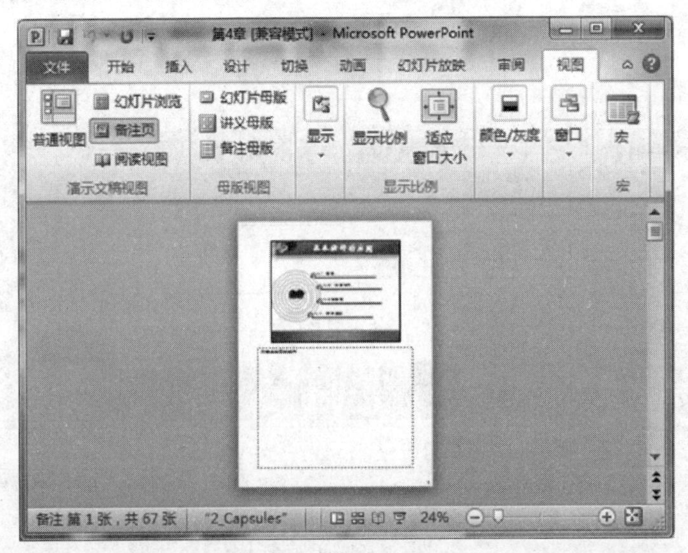

图5.5　备注页视图

4. 阅读视图

单击“视图”选项卡中的“阅读视图”按钮，可切换到幻灯片阅读视图，如图 5.6 所示。幻灯片在阅读视图中只显示标题栏、状态栏和幻灯片的放映效果，因此该视图一般用于幻灯片的简单预览。

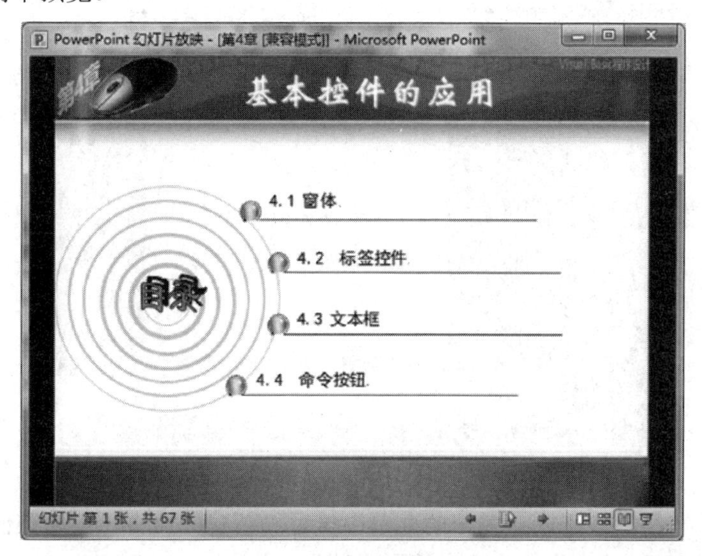

图 5.6　阅读视图

5. 幻灯片放映视图

通过幻灯片放映视图可以放映幻灯片，查看幻灯片的最终效果。编辑幻灯片时，若要查看幻灯片的最终效果，可以单击状态栏右侧的“幻灯片放映”按钮，进入幻灯片放映视图。在该视图模式下，演示文稿中的幻灯片将占据整个屏幕以动态的方式显示。放映时，单击鼠标左键向后翻页；单击鼠标右键，拉出一个菜单，其中有“下一页”、“上一页”和“结束放映”等命令，用来控制翻页或者退出。另外，在每一幅幻灯片的左下角也有翻页按钮，用以控制翻页或退出。

5.2　演示文稿的基本操作

演示文稿在演讲、教学、产品演示等方面有着广泛的应用，因此在工作、学习和生活中，PowerPoint 都是一款非常实用的办公软件。与早期的 PowerPoint 软件相比，PowerPoint 2010 操作更加灵活、简单。

5.2.1　新建演示文稿

PowerPoint 2010 提供了多种新建演示文稿的方法，包括新建空白演示文稿和利用设计模板新建演示文稿。

1. 新建空白演示文稿

新建空白演示文稿常用方法有以下两种。

(1) 启动 Microsoft PowerPoint 2010，系统自动建立一个名为“演示文稿 1”的演示文稿，如图 5.7 所示。

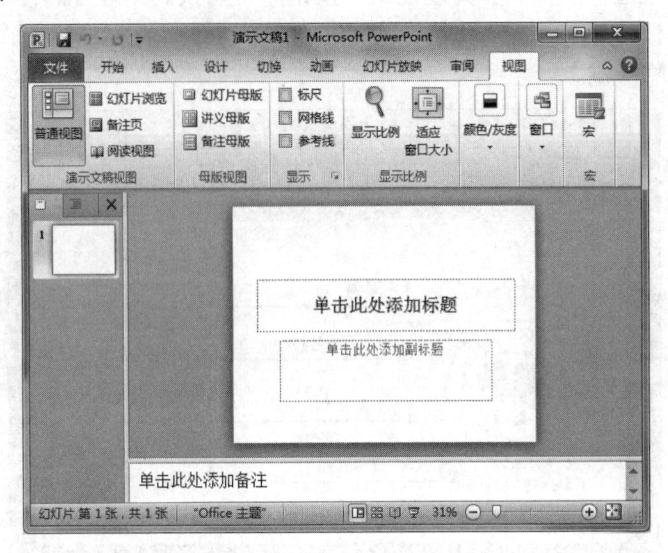

图 5.7　空白演示文稿

(2) 单击“文件”按钮，从弹出的菜单中执行“新建”命令，屏幕弹出如图 5.8 所示“新建演示文稿”窗口，单击“空白演示文稿”，最后单击“创建”按钮，即可创建一个空白演示文档。

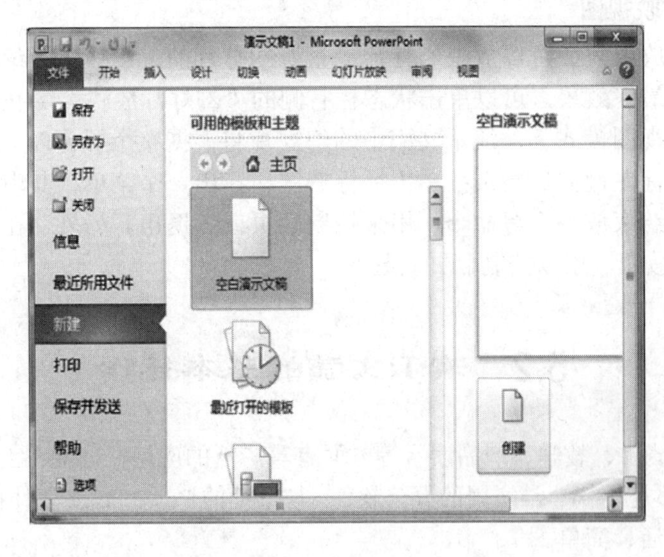

图 5.8　“新建演示文稿”对话框

2. 利用设计模板新建演示文稿

PowerPoint 2010 自带多个模板，包括“样本模板”和“主题模板”两种不同类型的模板。用户可使用最近打开的模板或自己收藏的模板(我的模板)，或者使用在 Office.com 上搜索的模板。

已安装的样本模板是针对标准类型演示文稿设计的框架结构，包括一些专业项目，比如“相册”、“宣传手册”、“培训”、“PowerPoint 2010 简介”等，如图 5.9 所示。已安装的主题是针对一套幻灯片应用统一设计和统一颜色方案，但其中不具备任何内容和框架结构，如图 5.10 所示。

图 5.9　样本模板

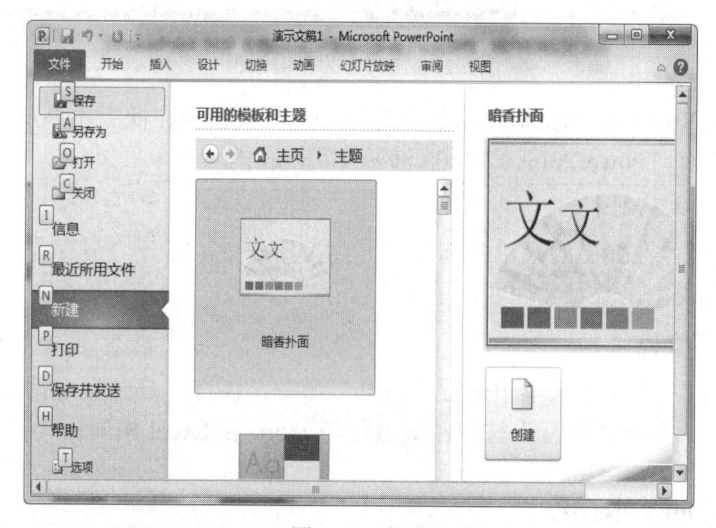

图 5.10　主题

操作时，单击“文件”按钮，从弹出的菜单中执行“新建”命令，屏幕显示“新建演示文稿”窗口；右侧有可用样本模板和主题，选择欲使用的模板，再单击右侧“创建”按钮。

5.2.2　演示文稿的保存与打开

1. 保存演示文稿

1) 保存新建的演示文稿

单击“文件”，在文件菜单中执行“保存”命令或直接单击快速访问工具栏中的“保存”按钮，打开“另存为”对话框。在“另存为”对话框的“保存位置”框选择保存位置，在“文件名”框中输入文件名，在“保存类型”框选择保存的类型，然后单击“保存”按钮，如图 5.11 所示。

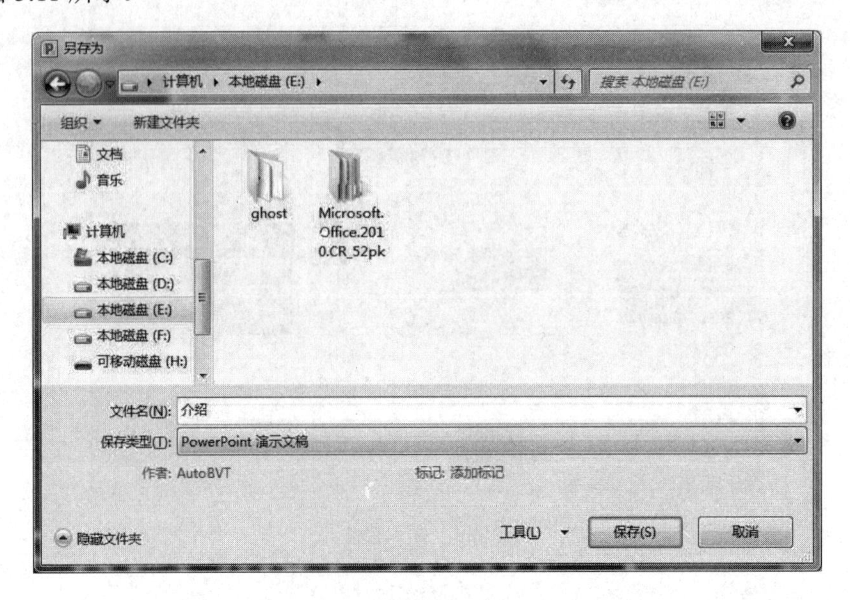

图 5.11 “另存为”对话框

PowerPoint 2010 中演示文稿默认类型为 .pptx，如果需要在低版本 PowerPoint 中打开，保存类型必须选择“PowerPoint 97-2003 演示文稿(.ppt)”。

2) 建立演示文稿副本

单击“文件”，在弹出的菜单中选择“另存为”命令，打开“另存为”对话框，选择保存位置及保存类型，输入文件名，单击“保存”按钮。

2. 打开演示文稿

单击“文件”，在文件菜单中执行“打开”命令，再在“打开”对话框中选择要打开的演示文稿，最后单击“打开”按钮；其过程与 Word 和 Excel 相同。

5.2.3 幻灯片的基本操作

幻灯片是组成演示文稿的基本单元，是演示内容的主要载体。每一个演示文稿都是由若干张幻灯片组成的，所以掌握幻灯片的基本操作是掌握演示文稿制作的基础。本节介绍幻灯片的选择、复制、移动、添加和删除等基本操作。

1. 选定幻灯片

对幻灯片进行处理前，必须选定幻灯片。选定幻灯片可以在左侧功能区的“幻灯片”选项卡、“大纲”选项卡和幻灯片浏览视图中进行，可以选定单张幻灯片，也可以选定多张幻灯片。

1) 选定单张幻灯片

单击“幻灯片”选项卡中的幻灯片缩略图，或者单击“大纲”选项卡中的幻灯片图标。

2) 选定多张连续的幻灯片

在"幻灯片"选项卡或"大纲"选项卡中，单击第一张幻灯片，然后按下 Shift 键再单击最后一张幻灯片，可选定多张连续的幻灯片。

3) 选定多张不连续的幻灯片

在"幻灯片"选项卡或幻灯片浏览视图中，单击第一张幻灯片，然后按下 Ctrl 键，再分别单击其他幻灯片。

4) 选定全部幻灯片

在"幻灯片"选项卡、"大纲"选项卡或幻灯片浏览视图中，按下组合键 Ctrl + A 选定全部幻灯片。

2. 复制幻灯片

复制幻灯片可在"幻灯片"选项卡、"大纲"选项卡或幻灯片浏览视图中进行，其方法有多种，下面仅介绍最常用的两种。

(1) 选定要复制的幻灯片，单击"开始"选项卡中的"复制"按钮，再选定复制位置，单击"开始"选项卡中的"粘贴"按钮，选定幻灯片将被复制到指定位置后面。

(2) 选定要复制的幻灯片，按下 Ctrl 键和鼠标左键拖动。在拖动的过程中，出现一个横条或竖条表示选定的新位置，最后释放鼠标左键，再松开 Ctrl 键，选定幻灯片将被复制到指定的位置。

3. 移动幻灯片

移动幻灯片可在"幻灯片"选项卡、"大纲"选项卡或幻灯片浏览视图中进行，其方法有多种，下面仅介绍最常用的两种。

(1) 选定要移动的幻灯片，单击"开始"选项卡中的"剪切"按钮，再选定复制位置，单击"粘贴"按钮，被剪切的幻灯片将移动到指定位置。

(2) 选定要移动的幻灯片，按下鼠标左键拖动，在拖动过程中，出现一个横条或竖条表示选定的新位置，然后释放鼠标左键，选定的幻灯片被移动到指定位置。

4. 插入幻灯片

插入幻灯片可以在普通视图方式、大纲视图方式、幻灯片视图方式或幻灯片浏览方式中进行，可以插入一张新幻灯片，也可以插入另外一个演示文稿中的部分或全部幻灯片。

1) 插入一张新幻灯片

选定插入位置，单击"开始"选项卡中"幻灯片"工具栏"新建幻灯片"右侧的下拉按钮，在弹出的下拉列表中选择要添加的幻灯片的版式，即可插入一张具有该版式的幻灯片。

2) 插入其他演示文稿中的幻灯片

选定插入位置，单击"开始"选项卡中"幻灯片"工具栏"新建幻灯片"右侧的下拉按钮，在弹出的下拉列表中执行"重用幻灯片"命令，窗口右侧显示"重用幻灯片"任务窗格；然后单击"浏览"按钮，在弹出的列表中选择"浏览文件"选项，屏幕弹出"浏览"对话框，选择要打开的演示文稿，单击"打开"按钮，该文稿中所包含的幻灯片即显示在

“重用幻灯片”任务窗格中；最后，单击要插入的幻灯片即可，如图 5.12 所示。

图 5.12 “重用幻灯片”任务窗格

提示：新幻灯片插入到演示文稿中以后，演示文稿中的幻灯片编号将自动改变。

5. 删除幻灯片

删除幻灯片可以在普通视图方式、大纲视图方式、幻灯片视图方式或幻灯片浏览方式中进行，操作方法如下：

(1) 选定要删除的幻灯片，右键单击，在弹出的快捷菜单中单击“删除幻灯片”命令。

(2) 选定要删除的幻灯片，按 Delete 键删除该幻灯片。

5.3 演示文稿的制作

演示文稿是由一系列按一定顺序排列的幻灯片组成。每张幻灯片包含特定内容的文字及作为对象插入的文本、图形、图表、多媒体等元素。演示文稿的制作过程包括输入文本，插入表格、图表、艺术字、图片、形状、页眉/页脚、声音、影片、超链接以及制作相册集等。

5.3.1 输入文本

1. 在占位符中输入文本

在新建幻灯片中，常看到被称为“占位符”的虚线框，其中显示“单击此处添加标题”和“单击此处添加文本”等字样。这些文字只起提示作用，在放映时不显示，如图 5.13 所示。

若要为幻灯片添加标题，单击标题占位符，即可输入；若要添加文本，单击文本占位符，即可输入。

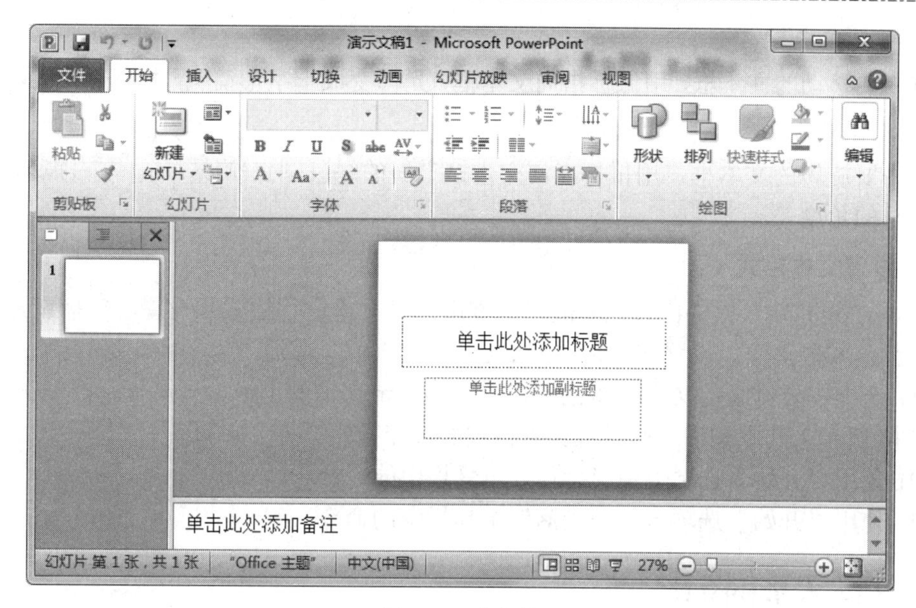

图 5.13　占位符

2. 使用文本框输入文本

首先插入文本框，在文本框中输入文本，其过程与 Word 相同。

3. 调整、移动文本框的位置与大小

1) 调整文本框

选中要调整的文本框，单击鼠标左键，这时文本框的四周出现 8 个控点，如图 5.14 所示。当鼠标指向控制点时，光标变成双向箭头，按下鼠标左键拖动，可改变文本框的大小。

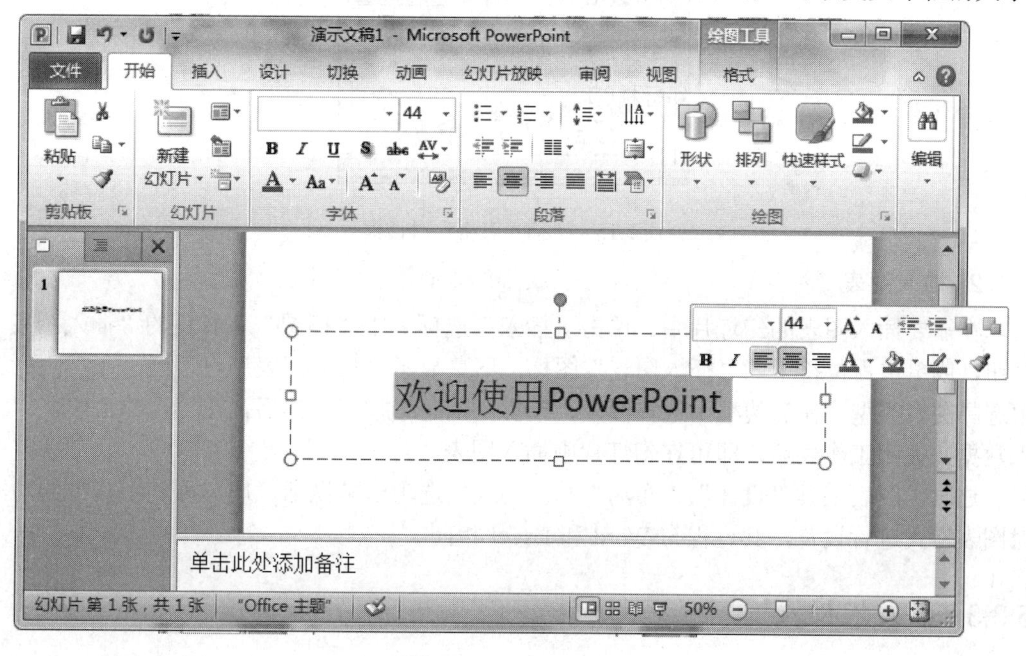

图 5.14　调整文本框

2) 移动文本框

选中要移动的文本框，用鼠标指向文本框，光标变成十字形箭头，按下鼠标左键拖动。

3) 旋转文本框

选中要旋转的文本框，用鼠标指向文本框上面的绿色圆点(旋转柄)，左右拖动，可旋转文本框的角度。

4. 设置文本格式

PowerPoint 2010 提供格式化功能，允许用户对文本进行格式化设置，包括设置字体、字号、颜色和段落等。设置文本格式方法与 Word 类似，可通过以下命令进行：

(1) 选中需要排版的文本，将鼠标指针移到选定文本的上方，屏幕显示浮动工具栏，如图 5.14 所示，其中列出一些设置文本格式的快捷按钮。

(2) 使用“开始”选项卡中“字体”工具栏中的命令。

(3) 使用“开始”选项卡中“段落”工具栏中的命令。

5.3.2 插入表格和图表

当幻灯片中涉及大量数据时，常使用表格或图表来表示。

1. 插入表格

在需要插入表格的幻灯片中，单击“插入”选项卡中“表格”工具栏的“插入表格”按钮，将表格插入到幻灯片中；或单击占位符中的“插入表格”图标，屏幕显示如图 5.15 所示“插入表格”对话框，选择行列数后，单击“确定”按钮。

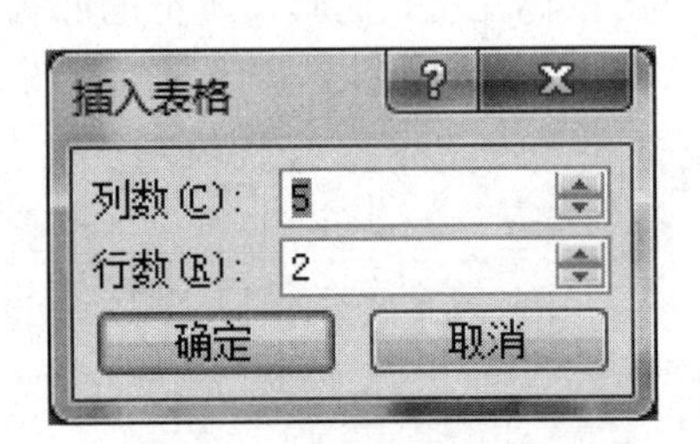

图 5.15 “插入表格”对话框

2. 插入图表

在需要插入图表的幻灯片中，单击“插入”选项卡中“插图”工具栏的“插入图表”按钮，或单击占位符中的“插入图表”图标，屏幕显示“插入图表”对话框，在左侧列表中选择图表类型，在右边框中选择图表，单击“确定”按钮。然后，在打开的工作表中输入数据，关闭工作表后，即可在幻灯片中插入图表。

这时，图表工具“设计”、“布局”和“格式”选项卡被激活，用户可利用其中的功能对图表格式进行设置，其过程与 Word 和 Excel 相同。

5.3.3 插入艺术字

艺术字一般用作演示文稿的标题。操作时，在需要插入的幻灯片中，单击“插入”选项卡中“文本”工具栏的“艺术字”按钮，屏幕弹出如图5.16所示的下拉列表，可选择艺术字的样式。用户可通过激活的“格式”选项卡中的工具对艺术字的样式进行修改。

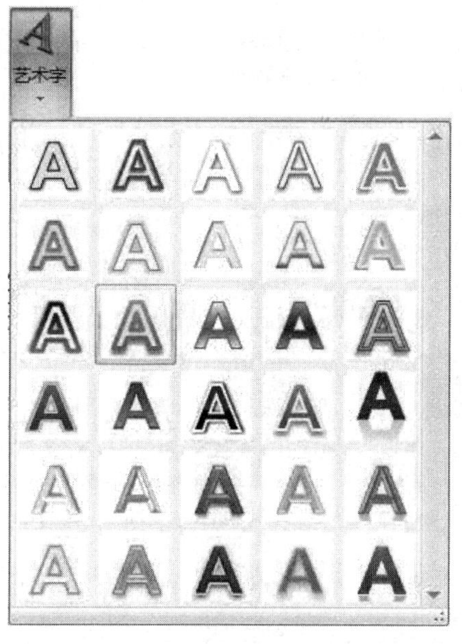

图5.16 “艺术字”列表

5.3.4 插入图片和形状

剪贴画和图片可用作幻灯片的背景或某些特定的标志，或者用作修饰或点缀。

1. 插入剪贴画

在需要插入剪贴画的幻灯片中，单击“插入”选项卡中“图像”组的“剪贴画”按钮，在窗口的右侧出现“剪贴画”任务窗格，如图3.41所示，其后的操作与Word相同。

2. 插入图片

在需要插入图片的幻灯片中，单击“插入”选项卡中“图像”组的“图片”按钮，或单击占位符中的“插入来自文件中的图片”图标，屏幕弹出“插入图片”对话框，其后的操作与Word相同。

3. 插入形状

在需要插入形状的幻灯片中，单击“插入”选项卡中“插图”组的“形状”按钮，屏幕弹出“绘图工具”。选中某个形状，单击鼠标左键，再将光标移到幻灯片中，光标变为十字形状，按下鼠标左键拖动，即可绘出所需图形，其过程与Word相同。

4. 插入SmartArt图形

单击“插入”选项卡中“插图”组的“SmartArt”按钮，或单击占位符中的“插入SmartArt图形”图标，屏幕显示如图5.17所示“选择SmartArt图形”对话框。选择图形样式，即可插入SmartArt图形，如图5.18所示。这时，“SmartArt工具”中的“设计”和“格式”选项卡被激活，用户可在其中设置SmartArt图形的样式。

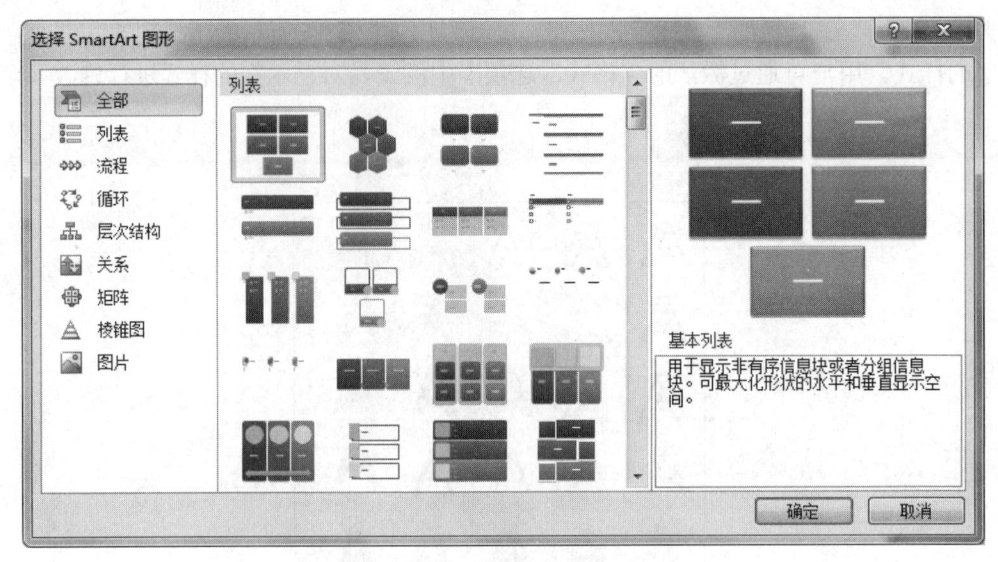

图 5.17 “选择 SmartArt 图形”对话框

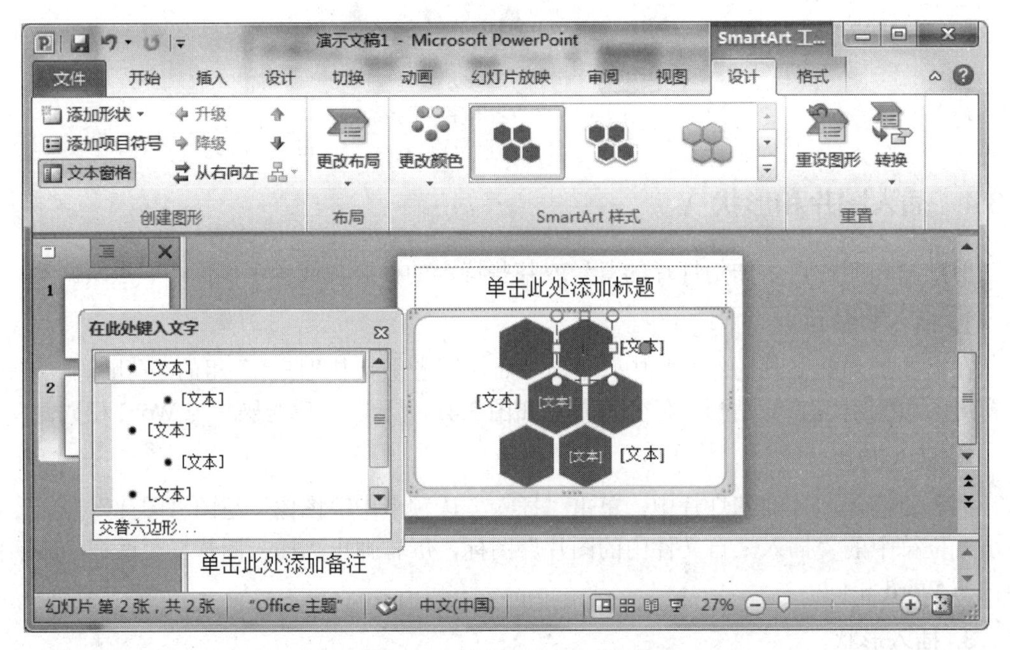

图 5.18 插入 SmartArt 图形

5.3.5 制作相册

PowerPoint 2010 提供的创建相册功能，使用户可方便地将电脑中保存的图片制作成相册，操作步骤如下：

单击“插入”选项卡中“图像”组的“相册”按钮，打开“相册”对话框，如图 5.19 所示。在“相册”对话框中单击“文件/磁盘”按钮，在打开如图 5.20 所示的“插入新图片”对话框的“查找范围”框中选择图片所在位置，选择需要插入的图片，然后单击“插入”按钮，并返回到“相册”对话框。

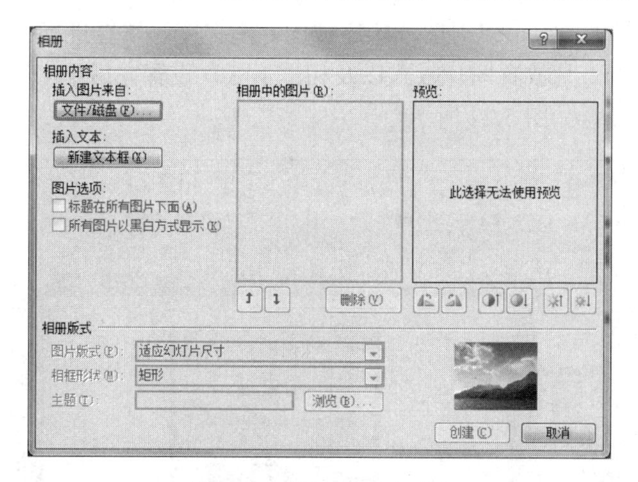

图 5.19　“相册”对话框

图 5.20　“插入新图片”对话框

这时“相册中的图片”列表框中列出所选图片，如图 5.21 所示。

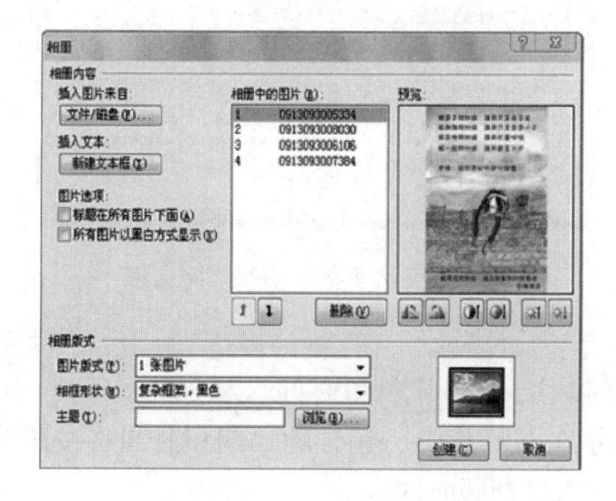

图 5.21　“相册”对话框

单击预览图下方按钮，可以对图片顺序或图片的亮度等属性进行调整。在“相册版式”栏中可以设置每张幻灯片放置图片版式以及相框形状，设置完后单击“创建”按钮，即创建一个相册演示文稿，如图 5.22 所示。

图 5.22　相册演示文稿

5.3.6　添加页眉/页脚

在 PowerPoint 2010 中也可以像 Word 一样，给幻灯片添加页眉和页脚。其操作方法是打开演示文稿，单击“插入”选项卡中“文本”组的“页眉和页脚”按钮，其对话框如图 5.23 所示。在该对话框可设置页眉页脚显示的内容，单击“全部应用”按钮后，即可应用于当前幻灯片。

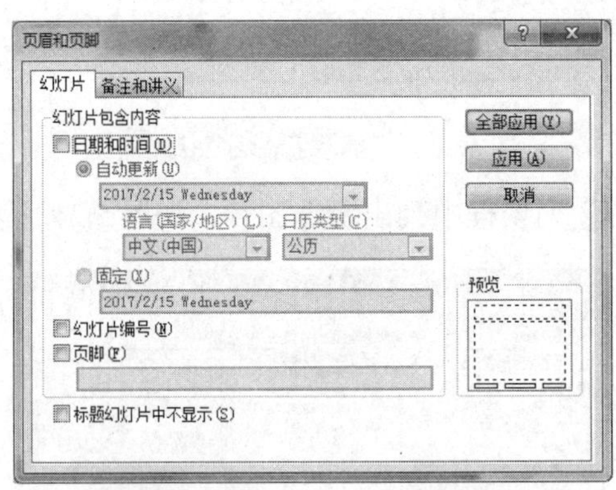

图 5.23　“页眉和页脚”对话框

设置过程如下：

(1) 添加日期和时间。选中“日期和时间”复选框，再选中“自动更新”或“固定”。“自动更新”表示在幻灯片中所包含的日期和时间将按照演示的时间自动更新。“固定”表示需要手动输入日期和时间。

(2) 添加幻灯片编号。选中“幻灯片编号”复选框。

(3) 添加页脚。选中“页脚”复选框，再在下方的文本框中输入文字，即添加附注性的文本。

(4) 标题幻灯片中不显示页眉和页脚。选中“标题幻灯片不显示”复选框，可让页眉和页脚的所有内容不在标题幻灯片上显示。

5.3.7　添加声音

在演示文稿中添加声音，可吸引观众的注意，增强渲染力。但声音的使用不宜过多，否则成为噪声。操作步骤如下：

在需要添加声音的幻灯片中，单击“插入”选项卡中“媒体”组的“音频”按钮的下拉箭头，在弹出的下拉列表中选择一种插入声音的方法，如图 5.24 所示。选择要插入的音频文件后，幻灯片上就会出现一个喇叭的图标。这时，“音频工具”中的“格式”和“播放”选项卡被激活，用户可在其中设置插入音频文件的格式和播放相关内容，如图 5.25 所示。

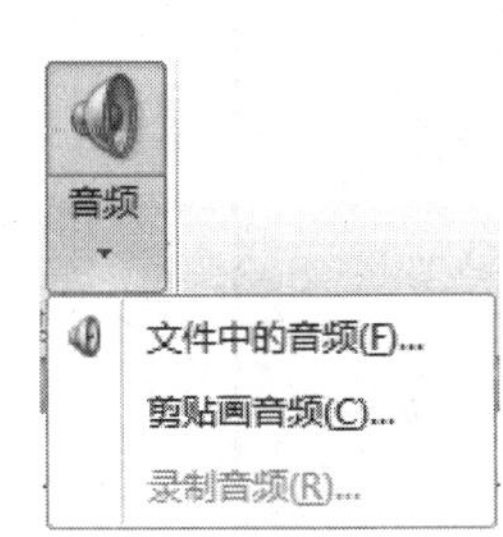

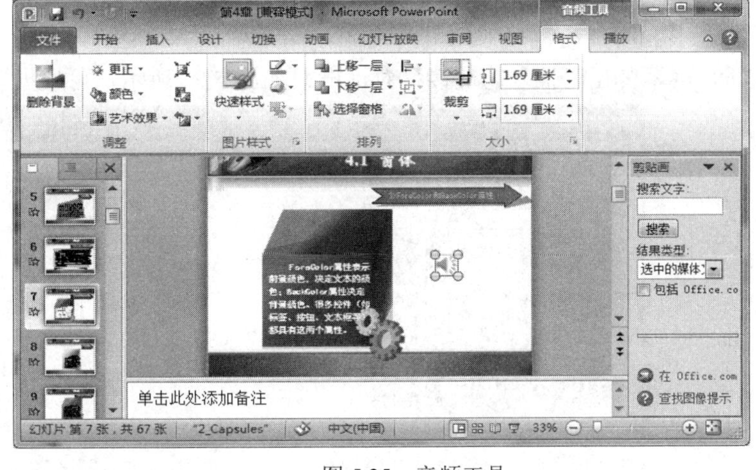

图 5.24　插入音频　　　　图 5.25　音频工具

插入声音的方法有以下三种：

(1) 文件音频：在打开的对话框中，指定要插入来自文件的声音文件。

(2) 剪辑画音频：插入来源于剪辑管理中的声音，其步骤与插入“剪贴画”相同。

(3) 录制声音：打开“录音”对话框，对要录制的声音进行命名，然后单击“录制”按钮。

5.3.8　添加视频

添加视频剪辑可为演示文稿增添活力，其插入方法与插入声音类似，操作步骤如下：

在需要添加视频的幻灯片中，单击“插入”选项卡中“媒体”组的“视频”按钮的下拉箭头，在弹出的下拉列表中选择一种插入视频的方法，然后选择要插入的影片即可。允许插入的视频类型有：asf、avi、dvr-ms、mpeg、wmv 等。

与音频类似，在幻灯片中插入视频文件后，切换到“播放”选项卡，在这里可以对视频文件进行简单的编辑，如图 5.26 所示。

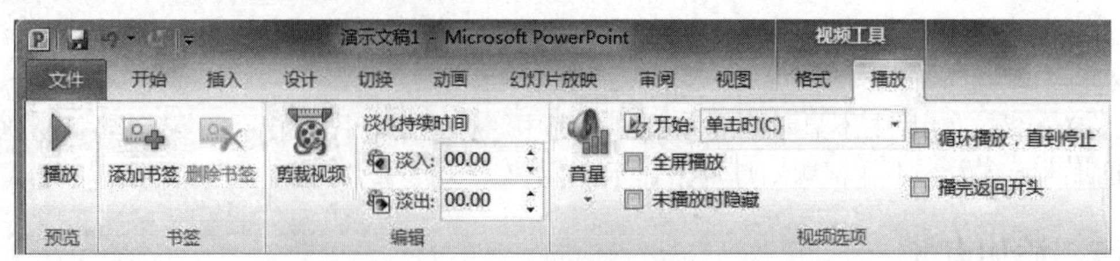

图 5.26 “播放”选项卡

5.3.9 添加超链接

所谓超链接是从一张幻灯片到另一张幻灯片的跳转。幻灯片中的文本或对象都可以作为超链接点。用作超链接点的文本通常带有下划线，只能在播放演示文稿时才能被激活，当鼠标指向超链接点时，鼠标指针变成“手”形，单击后即可跳转到所链接的幻灯片。

1. 添加超链接

选中需添加超链接的幻灯片对象，单击“插入”选项卡中“链接”组的“超链接”按钮，屏幕弹出“插入超链接”对话框，如图 5.27 所示，可根据要求设置。

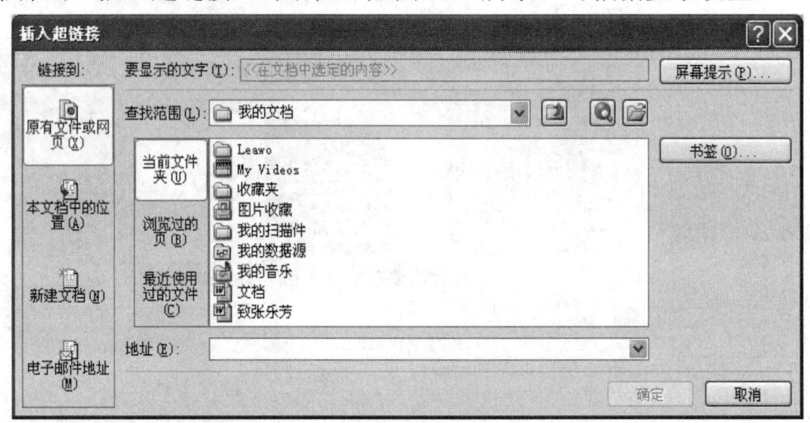

图 5.27 “插入超链接”对话框

1) 指向本演示文稿之外的超链接

单击“插入超链接”对话框“链接到”栏中的“原有文件或网页”，然后确定“查找范围”、“文件夹”和要链接的文件。

2) 指向本演示文稿的超链接

在“插入超链接”对话框中选择“本文档中的位置”，然后在“请选择文档中的位置”列表框中选择需要链接的幻灯片，单击“确定”按钮。

2. 添加动作

“动作”也是幻灯片对象建立超链接的一种方式。操作步骤如下：

选择需要添加动作的幻灯片对象，单击“插入”选项卡中“链接”组的“动作”按钮，打开“动作设置”对话框，如图 5.28 所示。在“超链接”文本框中选择需要链接的幻灯片，也可以播放音乐或者语音。

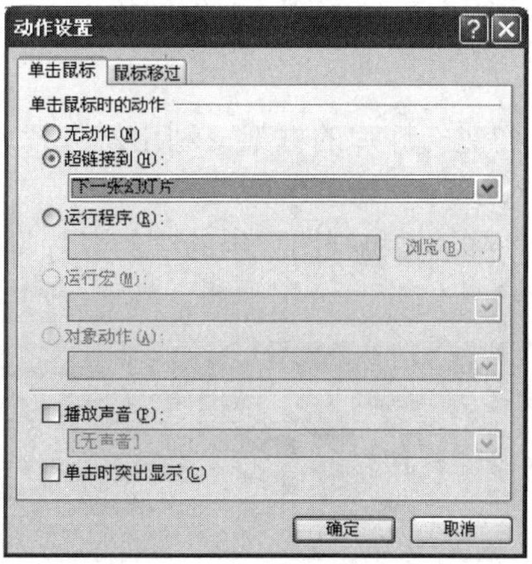

图 5.28　“动作设置”对话框

3. 添加动作按钮

在演示文稿中为幻灯片添加动作按钮可以创建交互功能，放映时直接单击这些按钮可以跳转到指定的目的地。操作步骤如下：

在普通视图中切换到要插入动作按钮的幻灯片，在“插入”选项卡的“插图”组中单击“形状”按钮下方的三角箭头，在弹出的下拉列表中选择一种动作按钮，如图 5.29 所示。在幻灯片中要插入动作按钮的位置拖动鼠标绘制一个按钮，弹出“动作设置”对话框，如图 5.28 所示。在对话框中选择“超链接到”选项，并在其下拉列表中选择合适的选项，可以设置不同的链接对象。其方法和为幻灯片对象添加动作方法一致。

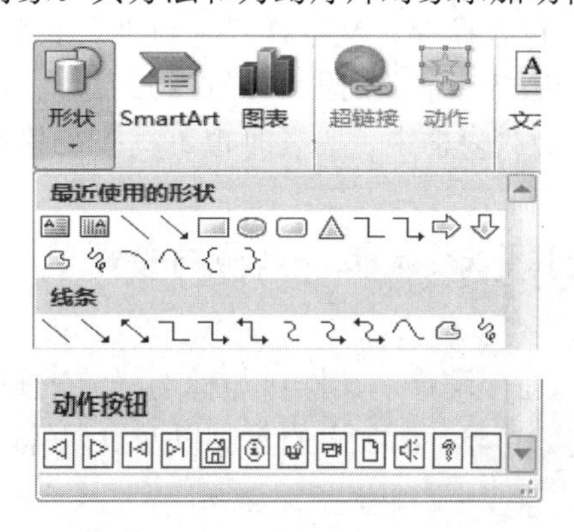

图 5.29　选择“动作按钮”

5.4　演示文稿外观设计

5.4.1　设计幻灯片母版

外观对于一个文稿的演示效果有着重要的作用。一个好的“演示文稿”的整体布局应有较好的一致性，即一致性的外观风格，这可使用 PowerPoint 幻灯片母版功能来实现。PowerPoint 2010 提供的母版有三种类型，即幻灯片母版、讲义母版和备注母版。

1. 幻灯片母版

幻灯片母版是用于统一构建幻灯片的框架。利用幻灯片母版可快速生成相同样式的幻灯片，从而减少了重复输入。

单击“视图”选项卡中“演示文稿视图”组的“幻灯片母版”按钮，即可进入“幻灯片母版”视图，如图 5.30 所示。

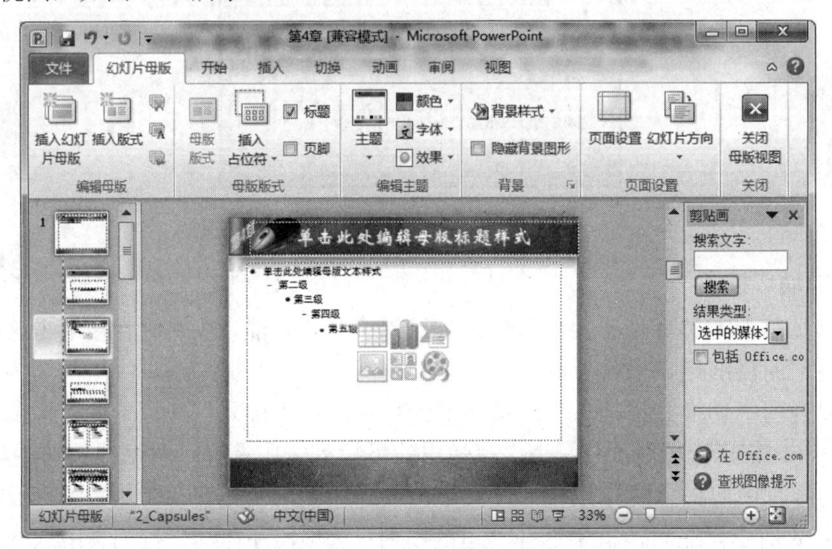

图 5.30 “幻灯片母版”视图

标题和文本版面设置区包含标题、文本样式、日期、页脚和数字等五种占位符，对母版的更改将会影响基于母版的所有幻灯片。经过用幻灯片母版设计的幻灯片样式显示在“新建幻灯片”按钮的下拉列表框中，需要时也可直接在其中选择。

1) 设置标题样式

单击标题栏占位符，使其变为文本框，然后进行设置。

2) 设置文本样式

选中文本框中的文字，进行设置，其操作与标题样式的设置相同。另外，还可以插入文本框、图片，设置日期、背景，添加页眉页脚以及页码等，具体操作和标题样式的设置相同。

3) 添加版式

在 PowerPoint 2010 中，每个幻灯片母版都包含一个或多个标准或自定义的版式集。当用户创建空白演示文稿时，将显示名为“标题幻灯片”的默认版式，还有其他的标准版也式可供使用，也可添加和自定义新的版式。添加版式方法如下：

单击幻灯片母版下方要添加新版式的位置，再单击“幻灯片母版”选项卡中“编辑母版”组的“插入版式”按钮，新添加一张幻灯片版式。然后在其上按 Delete 键删除不需要的占位符；单击“幻灯片母版”选项卡中“母版版式”组的“插入占位符”下拉箭头，选择要添加的占位符，如图 5.31 所示。

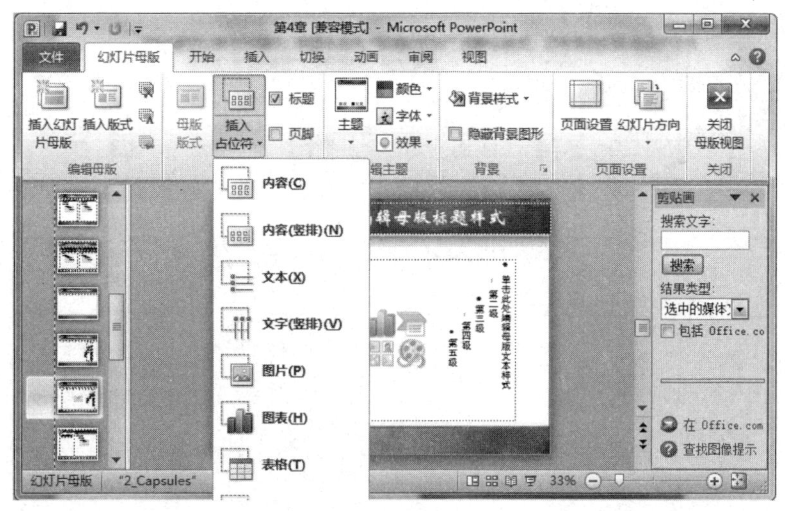

图5.31　添加版式

4) 设置背景

在幻灯片母版中可为所有幻灯片设置统一的背景色或背景图案。其方法是进入“幻灯片母版”选项卡，单击“背景”组的“背景样式”按钮，在弹出的下拉列表中选择“设置背景格式”命令，在打开的对话框中选择“填充”选项，背景的填充方式有纯色填充、渐变填充、图片或纹理填充、图案填充四种，用户可根据需要设置背景，如图 5.32 所示。

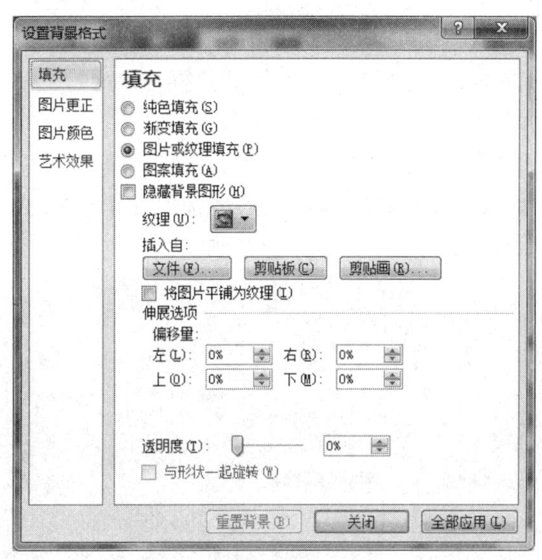

图5.32　“设置背景格式”对话框

设置完成后，单击“幻灯片母版”选项卡中的“关闭”按钮，退出幻灯片母版。

2. 讲义母版

讲义包括幻灯片图像和演讲者提供的其他信息。

单击“视图”选项卡中“演示文稿视图”组的“讲义母版”按钮，进入“讲义母版”视图，如图 5.33 所示。在“讲义母版”视图中，可查看一页纸张里显示的多张幻灯片，也可以设置页眉和页脚，改变幻灯片的位置和方向。

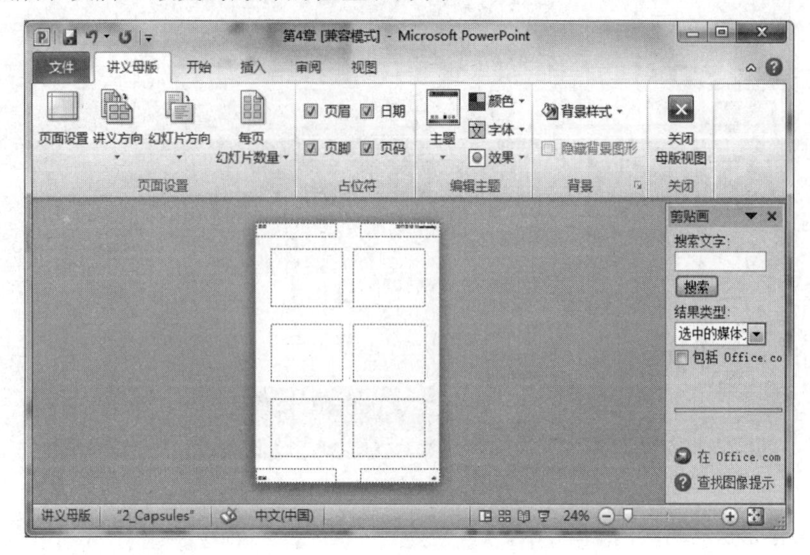

图5.33　“讲义母版”视图

“讲义母版”视图中有许多虚线框，表示每页所包含幻灯片的缩略图。用户可使用“讲义母版”选项卡中“页面设置”组的“每页幻灯片数量”按钮改变每页幻灯片的数目。

对“讲义母版”的设置不会影响到幻灯片母版。当设置完成后，单击“讲义母版”选项卡中的“关闭”按钮，退出讲义母版。

3. 备注母版

备注是一些说明性的文字，比如对某个幻灯片需要提供补充信息，或者对演讲者提示演讲时的注意事项等。

单击“视图”选项卡中“演示文稿视图”工具栏的“备注母版”按钮，可进入“备注母版”视图，如图5.34所示。备注母版与母版的区别仅在于添加了一个备注文本区，用户可在备注区添加所需要的项目，比如文本、剪贴画、页眉/页脚、日期或页码等。

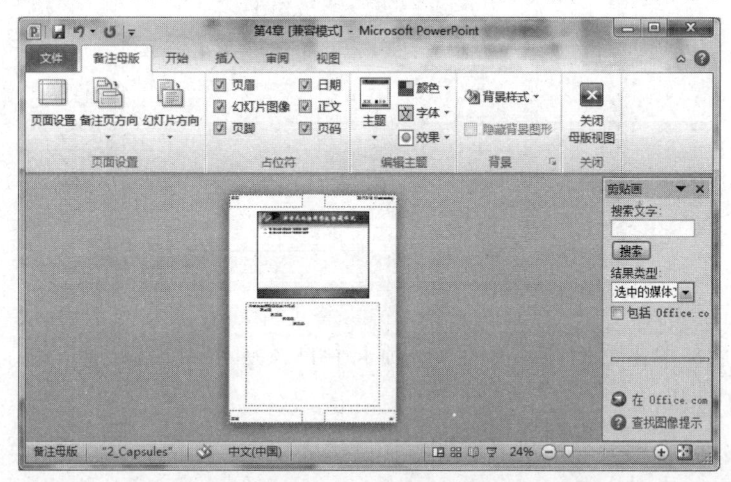

图5.34　“备注母版”视图

备注母版设置完成后，单击“备注母版”选项卡中的“关闭”按钮，退出备注母版。

5.4.2　应用与自定义主题

主题包括一组主题颜色、一组主题字体和一组主题效果(包括线条和填充效果)。通过应用主题，用户可快速设置整个文档的格式，赋予演示文稿专业时尚的外观。

1. 自动套用主题

PowerPoint 2010 为用户提供了多种风格不同的主题样式，供用户套用。方法如下：

打开需要应用主题的演示文稿，单击“设计”选项卡中“主题”组的主题样式，如图 5.35 所示；或者单击右侧的下拉按钮，查看所有其他可用主题，选中后，自动套用。

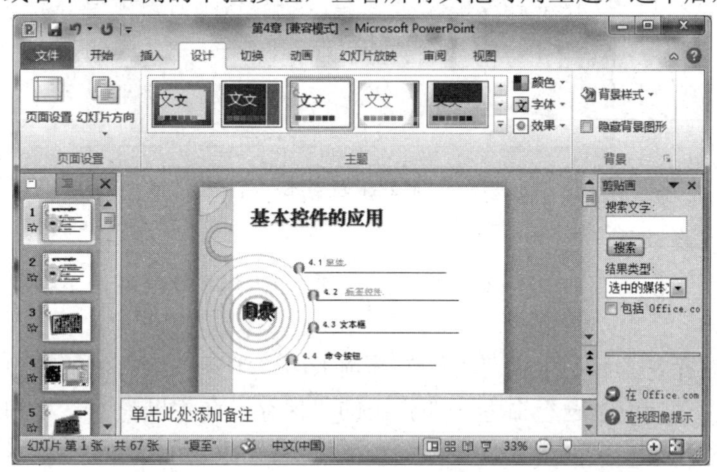

图5.35　“主题”工具栏

2. 自定义主题

如果用户对内置的主题不满意，可以自己定义，其过程可分为三步：

1) *自定义主题颜色*

如图 5.35 所示，单击“设计”选项卡中“主题”组的“颜色”按钮，在下拉列表中选择颜色样式；也可单击“新建主题颜色”选项，屏幕弹出“新建主题颜色”对话框，如图 5.36 所示；在“主题颜色”栏，单击某颜色按钮的下拉箭头，可在下拉颜色列表中选择所需的颜色，在“名称”框输入名称，最后单击“保存”按钮。

图5.36　“新建主题颜色”对话框

2) 自定义主题字体

单击“设计”选项卡中“主题”组的“字体”按钮，在下拉列表中选择字体样式；也可单击“新建主题字体”选项，屏幕弹出如图 5.37 所示的“新建主题字体”对话框，指定字体并命名后单击“保存”按钮。

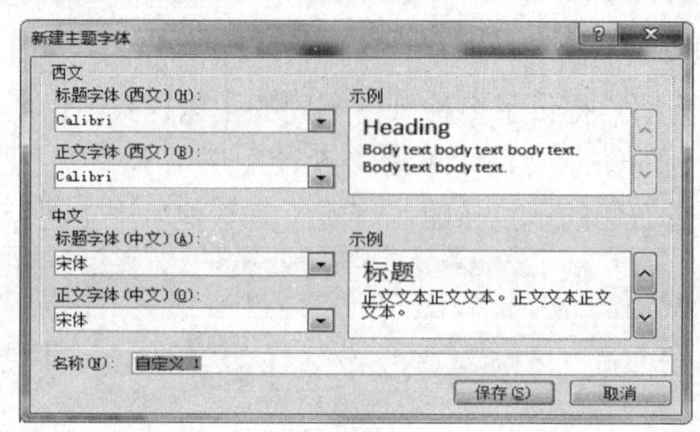

图 5.37 “新建主题字体”对话框

3) 自定义主题效果

单击“设计”选项卡中“主题”组的“效果”按钮，用户可在下拉列表中选择所要使用的效果。

以上三步设置完成后，单击“设计”选项卡中“主题”组右侧的下拉按钮，在下拉列表中选择“保存当前主题”命令，在弹出的“保存当前主题”对话框中输入自定义主题的名称，并单击“保存”按钮。至此，自定义主题完成。

5.4.3 幻灯片的切换

动画效果是指幻灯片放映时出现的一系列动作，分为幻灯片切换动画和幻灯片中对象动画。使用动画效果，可使幻灯片生动活泼，富于趣味性。

1. 设置幻灯片切换方案

幻灯片切换方案是指从一张幻灯片切换到另一张幻灯片的方式，PowerPoint 2010 提供多种切换方案，供用户选择。

(1) 打开需设置幻灯片切换的演示文稿，进入“切换”选项卡，单击“切换到此幻灯片”组的任一幻灯片切换按钮，如图 5.38 所示；或者，单击切换按钮右侧的下拉箭头，屏幕弹出幻灯片切换的各种样式，选择某一样式后，可通过右侧“效果选项”设置该样式的切换效果。

图5.38 “切换”选项卡

(2) 在“切换”选项卡的“计时”工具栏内，单击“声音”下拉箭头，屏幕弹出“声音”下拉列表，包括“爆炸”、“抽气”、“锤打”和“打字机”等声音，系统默认“无声音”，如图 5.39 所示。用户可选择幻灯片换页时的声音，如果选中“播放下一段声音之前一直循环”，则在进行幻灯片放映时连续播放声音，直到出现下一个声音。

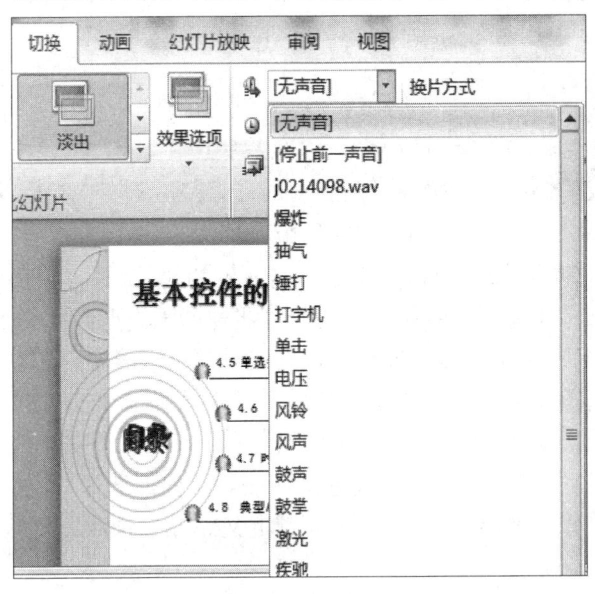

图5.39　切换声音

(3) 单击“持续时间”微调按钮，可选择幻灯片切换的速度，即切换时的持续时间。

这时，只为当前选中幻灯片设置了切换效果，如果要为演示文稿中的所有幻灯片设置相同的切换效果，可单击“全部应用”按钮。

2．设置幻灯片的换片方式

幻灯片的换片方式有两种，一种是单击鼠标时换片，一种是设置自动换片时间间隔，播放时自动换片。

设置时，打开需设置幻灯片切换的演示文稿，进入“切换”选项卡，在“计时”组选择换片方式，如图 5.38 所示。

5.4.4　设置幻灯片对象动画效果

为幻灯片中的对象添加动画效果后，当播放幻灯片时，其中的对象将以动画的形式出现，非常生动，例如可以让幻灯片的标题文字逐字出现。

1. 添加动画效果

在 PowerPoint 2010 中，可为幻灯片中的所有对象添加动画效果，如标题、文本、图片等。添加动画效果后，在播放幻灯片文件时，这些对象将以动态的方式出现在屏幕中。添加动画效果操作方法如下：

(1) 在幻灯片中选择要添加动画效果的对象。

(2) 在“动画”选项卡的“动画”组中显示了一部分动画效果，单击相应的动画效果，即可将其应用到选择的对象上，如图 5.40 所示。

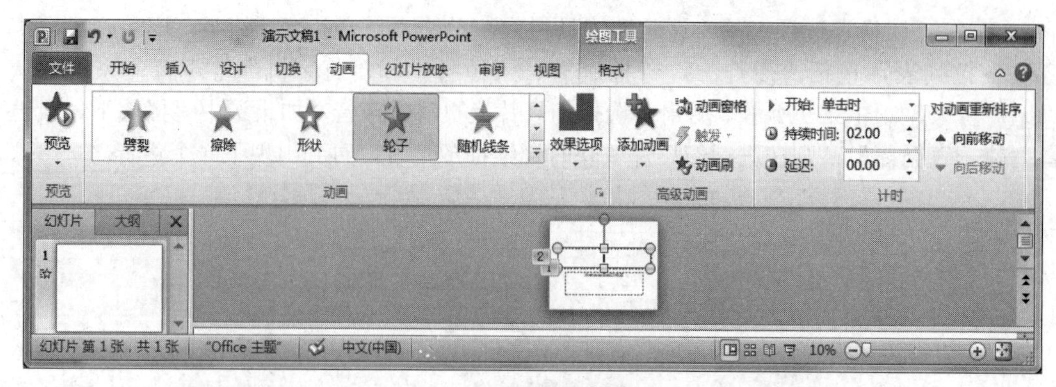

图5.40　应用动画效果

(3) 在“动画”选项卡的“动画”组中单击右侧的▾按钮，可打开动画效果的下拉列表，其中提供了进入、强调、退出和动作路径等四种动画类型，如图5.41所示。

- 在“进入”组中选择动画效果，可以设置对象进入屏幕时的动画形式。
- 在“强调”组中选择动画效果，则对象进入屏幕后以该效果突出显示，增强效果。
- 在“退出”组中选择动画效果，可以设置对象退出幻灯片时的动画形式。
- 在“动作路径”组中选择动画效果，可使对象根据选择的动作路径出现。如果系统内置路径不能满足设计需要，可以选择“自定义路径”选项，然后在幻灯片中绘制所需的动作路径。

另外，在列表的下方设有“更多进入效果”、“更多强调效果”、“更多退出效果”和“其他动作路径”选项，用户若需要更多的选择，可进入其中，如图5.42所示。

图5.41　系统内置动画效果图

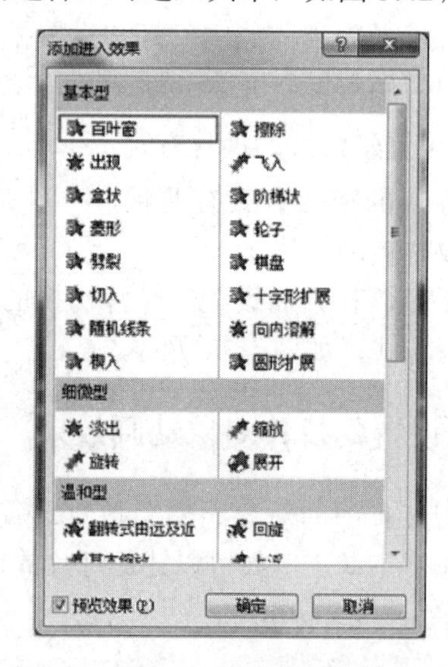

图5.42　更多动画效果

2. 编辑动画

为幻灯片中的对象添加了动画效果以后，在“动画”选项卡中可对动画效果进行编辑。例如设置动画开始时间、调整动画的播放次序、添加/删除动画效果等，如图5.40所示。编辑动画设有多个选项，单击后可进入相应的操作。

(1) 效果选项：用来更改所选动画效果的运动方向、颜色或图案等选项，不同的动画效果，其选项也不一样。

(2) 添加动画：可为所选对象添加一个新的动画效果，这个动画将应用到该幻灯片上现有动画的后面。

(3) 动画窗格：单击“动画窗格”按钮可打开“动画窗格”对话框，这里以列表的形式显示了当前幻灯片中所有对象的动画效果，包括动画类型、对象名称、先后顺序等。在“动画窗格”中选择一个动画效果，单击鼠标右键，在弹出的快捷菜单中可以重新设置动画的开始方式、效果选项、计时等，如图 5.43 所示。

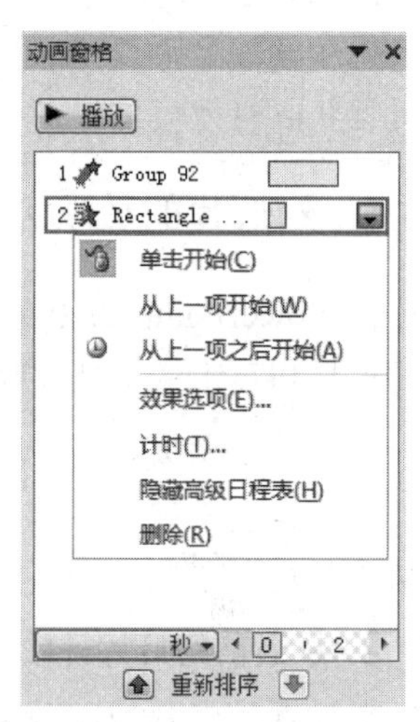

图 5.43　动画窗格

(4) 触发：用来设置动画的触发条件，既可以设置为单击某个对象播放动画，也可以设置为当媒体播放到书签时播放动画。

(5) 动画刷：这是 PowerPoint 2010 新增的动画功能，该工具类似于 Word 或 Excel 中的格式刷，可以复制一个对象的动画，并将其应用到另一个对象上。双击该按钮，可以将同一个动画应用到演示文稿的多个对象中。

(6) 开始：用于设置动画效果的开始方式。

(7) 持续时间：用于设置动画的时间长度。

(8) 延迟：用于设置上一动画结束到本动画开始之间的时间间隔。

(9) 对动画重新排序：单击其下方的按钮，可以重新调整动画的播放顺序。

3. 设置动画参数

每一个动画效果都有自己的参数，例如播放时间、方式、速度、方向等。下面以“飞出”动画效果为例，介绍如何设置动画参数。

(1) 首先为对象添加“飞出”动画效果。

(2) 在“动画”选项卡上单击“动画窗格”按钮，打开“动画窗格”对话框。

(3) 在“动画窗格”对话框中单击“飞出”动画右侧的下拉按钮，在打开的下拉列表中可以设置开始方式、效果选项、计时等，如图 5.44 所示。下拉列表中包括多个选项，用户可根据需要选择。

图 5.44　“飞出”动画设置

• 选择“单击开始”、“从上一项开始”、“从上一项之后开始”选项，可以设置动画的开始方式。

• 选择“效果选项”或“计时”选项，打开“飞出”效果的对话框，可设置动画的运动方向、是否添加音效、动画的开始时间、延迟时间、运动速度及重复次数等选项。

• 选择“隐藏高级日程表”选项，可以隐藏“动画窗格”下方的日程表，它类似于 Flash 中的时间轴，用来设置动画顺序、动画时间等。

• 选择“删除”选项，将删除该动画效果。

5.5 演示文稿的放映

PowerPoint 是世界上流行的演示文稿制作工具，适合于大型会议的幻灯片演示、展览会的电子演示、教学过程的课件演示等。创建演示文稿的目的是放映，让观众通过视觉或听觉获取有效信息。

5.5.1 幻灯片的放映方式

在 PowerPoint 2010 中，幻灯片的放映方式可分为从头开始、从当前幻灯片开始、广播幻灯片和自定义幻灯片放映四种。

1. 从头开始放映

打开需要放映的演示文稿，单击“幻灯片放映”选项卡中“开始放映幻灯片”组的“从头开始”按钮或者按下 F5 键，即从演示文稿的第一张幻灯片开始依次放映。

2. 从当前幻灯片开始放映

在设置幻灯片放映效果时，若想从演示文稿的中间某幻灯片开始，可单击“幻灯片放映”选项卡中“开始放映幻灯片”组的“从当前幻灯片开始”按钮或者按下组合键 Shift + F5。

3. 广播幻灯片放映

广播幻灯片放映方式是 PowerPoint 2010 的新增功能，广播幻灯片可以让 Windows Live ID 的用户利用 Microsoft 提供的 PowerPoint Broadcast Service 服务，将演示文稿发布为一个网址，网址可以发送给需要观看幻灯片的用户。用户获得网址后，即使计算机中没有安装 PowerPoint 程序，也可以借助 Internet Explorer 浏览器观看幻灯片。

4. 自定义幻灯片放映

在放映幻灯片时，若需要放映演示文稿中的一部分且不连续的幻灯片时，可自定义幻灯片放映方式。自定义幻灯片放映是用户在打开的演示文稿中定义一个子集，放映时仅放映其子集中的幻灯片。设置过程如下：

(1) 打开演示文稿，单击“幻灯片放映”选项卡中“开始放映幻灯片”组的“自定义幻灯片放映”按钮，在弹出的下拉列表中选择“自定义放映”命令，屏幕弹出“自定义放映”对话框。

(2) 在“自定义放映”对话框中单击“新建”按钮，屏幕弹出“定义自定义放映”对话框。

(3) 在“定义自定义放映”对话框的“在演示文稿中的幻灯片”列表框中选择需要放映的幻灯片，然后单击“添加”按钮，则所选幻灯片自动添加到右边的列表框中。

(4) 选择完毕后，单击“确定”按钮，返回“自定义放映”对话框，在“自定义放映”列表框中选择定义的放映方式，再单击“关闭”按钮，即退出“自定义放映”对话框。若单击“放映”按钮，立即放映。

5.5.2　幻灯片放映的设置

PowerPoint 2010 提供了演讲者放映(全屏幕)、观众自行浏览(窗口)和在展台浏览(全屏幕)等三种放映类型。在放映幻灯片时，可以设置放映的范围、换片的方式、是否循环放映等参数。为了使演示文稿能够正常运行，必须正确设置演示文稿的放映参数。

1. 设置放映方式

制作完成的演示文稿在放映前需要先设置放映方式，以确保幻灯片的放映类型、放映选项及换片方式等选项，具体操作步骤如下：

(1) 打开要设置放映方式的演示文稿。

(2) 在“幻灯片放映”选项卡的“设置”组中单击“设置幻灯片放映”按钮，弹出“设置放映方式”对话框，如图 5.45 所示。

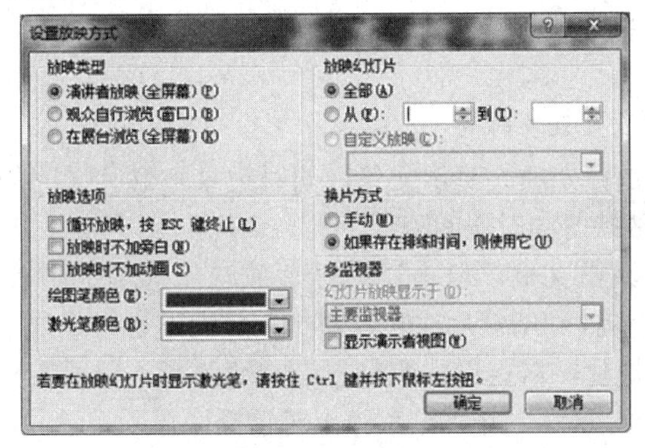

图5.45　“设置放映方式”对话框

(3) 在“放映类型”选项组中选择幻灯片的放映类型。

- 选择“演讲者放映(全屏幕)”选项时，PowerPoint 将以全屏幕方式播放幻灯片，演讲者可以手动控制放映过程，这是最常见的放映方式。
- 选择“观众自行浏览(窗口)”选项时，观众可使用窗口中的菜单命令手动控制幻灯片的放映。观众自行浏览是一种在标准的 Windows 窗口下的放映模式，适合于小规模的演示。放映时，允许移动、编辑、复制和打印幻灯片，但是放映方法只能是自动放映或者利用滚动条进行放映，而不能单击鼠标左键控制放映。
- 选择“在展台浏览(全屏幕)”选项时，PowerPoint 将以全屏幕方式播放幻灯片，最大特点是不需要专人控制。在放映过程中，对演示文稿的控制功能全部失效，若要结束放映，可按键盘 Esc 键。

(4) 在“放映选项”选项组中确定放映时是否循环放映，加旁白或动画。

(5) 在“放映幻灯片”选项组中可指定要放映的幻灯片。

(6) 在“换片方式”选项组中可确定放映幻灯片时的换片方式。

2. 隐藏幻灯片

在放映演示文稿时，有时不愿将某些幻灯片展现出来，于是可以隐藏。其方法是选择幻灯片，单击“幻灯片放映”选项卡中“设置”组的“隐藏幻灯片”按钮；或在幻灯片上单击鼠标右键，在弹出的快捷菜单中选择“隐藏幻灯片”命令。这样，被隐藏的幻灯片编号上将出现一个带对角线的方框，表示被隐藏，放映时不再出现。重新启用被隐藏的幻灯片时，只需再次单击“幻灯片放映”选项卡中“设置”组的“隐藏幻灯片”按钮即可。

3. 设置幻灯片的放映时间

演示文稿在放映时能够自动切换幻灯片，直至放映完整个演示文稿。实现的方法是设置幻灯片切换的时间，方法有两种，一种是人工为每张幻灯片设置放映时间，另一种是使用排练计时功能设置放映时间。

1) 人工设置放映时间

选定幻灯片，单击“切换”选项卡，在“换片方式”组选中“设置自动换片时间”复选框，然后在右侧的文本框中输入显示时间。如单击该工具栏的“全部应用”按钮，所有幻灯片的换片时间间隔将相同。

此时，在幻灯片浏览视图中，会在幻灯片缩略图的左下角显示每张幻灯片的放映时间。

2) 使用排练计时设置放映时间

“排练计时”就是预先放映演示文稿，同时记录幻灯片之间的切换时间，再将此时间间隔为幻灯片设置放映时的时间间隔。

操作步骤是打开演示文稿，单击“幻灯片放映”选项卡中“设置”组的“排练计时”按钮，系统将切换到幻灯片放映视图。在放映过程中，屏幕上出现“录制”工具栏，要播放下一张幻灯片，鼠标单击或单击最左端的“下一项”按钮，即开始记录新幻灯片的时间，如图 5.46 所示。排练结束弹出对话框，显示演示文稿放映所需时间，单击“是”，即接受排练时间；单击“否”，则取消本次排练，如图 5.47 所示。

图 5.46 “录制”工具栏

图 5.47 放映时间对话框

5.6 演示文稿的输出

演示文稿制作完成后，根据不同的用途，可以为演示文稿选择输出方式，如打印、输出为视频或是打包发布等。

5.6.1 打印演示文稿

演示文稿创建完成后，可以打印出来，装订成册。在 PowerPoint 2010 中，可以打印演示文稿的幻灯片、讲义、备注页或大纲等，可以使用彩色、黑白或灰度打印。在打印演示文稿之前，要对幻灯片进行页面设置。

1. 页面设置

页面设置的目的在于使幻灯片的布局合理，同时符合打印机的要求，操作如下：

(1) 在需要打印的演示文稿中，单击“设计”选项卡中“页面设置”组的“页面设置”按钮，屏幕弹出“页面设置”对话框，如图 5.48 所示。

(2) 在“幻灯片大小”下拉列表框中选择幻灯片显示的大小，或在“宽度”和“高度”数值框中设置页面的宽度和高度，在“幻灯片编号起始值”数值框中输入幻灯片编号。

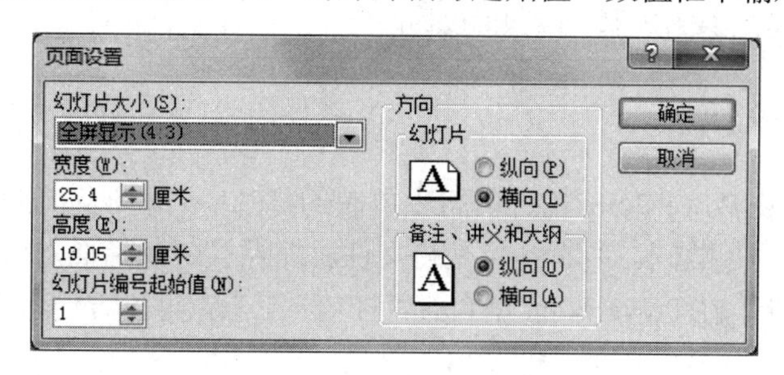

图5.48　“页面设置”对话框

(3) 在“方向”栏设有“幻灯片”和“备注、讲义和大纲”，可选择纵向或者横向。

(4) 单击“确定”按钮，完成。

2. 打印演示文稿

打印演示文稿的步骤如下：

(1) 打开演示文稿。

(2) 切换到“文件”选项卡，选择“打印”命令，可设置打印选项，如图 5.49 所示。可选择打印机，设置打印份数。

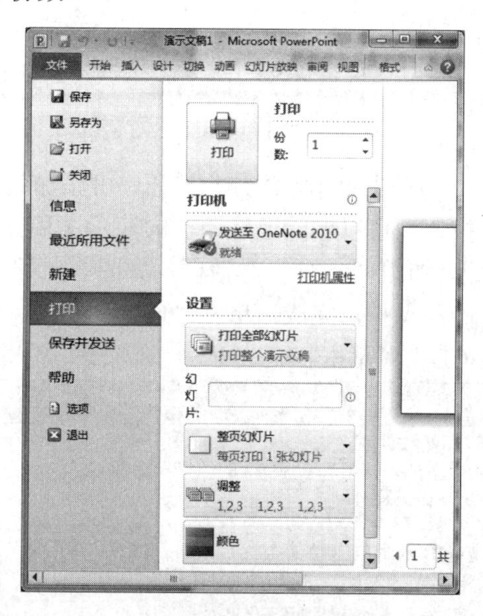

图5.49　打印选项

- 在“份数”文本框设置打印的份数，系统默认为 1 份。
- 单击“打印全部幻灯片”下拉按钮，可在下拉列表中设置打印幻灯片的范围，包括“打印全部幻灯片”、“打印所选幻灯片”、“打印当前幻灯片”等。

- 单击“整页幻灯片”下拉按钮，可在下拉列表中设置演示文稿的打印内容，可以是幻灯片、讲义、备注页或大纲等。若选择打印讲义，可在“讲义”组中设置讲义的打印版式。
- 单击“调整”下拉按钮，可在下拉列表中设置打印顺序。
- 单击“颜色”下拉按钮，可在下拉列表中选择彩色打印、黑白打印或是灰度打印。

(3) 设置好相应的参数之后，单击“打印”按钮，开始打印。

5.6.2 打包演示文稿

为了在没有安装 PowerPoint 的计算机上放映幻灯片，可将演示文稿打包成 CD，在其他电脑中解包后再进行放映。所谓打包是将文件压缩保存，包括插入或链接的所有声音和图像文件，以便携带。在 PowerPoint 中自带“打包”工具，可以方便地完成压缩打包工作。

1. 打包操作

(1) 打开演示文稿，在“文件”选项卡中执行“保存并发送”命令，在二级列表中单击“将演示文稿打包成 CD”命令，打开“打包成 CD”对话框，如图 5.50 所示。

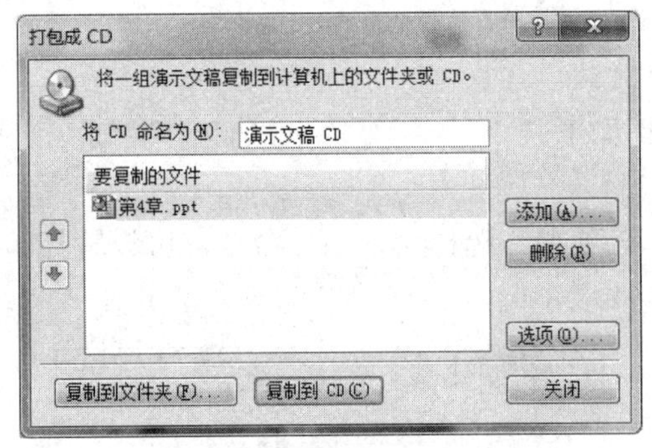

图 5.50 “打包成 CD”对话框

(2) 在“打包成 CD”对话框中单击“添加”按钮，可添加其他演示文稿或不能自动包括的文件，单击“删除”按钮，可以删除已经添加的演示文稿。

(3) 单击“选项”按钮，打开“选项”对话框，如图 5.51 所示，可设置演示文稿中包含的文件、增强安全性和隐私保护，完成后单击“确定”按钮，保存设置并关闭“选项”对话框，返回到“打包成 CD”对话框。

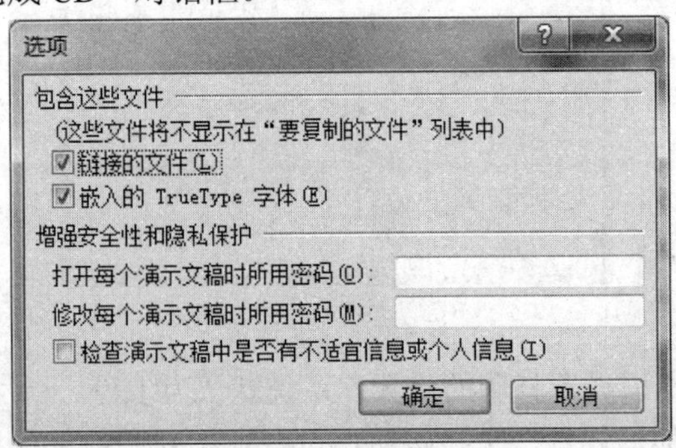

图 5.51 “选项”对话框

(4) 若要将演示文稿打包到某一个文件夹下，则单击“复制到文件夹”按钮，打开“复制到文件夹”对话框，指定存放位置。

(5) 单击“复制到 CD”按钮，打开刻录光驱和“正在将文件复制到 CD”对话框，可复制到一张空白的光盘上。

(6) 全部操作结束后，单击“关闭”按钮。

2. 安装运行打包文件

打包生成 PresentationPackage 文件夹，双击其中的“PresentationPackage.htm”文件打开网页，单击“Download Viewer”按钮下载 PowerPoint 播放安装程序，即可放映演示文稿。

5.6.3 视频方式输出演示文稿

PowerPoint 2010 可以将演示文稿输出为视频文件，默认格式为 .wmv，将演示文稿保存为视频文件，具体操作如下：

(1) 打开演示文稿。

(2) 在“文件”选项卡，执行“保存并发送”命令，在二级列表中选择“创建视频”命令，如图 5.52 所示。

(3) 在右侧的列表中单击“创建视频”按钮，在弹出的“另存为”对话框中设置保存位置并确认，即可将演示文稿导出为视频文件。

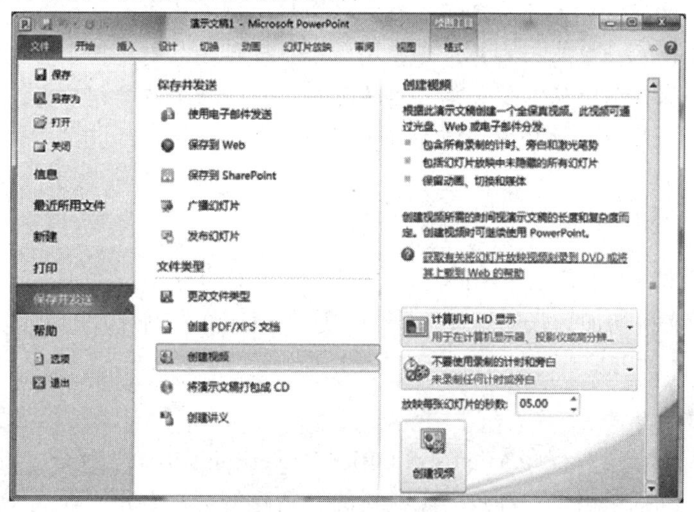

图5.52　执行“创建视频”命令

本 章 小 结

本章主要介绍 PowerPoint 2010 的基本特性与功能、文档的版式设计与编辑方法、文档中动画设计、演示文稿优化设计、幻灯片放映与打印输出。本章目的是使读者学习和掌握使用 PowerPoint 2010 进行演示文稿设计的方法和设计中的一些技巧。

上 机 实 习

实习一 建立和修饰演示文稿一

1. 实习目的

(1) 熟悉演示文稿的基本操作(新建、保存、打开、关闭)。

(2) 了解“设计模板”和“新幻灯片”版式。

(3) 掌握幻灯片的设计方式，熟悉演示文稿的修饰过程与放映。

(4) 学习和掌握添加动画效果的方法。

2. 实习内容

(1) 启动 PowerPoint，分别从“文件/新建”和“文件/打开”进入，了解每一过程中窗口的组成与提示的信息。

(2) 建立一个“宋词欣赏”演示文稿；可参考图 5.53 所示内容给幻灯片输入内容。

岳飞

满江红

怒发冲冠，凭阑处，潇潇鱼歇。抬望眼，仰天长啸，壮怀激烈。三十功名尘与土，八千里路云和月。莫等闲、白了少年头，空悲切。靖康耻，犹未血；臣子恨，何时灭？驾长车、踏破贺兰山缺。壮志饥餐胡虏肉，笑谈渴饮匈奴血。待从头、收拾旧山河，朝天厥。

——摘自《宋词精选》

图 5.53 “满江红”幻灯片

(3) 修改字体，添加艺术字和图片，设置文字飞入的方式。

(4) 给演示文稿增加一张幻灯片，复制上述“满江红”幻灯片的副本，练习幻灯片的基本操作。

3. 实习步骤

(1) 执行“开始/所有程序/Microsoft Office PowerPoint 2010”命令，启动 PowerPoint，如图 5.1 所示，分别单击“幻灯片”工具栏的“新建幻灯片”和“版式”按钮，观察每一过程中窗口的组成与提示的信息。

(2) 进入“文件”选项卡，执行“新建”命令，在打开的“新建演示文稿”对话框中，分别选择“空白文档和最近使用的文档”、“已安装模板”和“已安装主题”选项，观察窗口显示内容。

(3) 制作一幅演示上述文字的幻灯片，并观察“普通视图”、“大纲视图”、“幻灯片浏览视图”、“阅读视图”和“幻灯片放映”等显示方式。

(4) 在“插入”选项卡中，执行“插图/剪贴画”或“艺术字”命令，插入艺术字和图片。

(5) 在“开始”选项卡中，执行“字体”和“段落”工具栏的命令，修改字体、颜色及排版格式；执行“动画”选项卡中添加动画效果，设置文字飞入方式，观察演示效果。

(6) 再复制一幅幻灯片，在“视图”选项卡，选择“演示文稿视图”工具栏的命令，改变版式，重新修饰，观察演示效果，并保存演示文稿。

(7) 执行“文件”选项卡的“另存为”命令，保存演示文稿。

实习二　建立和修饰演示文稿二

1. 实习目的

(1) 继续熟悉演示文稿的基本操作(新建、保存、打开、关闭)。

(2) 进一步了解“设计模板”和“新幻灯片”版式。

(3) 熟练掌握幻灯片的基本操作。

(4) 熟练掌握演示文稿的修饰过程与放映。

2. 实习内容

(1) 利用“空演示文稿”创建演示文稿，包含两张幻灯片，并保存为 FDP1.pptx 文档。其中用“空演示文稿”中的“标题幻灯片”版式，制作第一张幻灯片，标题文本为“欢迎使用 PowerPoint 2010”，副标题为“演示文稿制作软件”，文本格式自定；用“空演示文稿”中的“标题和文本”版式，制作第二张幻灯片，标题与文本内容格式自定。然后，将演示文稿保存在 D 盘的姓名文件夹中，文件命名为 FDP1.pptx。

(2) 利用主题模板“暗香扑面”，制作如图 5.54 所示四张幻灯片，并保存为 Yswg-1.pptx 文档。

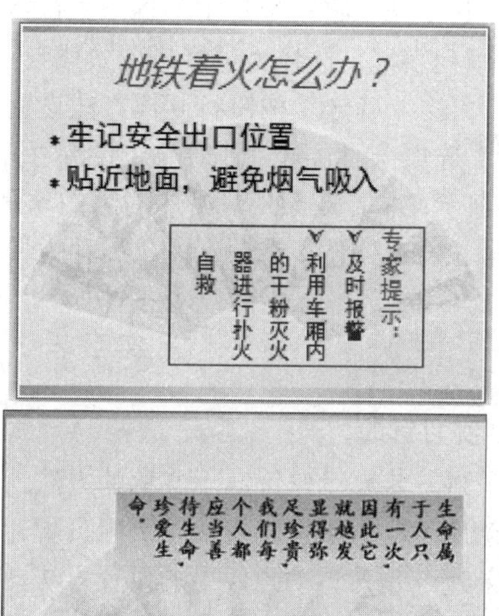

图5.54　幻灯片样图

- 第一、二张幻灯片，按照样图设置标题、内容文本。

• 在第二张幻灯片中插入一个竖排文本框，按样图设置文本框及内容格式。

• 在第三张幻灯片中插入任意一张图片、艺术字(内容为“珍惜生命，远离灾祸”，样式自定)。

• 在第四张幻灯片中插入任意一张剪贴画或自选图形及文本框，在文本框内输入文字：“生命属于人只有一次，因此它就越发显得弥足珍贵，我们每个人都应当善待生命，珍爱生命。”；字体、字形、颜色、大小自定。

(3) 在 Yswg-1.pptx 文档中，将幻灯片的切换方式设置为“向右推进” 。

(4) 在 Yswg-1.pptx 文档中将第一张幻灯片的标题部分，采用“十字形扩展”进入的动画效果，副标题采用“棋盘”进入的动画效果；对第三张幻灯片中的艺术字，采用“螺旋飞入”进入的动画效果，并延时 2 秒自动进入(注意；不是单击进入，而是 2 秒后自动进入)。

3. 实习步骤

(1) 执行“开始/所有程序/Microsoft Office PowerPoint 2010”命令，启动 PowerPoint。进入“文件”选项卡，执行“新建”命令，在打开的“新建演示文稿”对话框中，选择“空白演示文稿”，单击“创建”就会打开新幻灯片。按照实习内容输入相关文本内容，并设置文本格式(方法同 Word)，保存该文档至 D 盘姓名目录下(姓名目录事先需自己建立)。

(2) 同上方法进入“新建演示文稿”对话框，选择“主题/暗香扑面”，单击“创建”，打开应用该主题的新幻灯片。按照样图给每张幻灯片添加文本、对象，设置对象格式。(方法同 Word)

(3) 在“切换”选项卡中，选择“推进”方式，效果选项选择“自左侧”，单击“全部应用”。播放演示文稿，观察幻灯片的切换效果。

(4) 选中第一张幻灯片中的标题占位符，单击“动画”按钮，打开“动画”选项卡，展开动画列表框，选择“更多进入效果”，打开“更改进入效果”对话框，选择“十字形扩展”，单击“确定”按钮；同样方法设置副标题动画效果。艺术字动画效果添加后，在“动画”选项卡的右侧“计时”中设置“开始”方式为“上一动画之后”，“延迟”2 秒。播放该演示文稿，观察幻灯片中对象的动画效果。

(5) 执行“文件”选项卡的“另存为”命令，保存演示文稿。

实习三　插入对象

1. 实习目的

(1) 进一步熟悉修饰演示文稿的方法。

(2) 学习插入图表、形状、页眉页脚、音频和视频。

(3) 进一步熟悉动画效果的设置方法。

(4) 了解多媒体信息的编辑与播放。

2. 实习内容

(1) 建立一个演示文稿，标题为“幻灯片中对象的插入”，由 5 幅幻灯片组成，内容包括表格、图表、音频、视频、页眉页脚。

(2) 在“表格”幻灯片中建立“学生成绩登记表”。

(3) 修改字体和表格中的文字。

(4) 根据表格中的数字，在“图表”幻灯片中插入图表(样式自定)。

(5) 设置图表标题、图表的飞入或出现方式。

(6) 在“音频+视频”幻灯片中添加音频和视频。

(7) 根据幻灯片中的“表格、图表、音频和视频、页眉页脚”等文字，建立超链接。

(8) 给所有幻灯片添加页眉“演示文稿制作”，添加页脚“学习者”。

学生成绩登记表如表 5.1 所示。

表 5.1　学生成绩登记表

姓　名	高等数学	普通物理	数字逻辑	计算机	平均
张长胜	78	89	92	87	
吴启明	79	68	89	95	
郭丽红	91	59	62	66	
王莉莉	65	49	89	75	
方舟舟	55	82	59	86	

3. 实习步骤

(1) 启动 PowerPoint，选择适当的版式，建立演示文稿，保存为“实习 3.pptx”。在“标题”幻灯片中输入标题“幻灯片中对象的插入”。插入第二张幻灯片，输入文字“表格、图表、音频和视频、页眉页脚”。

(2) 在第三张幻灯片中输入标题“表格”。执行“插入”选项卡中“表格”工具栏的命令，制作一幅演示上述文字和表格的幻灯片，并使用“设计”选项卡中的命令进行修饰。再执行“开始”选项卡中“字体”工具栏的命令，修改字体和颜色，计算出平均值，设置表格边框样式。(方法同 Word)

(3) 在第四张幻灯片中输入标题文本“图表”。执行“插入”选项卡中“插图”工具栏的“图表”命令，插入图表。再执行“动画”选项卡的相关命令，设置文字、表格和图表出现的方式，观察演示效果，并保存演示文稿。

(4) 在第五张幻灯片中输入标题文本“音频和视频”。执行“插入”选项卡中“媒体”中的“音频”命令，插入来自文件的音频或剪贴画音频；再执行“插入”选项卡中“媒体”中的“视频”命令，插入来自文件的视频或剪贴画视频。

(5) 切换到第二张幻灯片，选中“表格”单击右键，在弹出的快捷菜单中单击“超链接”，打开“插入超链接”对话框，选择链接到“本文档中的位置”，在右侧列表框中选择“表格”幻灯片，单击“确定”。再用相同的方法建立“图表、音频和视频、页眉页脚”的超链接。

(6) 执行“插入”选项卡中“文本”中的“页眉和页脚”命令，打开“页眉和页脚”对话框。在“备注和讲义”选项卡中选中“页眉”，输入页眉内容为“演示文稿制作”；再选中“页脚”，输入页脚内容为“学习者”；单击“全部应用”。在“备注页”视图模式下可查看页眉页脚内容。

(7) 执行“幻灯片放映”选项卡中的相关命令，设置幻灯片放映方式，观察演示效果，并保存演示文稿。

实习四 综合实习一

1. 实习目的

(1) 掌握幻灯片中对象动画效果的设置。

(2) 掌握幻灯片切换的设置。

(3) 掌握幻灯片的管理和编辑的方法。

(4) 熟悉放映方式。

(5) 掌握演示文稿的打包、解包方法，熟悉演示文稿保存。

2. 实习内容

(1) 建立一个演示文稿，输入相应文本内容(文本内容自定)。添加第二张幻灯片，插入艺术字、图片和文本。利用“动画”选项卡，设置幻灯片内各对象的动画效果。其中第一张幻灯片中的标题采用“飞入”进入的动画效果，副标题采用“棋盘”进入的动画效果；第二张幻灯片中的艺术字采用“螺旋飞入”进入的动画效果，延时2秒自动进入(注意：不是单击进入)；第二张幻灯片中的图片设置为“菱形”退出，对文本设置为“强调”中的“更改字号”；动画出现的顺序，首先是艺术字，随后是文本，最后是图片。

(2) 再添加几张幻灯片。利用“切换”选项卡，设置幻灯片切换效果。分别采用“水平百叶窗”、“溶解”、“盒状展开”和“随机”方式设置各幻灯片的切换效果；设置切换声音为“打字机”；换页方式可以通过单击鼠标实现，或者每隔几秒自动切换，观察切换效果。

(3) 练习插入、复制、删除幻灯片的操作。在第二、三张幻灯片之间插入一张新幻灯片；复制最后一张幻灯片；删除刚插入的新幻灯片；调整幻灯片顺序，将第二张幻灯片，移到最后位置。

(4) 将每张幻灯片标题设置为“黑体、32号、加粗、红色”。

(5) 设置幻灯片放映方式，熟悉“排练计时”应用；观察自动计时下的放映效果。

(6) 打包、解包演示文稿。

(7) 保存演示文稿名称为“实习4”，另存为“实习4.pptx”，观察网页格式文稿特点。

3. 实习步骤

(1) 启动PowerPoint，建立演示文稿。在“标题”幻灯片中输入“标题”和“副标题”文本。添加一张幻灯片，插入艺术字、图片和文本。选中“标题”占位符或“标题”文本，单击“动画”选项卡，选中进入动画样式为“飞入”。同样的方法，选中相应的幻灯片对象，在“动画”选项卡中选择动画样式，设置动画方式。

(2) 向该演示文稿中再添加几张幻灯片。单击“切换”选项卡，选择切换效果为“百叶窗”，效果选项为“水平”，声音为“打字机”，换片方式为“单击鼠标时”，最后单击“全部应用”。放映幻灯片，观察放映效果。同法设置其他切换方式和属性。

(3) 在演示文稿的普通视图下，鼠标右键单击左边幻灯片列表框中第二张和第三张幻灯片中间位置，在弹出的快捷菜单中单击“新幻灯片”插入一张新的幻灯片。选中要复制或删除的幻灯片，右键单击，在弹出的快捷菜单中单击“复制幻灯片”或“删除幻灯片”，完成复制或删除操作。鼠标左键按住要移动的幻灯片拖动至目标位置，完成移动操作。

(4) 单击“视图”选项卡，单击“幻灯片母版”，打开母版视图，选中标题占位符，单击“开始”选项卡，设置字体为“黑体”、字号为“32”、字形“加粗”、字体颜色为“红色”，切换视图为“普通视图”。

(5) 执行“幻灯片放映”选项卡中“设置”工具栏的“排练计时”命令，对每一幅幻灯片设置“排练计时”，重新放映。

(6) 在“文件”选项卡中选择“保存并发送”命令，在中间的列表中选择“将演示文稿打包成 CD”命令，在右侧的列表中单击“打包成 CD”，打开“打包成 CD”对话框，打包，然后再解包，重新放映。

(7) 在“文件”选项卡中单击“另存为”命令，就会打开“另存为”窗口，选择保存位置，输入文件名，选择保存类型，单击“保存”即可保存文档。

实习五　综合实习二

1. 实习目的

(1) 掌握演示文稿制作方法。

(2) 掌握幻灯片的基本操作，包括各种对象的插入、编辑。

(3) 熟悉幻灯片内各种对象的动画添加方法。

(4) 熟悉幻灯片的切换方法。

2. 实习内容

(1) 在 D 盘中建立一个名称为“学号-姓名”的文件夹(比如“06-王大发”)。

(2) 自己朋友张力的生日即将来到，请用 PowerPoint 为他制作一张生日贺卡。将制作完成的演示文稿以“生日贺卡.pptx”为文件名，保存在姓名文件夹中。要求如下：

标题：生日快乐！

文字内容：

　　衷心祝愿：

　　生日快乐，天天开心！

　　并愿我们的友谊地久天长！

图片内容：绘制或插入你认为合适的图形、图片(至少一张剪贴画和图片)

多媒体内容：适当插入“生日快乐”主题音乐或视频。

基本要求：标题采用艺术字；模板、文稿中的文字、背景、图片等格式自定；各对象的动画效果自定，延时 2 秒自动出现。

(3) 建立演示文稿“北京欢迎您.pptx”，再进行下述操作：

① 在第一张幻灯片中输入标题文本“北京 2008”，字体“宋体”、字号“48”，使标题用“缩放”效果进入，并设置开始方式是“单击”；插入一张“福娃图”，用“展开”效果进入，并设置开始方式是“上一动画以后开始”；插入一个文本框，输入文本“北京欢迎您”，用“空翻”效果进入，并设置开始方式是“上一动画以后开始”。

② 在第二张幻灯片中插入北京奥运会主题图片，用“翻转式由远及近”效果进入，

并设置开始方式是“单击”；插入文本框，输入北京奥运会口号“同一个世界，同一个梦想”，用“擦除”效果进入(方向“自左侧”)，并设置开始方式是“上一动画以后开始”，延迟2秒；再对图片添加“放大”的强调效果，并设置开始方式是“从上一项开始以后开始”。

③ 在第三张幻灯片中插入一自选图形，添加文本“中国，加油！”。设置自选图形格式(样式自定)，用“缩放”效果进入，并设置开始方式是“单击”；插入艺术字“北京欢迎您！”，用“出现”效果进入(逐字出现)，并设置开始方式是“从上一项开始以后开始”；设置幻灯片切换效果是“立方体”(自左侧)，风铃声音。

3. 实习步骤

(1) 建立文件夹，命名为自己的“学号-姓名”。

(2) 在姓名文件夹内，建立演示文稿，命名为“生日贺卡”。按实习要求输入幻灯片的标题和文本内容。插入相关主题图片、图形、音频或视频文件。按实习要求设置各对象的属性。设置方法参考前三个实习操作的步骤。

(3) 在姓名文件夹内，建立演示文稿，命名为“北京欢迎您”。插入三张幻灯片，按上述要求设置三张幻灯片的各个对象属性，添加对象动画效果。设置幻灯片的切换方式，保存演示文稿。播放演示文稿，观察演示文稿效果。

习 题 五

一、填空题

1．创建演示文稿途径有______________________和____________________。

2．PowerPoint 2010 中，演示文稿默认的保存类型为__________________。

3．选择不连续的多张幻灯片，借助____________键。

4．在 PowerPoint 2010 中，母版主要有三种类型_____________、______________和________________。

5. PowerPoint 中，插入幻灯片的操作可以在__________________、_______________和______________三种视图下进行。

6．插入影片的路径是______________________________________，插入声音的路径是________________。

7．选择“排练计时”命令的路径是______________________________。

二、选择题

1．下列不属于 PowerPoint 基本界面一组的是_______。

A．标题栏、工具栏　　B．状态栏、幻灯片导航区

C．幻灯片编辑区　　D．标尺、网格线

2．下列不属于动画设置中对象的是________。

A．图片　　B．表格

C．段落　　D．SmartArt 图形

3．为使作者名字出现在所有的幻灯片中，应将其加入到_______中。

A．幻灯片母版　　　　　B．标题母版

C．讲义母版　　　　　　D．备注母版

三、问答题

1．简述移动幻灯片的两种方法。

2．简述设置自定义主题的步骤。

3．试说明在 PowerPoint 中，母版的类型有哪几种？各在什么情况下使用？

4．简述演示文稿打包与解包的步骤。

四、实践题

制作一幅演示下面文字的幻灯片，并说明你的制作过程。

学会快乐

• 一切快乐都源于我们对生活的热爱。学会欣赏你周围一切事物的美，也就学会了快乐。

• 我们还要学会帮助别人，当我们周围的人得到了帮助，我们也就收获到了快乐。

第6章　计算机网络基础与应用

教学目的

☑ 了解计算机网络体系结构、类型、协议等概念
☑ 了解 Internet 的功能与服务
☑ 掌握 Internet 的应用方法

计算机网络是计算机技术与通信技术密切结合的产物，它涉及计算机和通信两个领域。计算机网络的产生使人类的工作方式、学习方式乃至思维方式发生了深刻的变革。如今，计算机网络的发展水平不仅代表了一个国家计算机和通信技术的水平，还是衡量其现代化水平的重要标志之一。

6.1　计算机网络概述

6.1.1　基本概念

1. 计算机网络的定义

计算机网络是用通信线路和通信设备将分布在不同地点的具有独立功能的多个计算机系统互相连接起来，在网络软件的支持下实现彼此之间的数据通信和资源共享的系统。

用户可以从以下几个方面理解计算机网络的定义。

(1) 计算机网络是由两台或者两台以上的计算机组成，组成计算机网络的每一台计算机在网络中都是相互独立的单元，每一台既可以独立工作，同时又可以联网工作。

(2) 计算机网络中任一台计算机如果要与另一台计算机进行信息的传输和访问，就必须遵循计算机网络中相互制定的约定和规则，这些约定和规则称为网络协议，是计算机网络工作的基础。

(3) 计算机网络中任一台计算机如果要与另一台计算机进行信息传送或访问，就必须要有相应的电路和通信设备，常称为信道。

(4) 使用计算机网络的主要目的是实现资源共享，资源包括硬件、软件和数据等。

2. 计算机网络的组成

计算机网络从逻辑功能上可分为两部分：资源子网与通信子网。

(1) 资源子网主要由主计算机系统、终端控制设备和终端设备组成，负责网络中的数据处理。其中主计算机系统是资源子网中的关键设备，可以是微型机、小型机、中型机、大型机甚至巨型机；终端设备是计算机网络面向用户的窗口，与主机连接，向用户提供一个操作平台；用户可通过终端设备，访问资源子网中的所有可共享的资源。

(2) 通信子网主要由通信线路和负责网络通信管理的网络控制机组成，负责网络控制信号和用户数据的传送。

通信线路包括线路和设备。线路也称为信道，可以是双绞线、同轴电缆、光缆以及微波线路等；设备包括调制解调器、交换机以及路由器等。

网络控制机是一种专门管理网络通信的计算机，它是通信子网中的核心设备，网络控制机也称为网络服务器。

3. 计算机网络的功能

随着国际互联网的普及，计算机网络的功能可概括为以下几点：

1) 数据通信

数据通信是计算机网络最基本的功能。通过数据通信，可快速传送计算机与终端，计算机与计算机之间的各种信息，包括文字信件、新闻消息、咨询信息、图片资料、报纸版面等。数据通信可将分散在不同地区的单位或部门联系起来，进行统一的资源调配、控制和管理。

2) 资源共享

“资源”是指计算机网络中所有的软件、硬件和数据资源。“共享”是指网络中的用户都能够部分或全部地享用这些资源。例如，某些地区或单位的数据库供全网使用；某些单位设计的软件供需要的地方有偿调用或办理一定手续后调用；一些大型外部设备，如打印机，供网络中的不同用户使用。资源共享，可大大减轻全系统的投资费用。

3) 分布处理

当某台计算机负担过重时，或该计算机正在处理某项工作时，通过计算机网络可将新任务转交给空闲的计算机去完成。分布处理，能均衡各计算机的负载，提高处理问题的实时性。对于大型综合性问题，可将问题分解，分别交给不同的计算机分头处理，增强了计算机的处理能力。对于复杂问题，可将多台计算机联合使用并构成高性能的计算机体系，这种协同工作、并行处理要比单独购置高性能的大型计算机便宜得多。

4) 提高计算机的性能与系统的可靠性

由于资源共享，可使计算机网络用户相当于拥有一个很大的计算机系统，从而提高了所使用计算机系统的性能。另外，对于单台计算机难以完成的任务，可组织网上多台计算机协同工作，提高效率。若采用多机容错技术，还可提高系统的可靠性。

4. 计算机网络的分类

计算机网络有多种分类方式，按照不同的标准可得到不同类型的计算机网络，常见的分类方式有以下几种：

1) 按照地域分类

计算机网络按照地域划分，分为局域网(LAN，Local Area Network)、城域网(MAN，Metropolitan Area Network)和广域网(WAN，Wide Area Network)。

(1) 局域网(LAN)是指在某一区域内由多台计算机互联而成的计算机组。一般在方圆几千米以内，可实现文件管理、软件共享、打印机共享、工作组内日程安排、电子邮件发送和传真通信等功能。局域网属于封闭型，可以由办公室内的两台计算机组成，也可以由一个公司内的成千上万台计算机组成。

(2) 城域网(MAN)是在一个城市范围内建立的计算机通信网。由于城域网采用具有有源交换元件的局域网技术，网中传输时延较小，传输媒介主要采用光缆，传输速率在100 Mb/s 以上。

(3) 广域网(WAN)也称远程网，覆盖范围在几十到几万公里以上，能连接多个城市或国家，或横跨几大洲，形成国际性的远程网络。

目前，大多数局域网在应用中不是孤立的，除了与本部门的计算机系统互联通信外，都连接在广域网上，形成更大规模的互联网，能在更大范围内实现数据交换和资源共享。

2) 按拓扑结构分类

拓扑结构是指网络中计算机与通信线路的布局以及各计算机之间相互连接的方法与形式。在局域网中常用的拓扑结构有星型结构、树型结构、环型结构和总线结构等，如图6.1 所示。

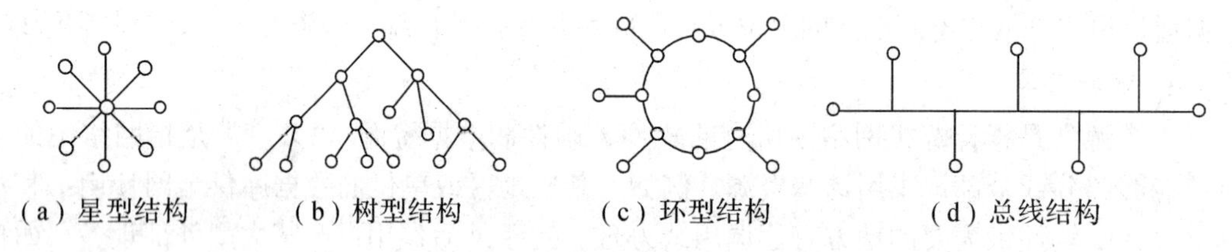

图 6.1　网络拓扑结构

实际应用和科学试验中，常把几种结构的网络组合在一起，构成所谓的复合结构。

3) 按照通信介质分类

按照通信介质的不同，计算机网络可分为有线网和无线网。

(1) 有线网是采用有形介质把多台计算机连接起来传输信息的网络。常用介质有同轴电缆、双绞线、光纤等。

(2) 无线网是采用无形介质把多台计算机连接起来传输信息的网络，比如微波通信网络、卫星通信网络等。

也有把两种网络连接在一起而构成的复合型计算机网络。

6.1.2 ISO/OSI 参考模型与 TCP/TP 协议

1. ISO/OSI 参考模型

OSI(Open System Interconnect)，即开放式系统互联，也叫 OSI 参考模型，是ISO(International Standards Organization)在 1981 年提出的网络互联模型，也称为标准。该标准定义了网络互联的七层框架，即物理层、数据链路层、网络层、传输层、会话层、表示层和应用层，也称为 ISO 开放系统互联参考模型，如图 6.2 所示。网络互联框架规定了每一层的功能，以实现在开放系统环境下计算机网络的互联。

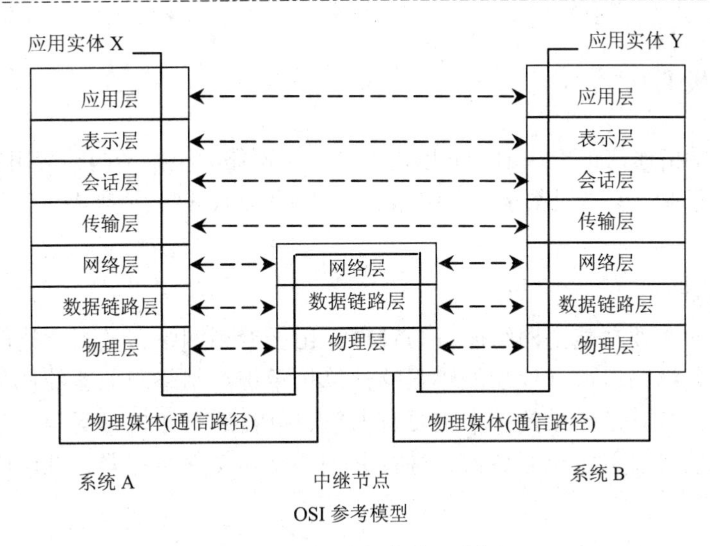

图 6.2　网络数据传输示意图

2. TCP/IP 参考模型

TCP/IP 参考模型也是一个开放模型，适应于世界范围内数据通信的需要。TCP/IP 有四个层次，对数据链路层和物理层没有做出强制规定，因为其设计的目标之一就是要做到与具体的物理传输和介质无关。

1) *应用层*

应用层对应于 OSI 参考模型的高层，为用户提供所需要的各种服务，例如 FTP、Telnet、DNS、SMTP 等。

2) *传输层*

传输层对应于 OSI 参考模型的传输层，为应用层实体提供端对端的通信功能，保证数据包的顺序传送及数据的完整性。该层定义了两个主要的协议：传输控制协议(TCP)和用户数据报协议(UDP)。

TCP 协议提供的是一种可靠的、通过“三次握手”来连接的数据传输服务；而 UDP 协议提供的是不保证可靠的(并不是不可靠)、无连接的数据传输服务。

3) *网际互联层*

网际互联层对应于 OSI 参考模型的网络层，主要解决主机到主机的通信问题，负责数据包在整个网络上的逻辑传输。网际互联层注重重新赋予主机一个 IP 地址来完成对主机的寻址，还负责数据包在多种网络中的路由。该层有三个主要协议，即网际协议(IP)、互联网组管理协议(IGMP)和互联网控制报文协议(ICMP)。

IP 协议是网际互联层最重要的协议，它提供一个可靠、无连接的数据报传输服务。

4) *网络接入层(即主机-网络层)*

网络接入层与 OSI 参考模型中的物理层和数据链路层相对应，负责监视数据在主机和网络之间的交换。事实上，TCP/IP 本身并未定义该层的协议，而是由参与互联的各网络使用自己的物理层和数据链路层协议，然后与 TCP/IP 的网络接入层进行连接。

6.1.3 局域网硬件配置

局域网一般是指通信距离在 10 km 以内的计算机网络。根据不同的应用要求，计算机网络的构成千差万别，但一般都包括网络服务器、工作站、网络适配器、集线器、交换机以及传输介质等。

1. 网络服务器

网络服务器的主要功能是网络服务与管理。由于专用网络服务器价格较贵，在较小的局域网中可由高档微机或其他功能较强的计算机承担。网络服务器的任务是响应网络中各个工作站的请求。工作站的请求主要有通信、硬盘或打印机访问等。对于工作站较多的大型网络，也可设置多个服务器并进行分工，比如文件服务器、打印服务器、通信服务器等。

2. 工作站

工作站是用户进行事务处理的计算机，一般由个人计算机承担。根据需要，工作站可以是微型机、笔记本电脑等。工作站通过网络适配器、传输介质与网络服务器连接。工作站可以单机使用，也可以使用网络服务器提供的共享资源。

3. 网络适配器

网络适配器简称为接口卡或网卡，是工作站与服务器连接的接口电路板，也是计算机和网络之间的逻辑链路，是使计算机具有网络服务功能的基本条件之一，一般插在网络服务器和工作站中。网卡的种类很多，与网络的结构、传输介质的类型、网段的最大长度、节点之间的距离有关。其质量直接影响用户使用软件的效果和工作站的功能，常用网卡有 100/1000Mb/s 网卡和 100/1000Mb/s 自适应网卡，接口有 PCI 和 USB 两种。

随着无线设备的发展，也可使用无线网卡，只要在无线网络覆盖的范围内，无线网卡就可以使用，其便携优点使其使用范围越来越广。

4. 集线器

集线器(Hub)是对接收到的信号进行整形放大，以扩大网络的传输距离，同时把多个节点集中在以它为中心的节点上。也就是说，通过集线器可连接其他多个工作站，或者说可将一些工作站连接起来组成一个局域网。它工作于 OSI 参考模型的“物理层”。

5. 交换机

交换机是用于连接工作站以及连接工作站与网络服务器并进行信息交换的设备。信息在网络上传输是采用信息包的形式传送的。网络上的每个工作站与服务器都有一个 IP 地址，交换机根据信息包上标注的 IP 地址，将信息包转发到特定 IP 地址的网络设备上。同时，它也具备集线器的功能，通过一台交换机可连接多台工作站。

6. 传输介质

传输介质是传输信息的物理载体，分为有线和无线两类。有线介质有同轴电缆、双绞线和光纤等；无线介质、微波、红外线以及激光等。

6.1.4　网络操作系统与常用软件

1. 网络操作系统

网络操作系统(NOS，Networks Operating System)是用来管理网络中的各类资源，为用户提供简便和有效服务的程序，同时保证网络运行的可靠性和安全性。目前，常用的网络操作系统有 NetWare、Windows NT、OS/2 Warp、Banyan vines、UNIX 以及 Linux 等，主要由以下几方面的软件组成。

1) 服务器操作系统

服务器操作系统是运行在网络服务器上的管理程序，提供基本的网络服务，比如存储器管理、I/O 管理以及网络文件管理与调度等。一般以多任务并发方式工作，是名副其实的多用户、多任务的操作系统。

2) 网络服务软件

网络软件是指用来扩充网络功能的程序，比如网络通信协议软件、进程管理软件等，用来实现文件服务器与工作站的连接，支持多种通信协议的运行。网络服务软件是运行在网络操作系统上的服务程序，为用户提供网络环境下的服务。

3) 工作站软件

工作站软件是运行在工作站上的管理程序，它把用户在工作站上的请求转换为服务器请求；同时接收和解释来自服务器的信息，并转换成工作站所能识别的形式。

2. 数据库管理系统

数据库管理系统是网络操作系统的主要助手和编程工具，用来把网上的各类数据组织起来，进行存储、传输和处理。目前使用较多的有 SQL Server、Oracle 以及 SyBase 等。

为了使不同的数据库管理系统所创建的数据库之间能够互通互访，Microsoft 制定了一个访问不同数据库的标准接口，定义了一套各个数据库都能识别的公共语言，称为 ODBC(Open DataBase Connectivity)，解决了不同数据库之间的互访问题。

3. 网络应用软件

网络应用软件主要是运行在网上的应用程序。有的是软件公司推出的，有的是用户自己设计的，比如 Lotus Notes 群件、Office 套件、各种人事、财务、设备管理系统以及办公自动化软件等。近年来，网络游戏和动漫异军突起，得到了飞速的发展，已成为计算机网络的一个重要的应用领域。

6.2　网 络 互 联

6.2.1　网络互联概述

互联网是把多个计算机网络通过网络设备连接起来而构成的网络，比如 Internet 就是在软件支持下，配合专门的网络设备把分布在世界各地的计算机网络连接起来的全球性的网络。常用网络连接设备除了交换机、集线器之外，还有中继器、网桥、路由器、网关、无线访问节点以及调制解调器等。网络互联的示意图如图 6.3 所示。

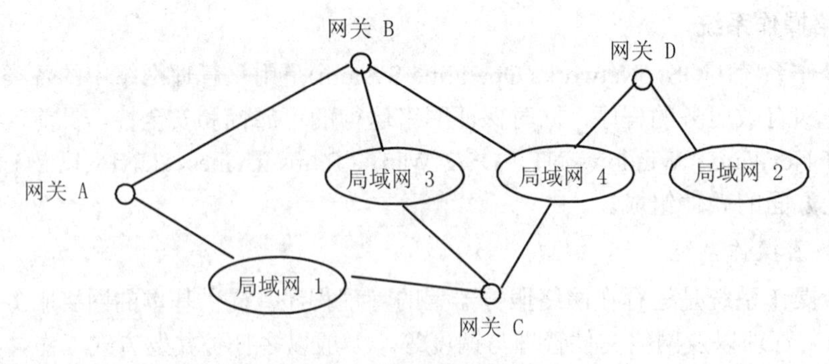

图 6.3 网络互联示意图

6.2.2 网络互联设备

要做到网络互联，必须有相应的硬件和软件支持。硬件用来实现物理连接，软件则是实现逻辑连接。随着现代硬件技术的不断发展，使得硬件和软件之间的界限变得模糊，有些功能既可以用硬件实现，也可以用软件实现。下面简单介绍一些主要硬件设备的功能与作用。

1. 中继器

中继器(Repeater)又称为重发器，如图 6.4 所示，在网络的物理层实现互联。其功能是将电信号由网络的一端传输到另一端，在传输过程中对信号进行补偿整形、放大和转发。按照接口可分为双口中继器和多口中继器。双口中继器的一个口用于上联输入，另一个口用于下联输出；多口中继器具有集线器(Hub)的功能，一个口用于上联，多个口用于下联。

图 6.4 中继器

2. 网桥

网桥(Bridge)是一个局域网与另一个局域网之间建立连接的桥梁，是属于数据链路层的一种设备，它的作用是扩展网络，在各种传输介质中转发数据信号，扩展网络的距离，同时有选择地将现有地址的信号从一个传输介质发送到另一个传输介质，并能限制两个介质系统中的无关通信。

网桥分为本地网桥和远程网桥。本地网桥所连接的两个 LAN 之间的距离在 LAN 所允许的最大传输介质长度之内。远程网桥允许两个 LAN 距离超过 LAN 所允许的最大传输介质长度。在连接两个远程 LAN 时，需要同时使用 Modem 和远程网桥。

3. 路由器

路由器(Router)如图 6.5 所示，是在网络层实现互联，其路径选择功能用以连接多个不同类型的网络。路由器的作用如下：

(1) 路径选择：提供最佳转发路径，均衡网络负载。

(2) 流量控制：利用通信协议的流量控制功能控制数据传输，解决线路拥挤问题。

(3) 过滤功能：可根据 LAN 协议类型、网间地址、主机地址、数据类型等，判断数据分组是否应该转发，并对数据信息进行过滤，以提高网络的安全性。

(4) 分割子网：可根据用户业务范围把一个大网分割成若干个子网。

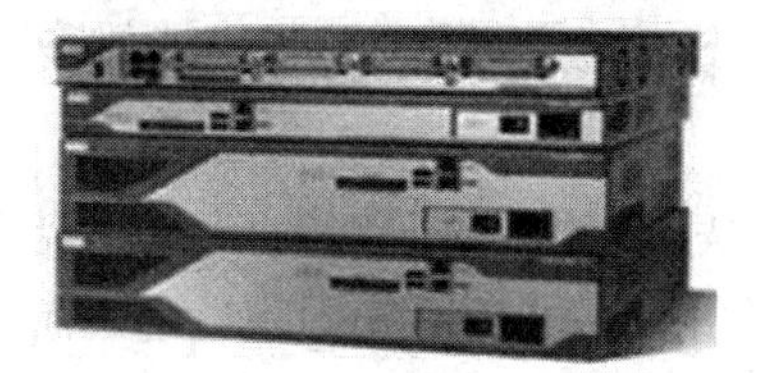

图 6.5　路由器

4. 网关

网关(Gateway)如图 6.6 所示，又称为协议转换器，在 OSI/ISO 最高层实现网际互联。除用于不同协议、不同类型的 LAN 与 LAN、LAN 与 WAN 之间的互联外，主要用于不同类型的多个大型 WAN 之间的互联，还可用于同一物理层而在逻辑上不同的网络互联。

图 6.6　网关

5. 调制解调器

调制解调器即 Modem，是在发送端把计算机输出的数字信号转换为交流模拟信号或者光信号，然后在通信线路上进行传输；在接收端把交流模拟信号或者光信号还原为能被计算机接收的数字信号。目前主流的调制解调器设备是光调制解调器，主要的功能是将光信号和电信号进行相互转换，从而进行数据的传输。

6. 无线访问节点

随着无线网络的产生和发展，无线访问节点(AP，Access Point)应运而生，它像一般有线网络的 Hub 一样，使无线工作站与有线网络相联，或者可以说是无线工作站与有线局域网之间的桥梁，特别是对于宽带的使用的 WiFi 更显优势。无线访问节点是无线网络的核心设备。

6.2.3　网络互联传输介质

传输介质是指数据传输系统中的物理路径。在计算机网络中使用的传输介质可分为有线介质和无线介质两大类。双绞线、同轴电缆、网线和光缆是常见的有线传输介质；微波、红外线、激光等，属于无线传输介质。下面主要介绍常用的有线传输介质。

1. 同轴电缆

同轴电缆的内芯是一根导线，外有绝缘塑性层，再包上一层金属网起屏蔽作用，最外面是一层保护塑性外套。同轴电缆的抗干扰特性强于双绞线，传输速率与双绞线类似，价格是双绞线的两倍。

常用同轴电缆的类型有以下两种。

(1) 细同轴电缆(RG58)：主要用于建筑物内部的网络连接。

(2) 粗同轴电缆(RG11)：主要用于主干或建筑物外部的网络连接。

2. 双绞线

双绞线是两条相互绝缘的导线按一定距离绞合而成，使外部电磁干扰降到最低限度，以保护信息和数据。双绞线的性能价格比高于同轴电缆，而且组网方便，是应用广泛的铜基传输介质，缺点是传输距离受限。

根据用途的不同，双绞线分为非屏蔽双绞线(UTP)和屏蔽双绞线(STP)。屏蔽双绞线外层套加金属材料，减少辐射，防止信息窃听，但是价格较高。一般多使用非屏蔽双绞线。如果在室外使用，屏蔽线要好些。

3. 网线

网线是一种多芯双绞线。用于工作站与交换机或集线器连接的是一种 8 芯双绞线，两两绞在一起，其中两条信号线，两条电源线，其余备用或者接地。两端使用的是 RJ-45 接头，俗称“水晶头”。连接水晶头，要对每条线排序。根据 EIA/TIA 接线标准，RJ-45 接头制作有两种排序标准：

(1) EIA/TIA568A 标准线序：白绿、绿、白橙、蓝、白蓝、橙、棕、白棕。

(2) EIA/TIA568B 标准线序：白橙、橙、白绿、蓝、白蓝、绿、白棕、棕。

根据双绞线两端线序的不同，网线有两种不同的连接方法：

(1) 直线连接法：是将双绞线的一端按一定线序排序后接入 RJ-45 接头，线缆的另一端也用相同的线序排序后接入 RJ-45 接头。这种连接法常用于不同类型的设备互连。

(2) 交叉连接法：是将双绞线的一端用一种线序排列，如 TIA568B 标准线序，而另一端用不同的线序，如 TIA568A 标准线序。这种连接法常用于同种设备互连。

4. 光缆

光缆是由一组光导纤维组成的用来传输光信号的传输介质。与其他传输介质相比，光缆的电磁绝缘性能好，信号衰变小，频带宽，保密性强，传输距离大。光缆通信是由光发送机产生光束，将电信号转变为光信号，再把光信号导入光纤；在光缆的另一端由光接收机接收光纤上传输来的光信号，并将它转变成电信号。光缆传输距离远、速度快，是局域网中传输介质中的佼佼者。

光缆根据传输点模数的不同，可分为多模光纤和单模光纤。

(1) 模光纤是由发光二极管产生用于传输的光脉冲，根据入射角的不同，可有多条光线在一条光纤中传输。

(2) 模光纤是使用激光器作为光源，产生光线，与芯轴平行传输，且只能有一条光线传输，因此损耗小，传输距离远，频带宽，但是价格高。

6.3　Internet 基础

6.3.1　Internet 概述

Internet 是由 Interconnection 和 Network 两词组合而成，翻译成“因特网”、“互联网”等。它把世界各地的计算机、计算机网络连接在一起，以实现最大范围的资源共享。

Internet 最早是美国国防部高级研究计划局在 1969 年建立的 ARPANET。1982 年该局为网络交换信息制定了传输控制协议(TCP)和网际协议(IP)标准。之后，许多国家也相继建成起自己的国家网或地区网，且与 Internet 连接，从而形成今天这种覆盖全球的 Internet。

1. IP 地址

在互联网中，每台计算机必须有一个唯一的地址，就像日常生活中的家庭住址，通过家庭住址找到这户人家。这个地址称为 IP 地址(Internet Protocol Address)。

IP 地址是一个 32 位二进制数，用于标识网络中的一台计算机。常用两种格式表示，即二进制数和十进制数。

(1) 用二进制数表示，32 位二进制数分为 4 段，每段 8 位，即一个字节。例如：

10000011.01101011.00010000.11001000

(2) 十进制数表示是把每一字节转换成十进制数。例如

10000011.01101011.00010000.11001000 转换成：130.107.16.200

这种格式就是一般在计算机中所配置的 IP 地址的格式。

2. IP 地址的组成

IP 地址由两部分组成：网络号和主机号。

网络号 ID：用来标识计算机所在的网络，也就是网络的编号。

主机号 ID：用来标识网络内的不同计算机，是对计算机的编号。

网络号不能以 127 开头，也就是说第一字节不能全部为 0，也不能全部为 1。主机号不能全为 0，也不能全为 1。

3. IP 地址的分类

IP 地址共有 A、B、C、D、E 五种类型，常用的是前三类，格式如图 6.7 所示。

	0 1　　7 8　　31		
A 类地址	0	网络号	主机号
B 类地址	10	网络号	主机号
C 类地址	110	网络号	主机号

图 6.7　IP 地址分类

A 类地址：第一组数(前 8 位)表示网络号，且最高位为 0，这样只有 7 位可以表示网络号，能够表示的网络号有 $2^7-2=126$(去掉全为 0 和全为 1)个，范围是 1.0.0.0-126.0.0.0。后三组数(24 位)表示主机号，能够表示的主机号有 $2^{24}-2=16\,777\,214$ 个，即 A 类网可容纳 16 777 214 台主机。A 类地址只分配给超大型网络。

B 类地址：前两组数(前 16 位)表示网络号，后两组数(16 位)表示主机号，且最高位为 10，能够表示的网络号为 $2^{14}=16\,384$ 个，范围是 128.0.0.0-191.255.0.0。B 类网络可以容纳 $2^{16}-2=65\,534$ 台主机。B 类 IP 地址通常用于中等规模的网络。

C 类地址：前三组表示网络号，最后一组表示主机号，且最高位为 110，能够表示的网络号为 $2^{21}=2\,097\,152$ 个，范围是 192.0.0.0-223.255.255.0，可容纳的主机数为 $2^8-2=254$ 台。C 类地址通常用于小型网络。

D 类地址：最高位为 1110，是多播地址。

E 类地址：最高位为 11110，保留为今后使用。

目前在网络中，只能为计算机配置 A，B，C 三类地址，而不能配置 D 类和 E 类地址。

4. 几个特殊的 IP 地址

(1) 网络地址：网络号待定，主机号全为 0，表示不分配给任何主机，仅表示某个网络的网络地址。如：202.114.206.0

(2) 直接广播地址：网络号待定，主机号全为 1，表示不分配给任何主机，用作广播地址，对应的分组传给该网络中的所有节点。如：202.114.206.255

(3) 受限广播地址：网络号全为 1，主机号全为 1，表示用来将分组以广播方式发送给本网络中的所有主机。如：255.255.255.255

(4) 本网络上待定的主机地址：网络号全为 0，主机号待定，表示主机或路由器，向本网络中的某个特定的主机发送分组。这样的分组被限定在本网内部，由特定的主机号对应的主机接受该分组。如：0.0.0.126

(5) 回送地址：网络号为 127，主机号任意，表示用于网络软件测试和本地进程间的通信。无论什么程序使用了回送地址作为目的地址发送数据，协议软件不会将该数据送网络，而是将它回送。如：127.0.0.1

5. IP 地址的分配

如果需要将计算机直接连入 Internet，必须向有关部门申请 IP 地址，而不能自己随便配置。这种申请的 IP 地址称为“公有 IP”。在互联网中的所有计算机都配置公有 IP。如果要组建一个封闭的局域网，则可以任意配置 A、B、C 三类 IP 地址，只要保证 IP 地址不重复就行了，这时的 IP 称为“私有 IP”。但是，考虑到这样的网络仍然要接入 Internet，因此 INTERNIC(国际互联网信息中心)特别指定了某些范围作为专用的私有 IP，用于局域网的 IP 地址的分配，以免与合法的 IP 地址冲突。建议自己组建局域网时，使用这些专用的私有 IP，也称保留地址。INTERNIC 保留的 IP 范围为：

A 类地址：10.0.0.0-10.255.255.255

B 类地址：172.16.0.0-172.31.255.255

C 类地址：192.168.0.0-192.168.255.255

6. 子网掩码

子网掩码用来指明 IP 地址的哪些位标识的是主机所在的子网，哪些位标识的是主机的位掩码。子网掩码不能单独存在，必须结合 IP 地址一起使用，其作用是将某个 IP 地址划分成网络地址和主机地址两部分。因此在配置 TCP/IP 参数时，还要配置子网掩码。

子网掩码也是 32 位的二进制数，配置方法是将 IP 地址网络对应的子网掩码设为 1，主机位对应的子网掩码设为 0。如 IP 地址为 131.107.16.200 的主机，由于是 B 类地址，前两组是网络号，后两组是主机号，所以子网掩码配置为：

11111111.11111111.00000000.00000000，转化为十进制数为：255.255.0.0

由此可得 A 类地址和 C 类地址的子网掩码是 255.0.0.0 和 255.255.255.0。

7. 默认网关

在 Internet 中网关是一种连接内部网与 Internet 上其他网的中间设备，网关地址可以理解为内部网与 Internet 信息传输的通道地址。

8. 域名解析

所有 IP 地址由 Internet 网络信息中心分配，目前世界上有三个这样的网络信息中心：

- INTERNIC：负责美国及其他地区；
- RIPENIC：负责欧洲地区；
- APNIC：负责亚太地区。

我国 Chinanet 的 IP 地址为 C 类地址，由 APNIC 分配，每一台入网计算机都会被分配给唯一的 IP 地址。

在实际使用中，用户要记住 32 位的 IP 地址，比较困难。因此，Internet 在 1984 年提出了域名系统(DNS，Domain Name System)服务，它采用一定规则进行命名，把 IP 地址与某个有特定的域名联系起来，方便用户记忆和使用。

DNS 的命名法则可以看作是一种倒立的树型结构，最高级的域名是大类，每类代表不同的域。从域名的结构来划分，总体分成两类，一类是“国际顶级域名”(简称“国际域名”)，一类是“国内域名”。

国际域名的最后一个后缀是诸如 . com、. net、. gov、. edu 的“国际通用域”，这些不同的后缀分别代表了不同的机构。国际域名刚开始时设计了 7 个，分别是 . com 代表商业机构，. net 表示网络服务机构，. gov 表示政府机构，. mil 表示军事机构，. org 表示非盈利性组织，. edu 表示教育部门，. int 表示国际机构。1997 年又增加了 7 个，即 . firm 表示企业和公司，. store 表示商业企业，. web 表示从事与 Web 相关业务的实体，. arts 表示从事文化娱乐的实体，. REC 表示从事休闲娱乐业的实体，. info 表示从事信息服务业的实体，. nom 表示从事个人活动的个体发布的个人信息。

国内域名的后缀通常包括“国际通用域”和“国家域”两部分，而且要以“国家域”作为最后一个后缀。以 ISO31660 为规范，各个国家都有自己固定的国家域，如 cn 代表中国、us 代表美国、uk 代表英国，CA 代表加拿大、CH 代表瑞士等。

每个域下可以有子域。命名时采用自下而上的标记，标记之间用圆点“. ”分隔，格式如下：

主机名. 机构名. 网络名. 最高层域名

例如：www.tsinghua.edu.cn。需要明确的是 DNS(域名)只是为了便于记忆和使用，而真正在网络上传输的还是 32 位二进制的 IP 地址。

6.3.2 Internet 信息服务

Internet 最早提供了 E-mail(电子邮件)、Telnet(远程终端)和 FTP(文件传输)服务，后来又出现了基于超文本的高级信息查询服务 WWW、档案馆方式的自动标题搜索查询服务 Archie、电子广告板 BBS 和网络新闻 Vsenet 等。

1．电子邮件 E-mail

电子邮件是利用网络传送信函的非交互式服务，只要有 E-mail 地址，就可通过网络收发信函，也可同时向多个用户发送信函。

2．远程终端 Telnet

远程终端也称为远程登录，通过 Telnet 服务，可将用户终端变成远方主机的一个终端，从而使用远方主机的资源。

3．文件传输 FTP

文件传输是 Internet 提供的直接进行文字和非文字信息的双向传送方式，其中非文字信息有图像、照片、音乐等，常用来发送或“下载”文件信息。

4．电子广告板 BBS

通过远程登录，与提供电子广告板的主机连接，阅览/发布广告。

5．WWW 服务

WWW(World Wide Web)是基于超文本方式的高级信息查询服务，可用交互方式访问/查询远程计算机的信息，显示或存取远程计算机中的文字、图形或图像。

6．Archie 服务

Archie 是一种交互式查询方式，像查阅档案那样由用户选择，进行自动标题搜索，查找文件所在的计算机(地址)。

7．Usenet 网络新闻

Usenet 是 Internet 提供的新闻论坛，使用户可在全世界范围内发布信息，自由交谈。Usenet 主要包括 Comp(计算机)、Misc(杂项)、News(新闻)、Rec(消遣)、Soc(社会问题)和 Talk(交谈)等。

6.3.3 Internet 的连接

若要使用 Internet 服务，首先要连接到 Internet 上。目前，连接方法基本上有两种，一种是通过已有的电话网、数据交换网或 DDN 专线接入；另一种是通过局域网接入。

1．通过通信线路接入

这种方式需要有网络服务提供商(ISP，Internet Service Provider)，用户在 ISP 处申请账号与密码，ISP 将用户与 ISP 之间的通信线路改造成适合传输网络信息的通路。用户可通过 ISP 中转连接到 Internet 上。这种方式适合于铺设了电话线路的用户，例如常见的 ADSL 线路。

2．通过局域网接入

这种方法需要组建内部局域网，由局域网管理员给用户分配 IP 地址，用户通过局域网服务器连接到 Internet 上。目前我国政府部门以及各企事业单位多采用这种方法连入 Internet。

当用户的计算机获得 IP 地址并顺利连接到 Internet 后，该计算机就成为 Internet 的一个终端，可得到网络提供的各种服务以及使用已获得授权的数据信息。

6.4　Windows 7 中网络的连接与使用

Windows 7 操作系统是微软推出的一款高性能的操作系统，自推出以来，以其稳定性、易用性获得市场的肯定。

如果要使安装 Windows 7 操作系统的计算机能够连接到计算机网络，必须进行相应的硬件与软件安装。

6.4.1　硬件安装

硬件安装是在用户计算机与网络服务器之间建立用于通信的物理通道。在计算机网络技术发展到今天，硬件安装实际上简化为网卡的安装与网线的连接。

目前，根据接口类型的不同，网卡安装方式主要有两种：一种是集成网卡，也就是网卡电路直接设计在主板上。另一种是独立网卡，它是独立于主板的一块电路板，将该板插入电脑主板的 PCI 插槽或者 PCI-E 插槽，通过主板供电进行工作。

6.4.2　软件安装

软件安装是在网卡安装成功后，安装驱动程序和通信协议。

1. 安装驱动程序

如果安装 Windows 7 系统前网卡已经安装，则在安装 Windows 7 的过程中安装程序自动寻找该网卡的驱动程序并加以安装。如果是在已经安装 Windows 7 系统的计算机上安装网卡，Windows 7 启动时检测到有新的硬件，将自动安装网卡驱动程序。

2. 安装通信协议

网络上的计算机采用不同的硬件、操作系统与应用软件，为了将这些计算机连接起来协调工作，必须制订一个相互遵循的通信规则，这就是协议。根据通信规则的不同，协议分为多种，Internet 上常用的是 TCP/IP 协议，在 Windows 7 中的安装方法如下：

(1) 在桌面上，用鼠标右键单击“网络”图标，在弹出的快捷菜单中选择“属性”命令，弹出“网络和共享中心”对话框，如图 6.8 所示。

(2) 单击“网络和共享中心”对话框的“本地连接”图标，在弹出的“本地连接属性”

对话框中选择“属性”命令，屏幕显示如图 6.9 所示。

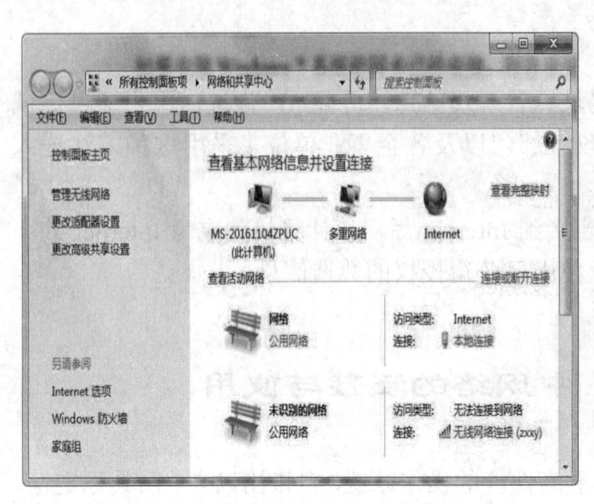

图 6.8 “网络和共享中心”对话框

图 6.9 “本地连接属性”对话框

(3) 在弹出的“本地连接属性”对话框的上部单击“配置”按钮，屏幕显示该网卡的配置，如图 6.10 所示，用户可以看到本机网卡的属性。

(4) 在图 6.9 所示“此连接使用下列项目”中选中“Internet 协议版本 4(TCP/IPv4)”选项，双击，弹出“Internet 协议版本 4(TCP/IPv4)属性”对话框，如图 6.11 所示。在配置参数时，TCP/IP 地址、子网掩码和 DNS 服务器等参数须由网络管理员处得到。

系统默认设置为动态 IP 地址分配，启动计算机时将自动获得一个 IP 地址，这种方式有利于 IP 地址资源的充分利用，但缺点是要求网络中的每个用户的 IP 地址都由网络自动分配，如果某用户采用的不是这种形式，可能导致网络 IP 地址的冲突。

图 6.10 “网卡属性”对话框

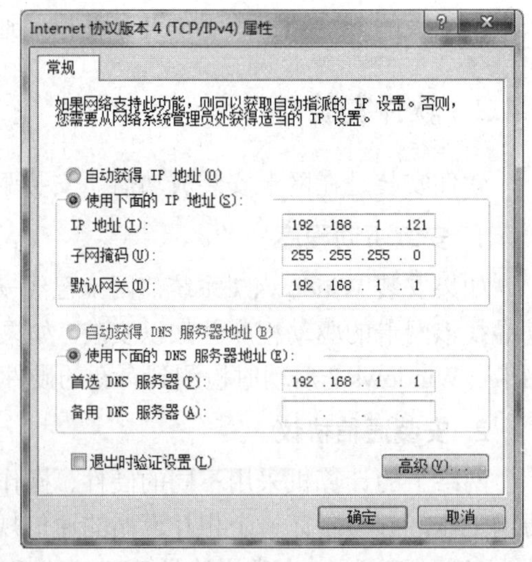

图 6.11 TCP/IP 属性配置

使用固定 IP 地址，需要由网络管理员分配，并需要同时获得相应的子网掩码地址与 DNS 服务器地址，优点是不会导致 IP 地址冲突。

随着便携式计算机的普及，有时一台计算机可能需要在多个场合下使用，这就要求 Windows 7 系统可以添加多个 IP 地址，保证在不同的场合选择合适的 IP 地址入网。Windows 7 添加多个 IP 地址的操作步骤如下：

单击图 6.11 所示对话框中的“高级”按钮，屏幕弹出“高级 TCP/IP 设置”对话框，如图 6.12 所示，其默认选项为“IP 设置”选项卡。单击 IP 地址下面的“添加”按钮，屏幕弹出“TCP/IP 地址”对话框，可输入新的 IP 地址和子网掩码，如图 6.13 所示，输入完成按“添加”按钮。

图 6.12 “高级 TCP/IP 设置”对话框

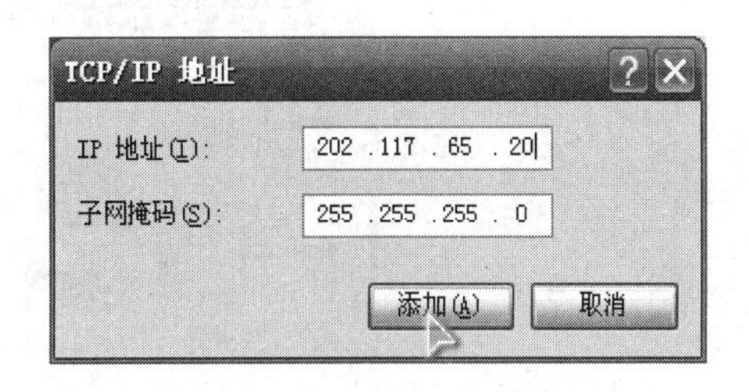

图 6.13 “TCP/IP 地址”对话框

用同样的方法添加新的网关与 DNS 参数，如图 6.14 和图 6.15 所示。输入上述参数后保存，下次在新的场合通过选择不同的 IP 地址、网关及 DNS 服务器与网络服务器相连，方便用户上网。

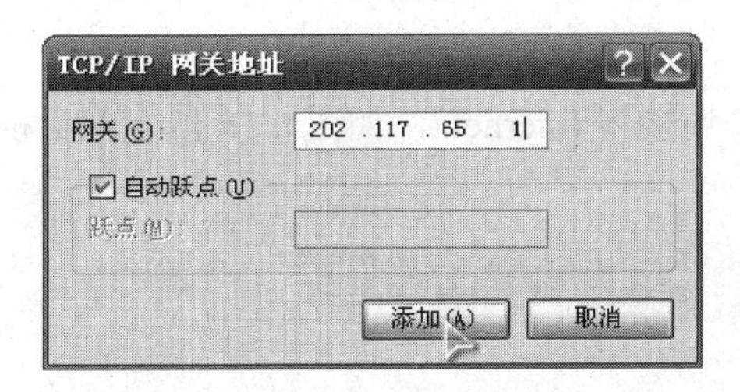

图 6.14 “TCP/IP 网关地址”对话框

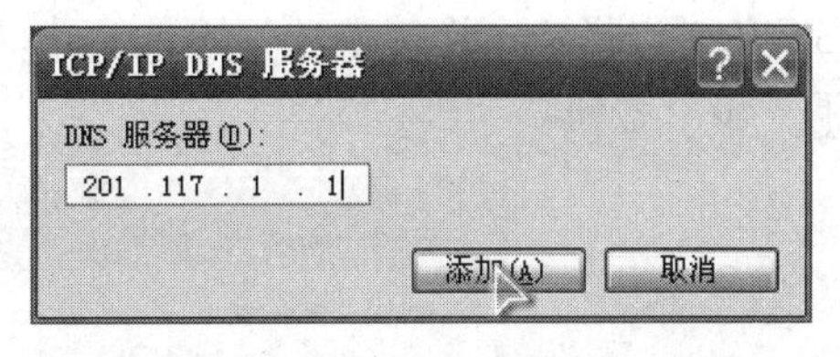

图 6.15 “TCP/IP DNS 服务器”对话框

3. 连接网络

在安装网卡及驱动程序并设置 IP 地址后，就可以连接上网了。连接到网络上的方式如同 6.3.3 节中所说的，一是通过已有通信线路连接，二是通过局域网连接。对于通过已有通信线路连接的，有一个拨号过程，使本地计算机与远程服务器进行呼叫，应答后，即建立起连接。对于通过局域网连接，没有拨号过程。拨号连接步骤如下：

(1) 执行“开始/控制面板/网络和 Internet”下面的“查看网络状态和任务”命令，如图 6.16 所示。

图 6.16　新建“连接向导”1

(2) 进入“网络和共享中心”界面后单击“设置新的连接或网络”，如图 6.17 所示。

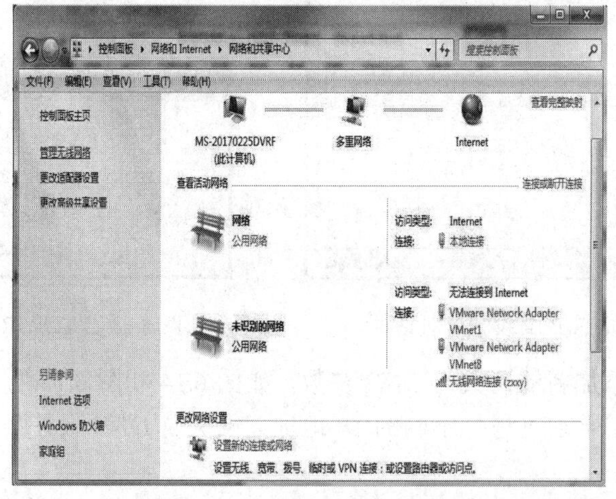

图 6.17　新建“连接向导”2

(3) 在“选择一个连接选项”下面点击“连接到 Internet”，如图 6.18 所示对话框，单击“下一步”按钮。

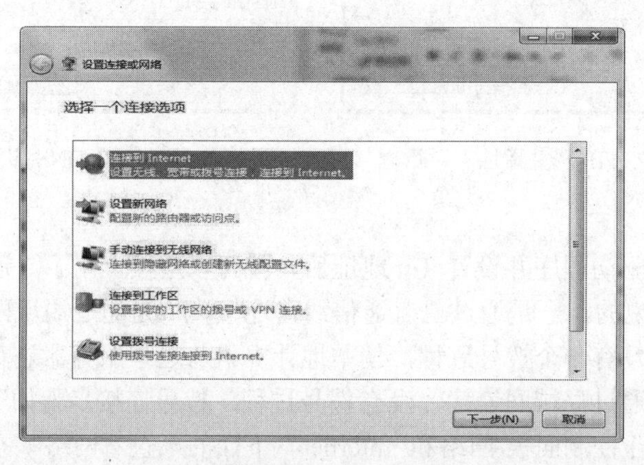

图 6.18　新建“连接向导”3

(4) 在“您想使用一个已有的连接吗？”下面选择“否，创建新连接”，如图 6.19 所示，单击“下一步”按钮。

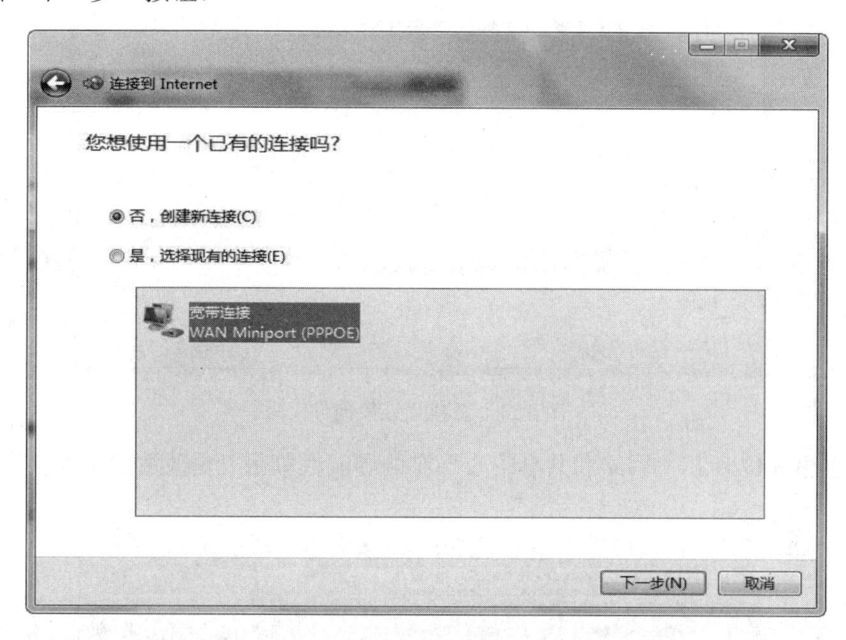

图 6.19　新建“连接向导”4

(5) 在“您想如何连接”下面选择“宽带(PPPoE)(R)”，如图 6.20 所示。

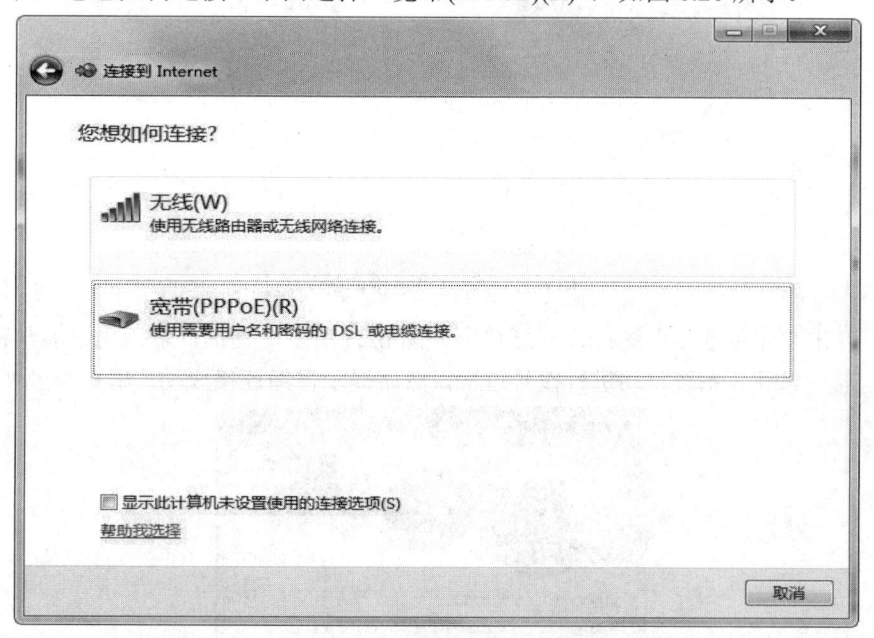

图 6.20　新建“连接向导”5

(6) 在图 6.21 所示对话框中输入宽带账户的用户名和密码，建议勾选“记住此密码”，这样下次连接的时候就不需要重新输入密码。

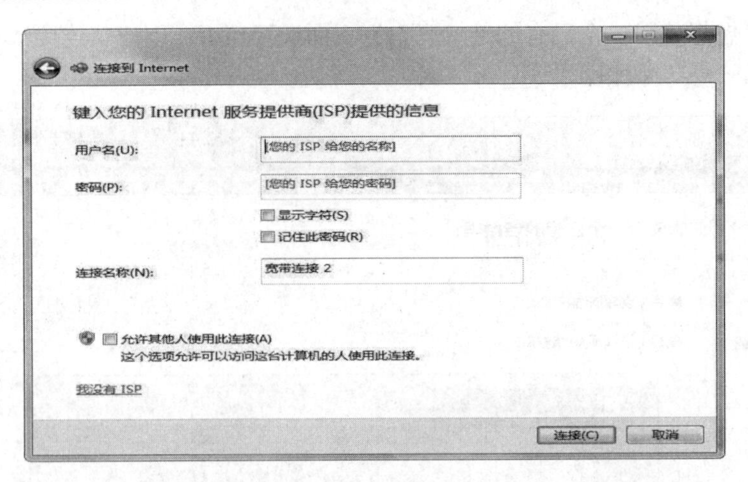

图 6.21 新建“连接向导”6

(7) 在图 6.17 所示“网络和共享中心”左侧导航栏单击“更改适配器设置”后，如图 6.22 所示。

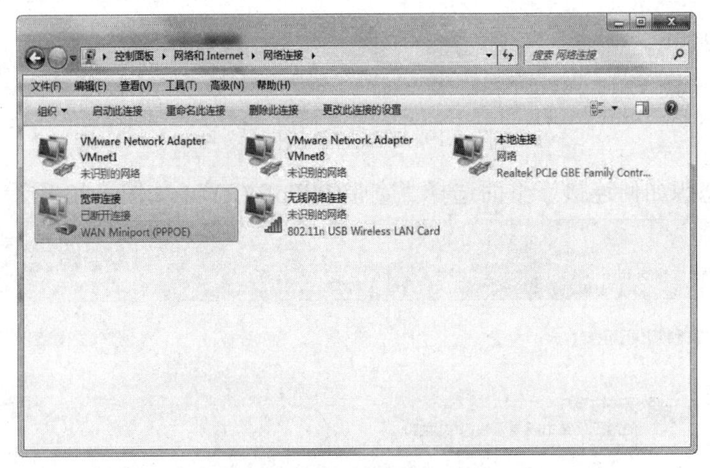

图 6.22 新建“连接向导”7

(8) 双击“宽带连接”图标，屏幕弹出如图 6.23 所示对话框，输入用户名与密码，并单击“连接”按钮，系统自动进行拨号过程，然后提示已经连接成功，用户即可使用网络。

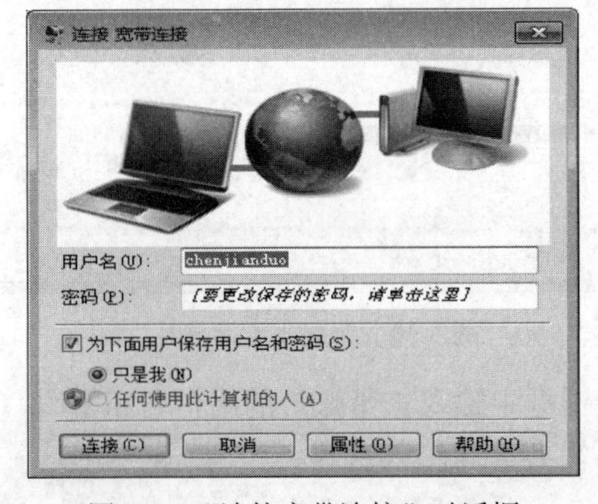

图 6.23 “连接宽带连接”对话框

6.4.3　局域网服务

与 Internet 连接后即可使用 Internet 网络，包括两种应用，即局域网内部应用与局域网外部应用。如果用户采用已有通信线路连接，则不存在本地局域网，只能使用 Internet 网络提供的服务。

1. 资源共享

资源共享首先要对共享文件和设备进行设置。在“我的电脑”中选择要共享的文件夹或设备，单击鼠标右键，在弹出的快捷菜单中选择“属性”，再在弹出的对话框中单击“共享”选项卡，如图 6.24 所示；选择“高级共享”，打开“高级共享”对话框，如图 6.25 所示，选中“共享此文件夹”复选框，可以修改共享名，然后单击“权限”按钮，屏幕弹出如图 6.26 所示对话框，在“组或用户名”框选择用户和组，在“Everyone 的权限”框选择“完全控制”、“更改”或“读取”权限，单击“确定”按钮，设置完成。其他用户在设备上查看到的共享文件夹如图 6.27 所示。

图 6.24　设置“共享”1

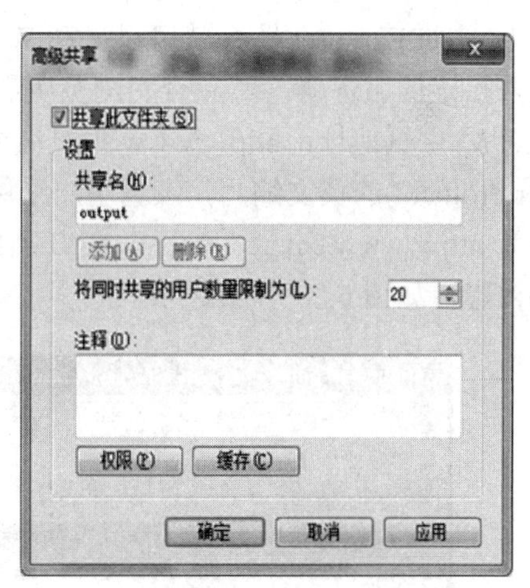

图 6.25　设置“共享”2

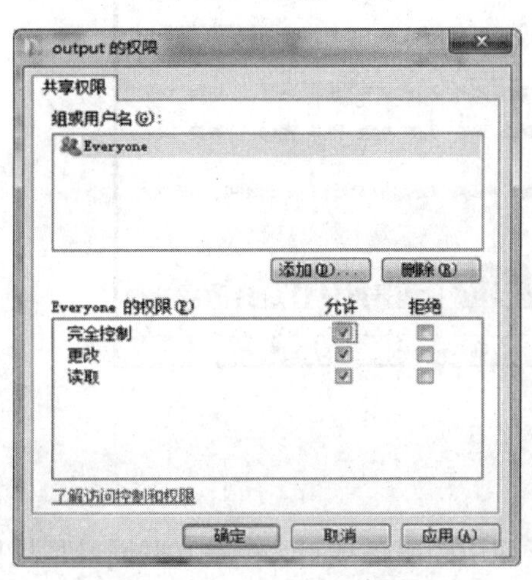

图 6.26　设置“共享”3

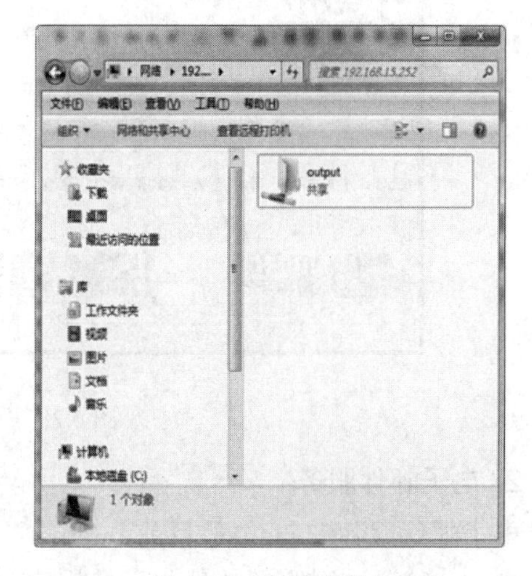

图 6.27　查看共享文件夹

6.4.4 Internet 服务

Internet 提供了丰富的信息资源和应用服务。当用户连接到 Internet 后，可以根据自己的需要进行信息的读取、整理和保存等操作；在工作之余，用户可以听音乐、看电影以及在线游戏等。下面简要介绍 Internet 提供的服务。

1. WWW 服务

WWW(World Wide Web)是环球网(也称万维网)的简称，是 Internet 上最重要的信息服务方式，已有数以千万计的计算机在 Internet 上以 WWW 主页的方式发布信息，这些计算机也称为 WWW 服务器。任何一个与 Internet 联网的计算机用户都可以通过 Web 浏览器浏览网上信息。

WWW 本身是一种组织和管理信息浏览或交互式检索查询的软件系统。它是 Internet、超文本和超媒体技术相结合的产物，以超文本方式提供全球范围的多媒体信息。在 Windows 7 中，默认用 Internet Explorer 浏览器来查看 web 网页。用户开机后只要在任务栏双击 Internet Explorer 图标就可以启动 Web 浏览器。用户可根据需要输入 WWW 主页地址，进入指定的服务器，然后查阅浏览所需要的文本、图像、影视或声音等信息。

WWW 主页地址：http://www.主机域名。其中，“http”是超文本传输协议(Hypertext Transfer Protocol)的英文缩写，表示用户采用该协议与远端服务器相连。比如“中国网”主页地址为 http://www.china.com.cn。在 IE 地址栏输入该地址后，本地计算机将显示指定页面上的内容，如图 6.28 所示。

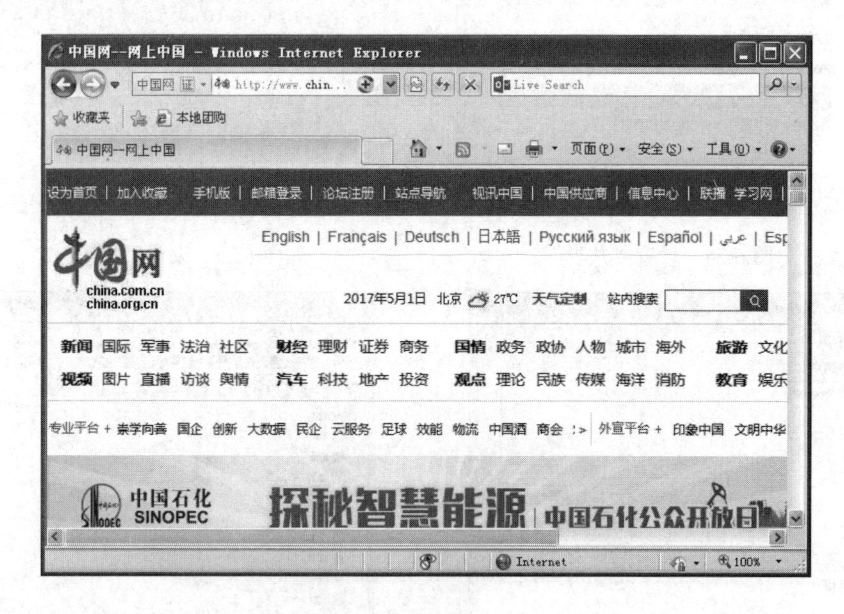

图 6.28 “中国网”主页

2. 电子邮件服务

电子邮件服务(E-mail)是目前 Internet 上广泛使用的服务项目，也是互联网最早提供的服务之一。它通过网络把邮件从一个用户信箱传送到另一个或多个用户邮箱，它不要求对方开机，也不需要收信人在家等候。使用 E-mail 服务，必须有两个条件。

1) 邮箱地址

如果想发送 E-mail，首先需要地址，ISP 会给用户提供一个 E-mail 地址，有的免费，有的收费。除此之外，网络上有大量可供申请与使用的免费邮箱，用户登录有关网站提交申请、填入个人信息就可以使用。

邮箱的格式为：用户名@域名，例如 xikemao@163.com。

需要申请邮箱地址的用户只需登录到相应的网址，按照系统提示填写有关个人信息后，提交给系统确认即可。

2) 收发邮件的软件

目前，用来收发邮件的软件不外乎客户端方式和 Web 方式。

(1) 客户端方式需要在用户机上安装用于收发邮件的软件。在收邮件时该软件从远程邮件服务器上将邮件传送到本地计算机上，再按规定的格式显示。同样，在发送邮件时用户需要在本地计算机上书写，完成后，该软件与邮件服务器相连，将邮件发送出去。这种方式需要本地软件的支持，优点是不需要一直与远程邮件服务器相连，每次占用的时间就是收邮件与发送邮件的时间，缺点是对信息的保密不利，会增加泄密的可能性。

比较常用的客户端软件有国产 Foxmail。

(2) Web 方式是用户在登录到邮件服务器后，直接在邮件服务器上进行邮件的阅读与书写。这种方式要求本地计算机一直与邮件服务器相连，所有的邮件信息不在本地保存，缺点是邮件信息不在本地保存，想阅读以前的邮件都需要与邮件服务器相连接，增加了网络占用时间和流量。

新建邮件的过程与现实中给别人写信的过程类似，要写明收信人的邮箱地址、邮件主题和内容。同一份邮件可一次发给多人，还可附加一个或多个附件，同时发送，给日常的信件交流提供了方便。新建邮件包括以下几部分内容：

- 收件人：接收该邮件的邮箱地址。可以同时发到多个邮箱地址，地址之间以逗号隔开。理论上可同时发送给成千上万个用户，为了防止垃圾邮件，一般邮件服务器都限制收件人的数量，比如 20 人或 50 人；
- 抄送：指该邮件抄送给其他用户的邮箱地址；
- 主题：指该邮件的内容提要，说明邮件的大致内容、类型或者目的；
- 邮件内容：一般是文本形式，可以编排，或插入图片等；
- 附件：可选，比如程序、大宗书稿、照片及多媒体信息等无法直接写到邮件中，可作为附件一起发送。

撰写完后，单击“发送”按钮，邮件通过邮件服务器发送到收件人的邮箱中。

电子邮件不是实时发送与接收的，而有一定的延时，视网络的实际情况，一般为几秒到几分钟。邮件从发送方邮件服务器发送到接收方邮件服务器后，保存在接收方邮件服务器中，等待接收方接收与处理。邮件接收人登录查看邮件，操作如下：

- 在浏览器 IE 地址栏输入网络地址，例如：mail.qq.com；
- 输入自己的用户名和密码，登录邮件服务器；
- 选择“收件箱”，如果有新邮件，主题以粗体显示，单击邮件主题，显示邮件内容。

【例 6.1】 张老师本学期教授大学三年级学生的“面向对象程序设计”课程，12 月 23 日给学生布置了一道课程设计作业，要求在 1 月 10 日之前完成并提交到张老师的个人信箱中。今天已经是 1 月 6 日了。经检查还有 3 位同学没有提交，张老师写了一封电子邮件提醒这 3 位同学尽快提交作业。

张老师用 Foxmail 给这三位学生写的邮件内容如图 6.29 所示，完成后点击“发送”。

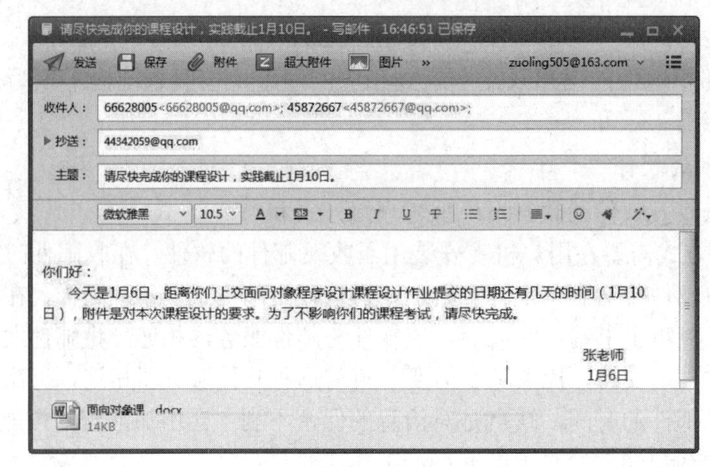

图 6.29 用 Foxmail 写邮件

3. FTP 文件传输服务

在 Internet 上使用电子邮件可方便地传送文件，但是有一定的局限性，比如非实时、不直观等。Internet 提供的 FTP 服务(File Transfer Protocol，文件传输协议)是专门用来进行文件传输的协议，称作 FTP 服务。网络上的两台计算机无论在什么地方，只要双方都支持 FTP 协议，就可以直接传送文件，文件的类型、大小均不受限制，传输速度视网络而定。

1) FTP 系统的组成

FTP 既然是文件传输协议，就涉及两台连接到网络上的计算机，其一端称为服务器端，另一端称为客户端。

2) 数据传送过程

数据传送首先由客户端向服务器端提出传输文件的请求，服务器接收到请求后予以响应，要求客户端输入用户名与密码进行登录，登录后服务器端根据客户端的登录名判断其权限，从而允许客户端在权限许可范围内进行文件传输，包括上传与下载。一般把数据由服务器端传到客户端称为下载，而把数据从客户端传到服务器端称为上传。

据统计，使用 FTP 进行数据下载的用户要比上传的多得多。根据这种情况，一般服务器都提供一个叫做“匿名”的用户名 anonymous，密码为自己的 E-mail 地址。其实该密码没有检测的作用，用户可以随意输入。

3) Windows 7 中 FTP 软件的设置

(1) 打开“控制面板”中的“程序与功能”对话框，如图 6.30 所示。选择图 6.30 中左侧“打开或关闭 Windows 功能”选项，弹出“Windows 功能”对话框如图 6.31 所示，将“Internet 信息服务”前的复选框选中，单击“确定”进行 IIS 的配置。

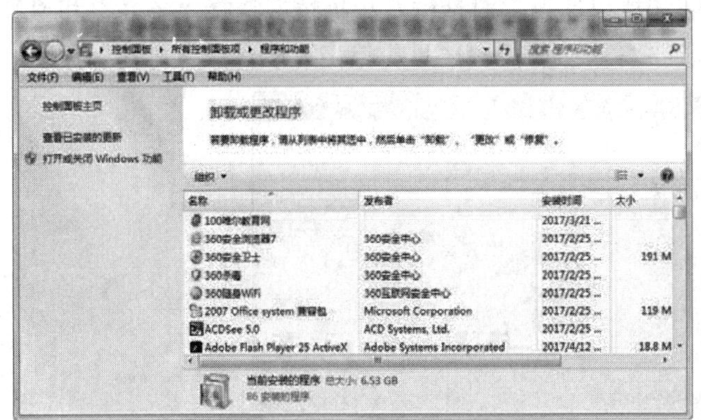

图 6.30　“程序与功能”对话框

图 6.31　“Windows 功能”对话框

(2) 配置完成后在搜索框中输入“IIS”，回车，弹出如图 6.32 所示的对话框，右键单击计算机名选择“添加 FTP 站点”，打开如图 6.33 所示对话框，输入“FTP 站点名称”和选择“物理路径”，单击“下一步”。

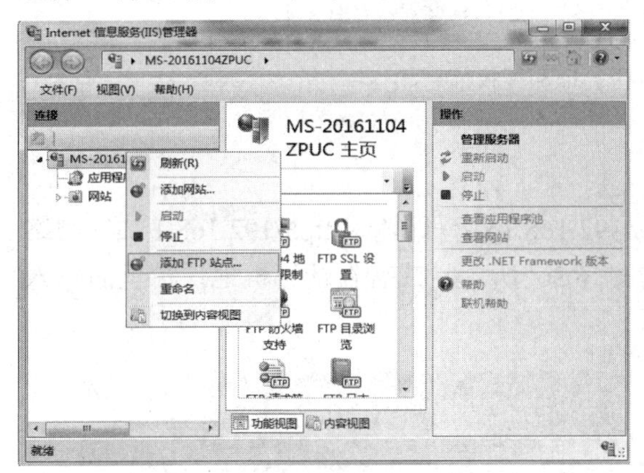

图 6.32　打开 IIS 并添加 FTP 站点

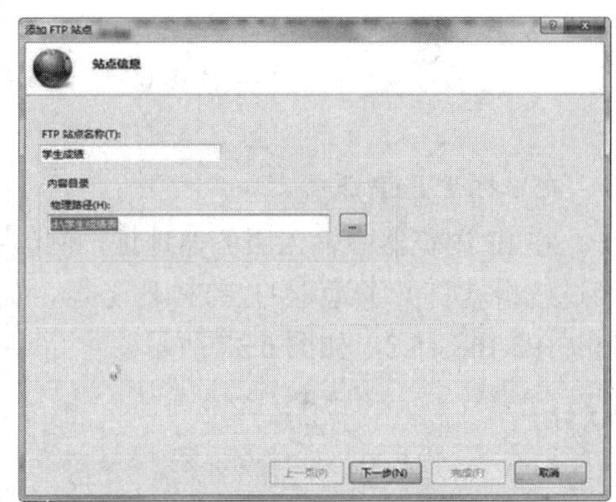

图 6.33　进行 FTP 站点设置

(3) 在如图 6.34 所示“绑定和 SSL 设置”对话框中选择自己的“IP 地址”、“端口”和“SSL 证书”，没有的话选“无”，再单击“下一步”。

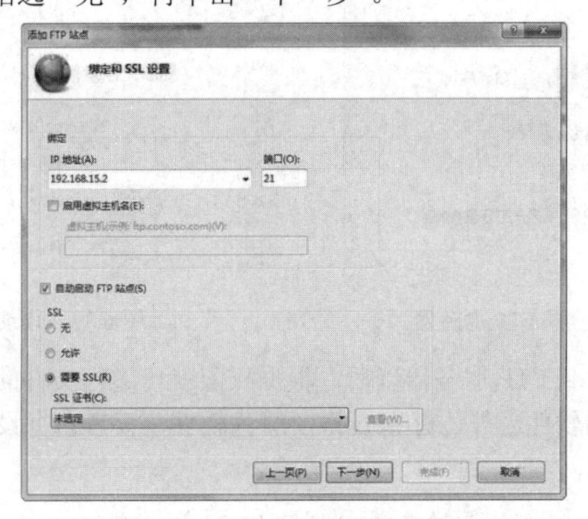

图 6.34　设置 IP 地址和选择认证

(4) 在如图 6.35 所示“身份验证和授权信息”对话框，根据情况选择“匿名”和“基本”身份信息，同时选择“读取”和“写入”的授权信息，单击完成，设置结束。

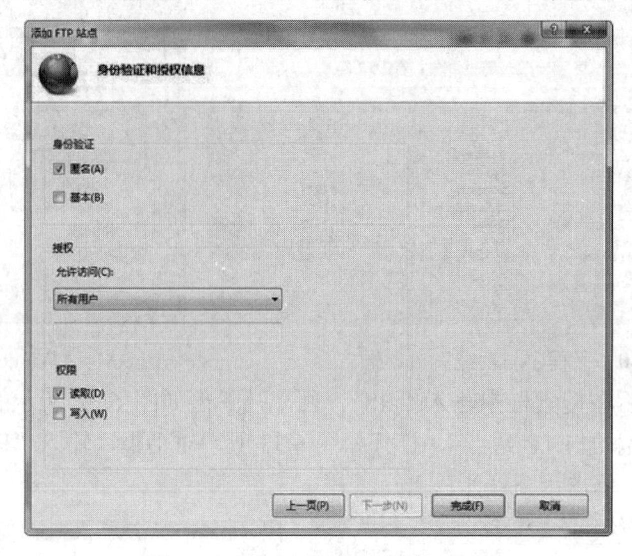

图 6.35　设置身份验证和授权信息

(5) 打开 FTP 服务器

在 IE 浏览器中输入服务器地址，例如：192.168.15.2，即输入 ftp://192.168.15.2，网络经过解析就打开了远程的 FTP 服务器，如图 6.36 所示。或者在计算机地址栏里面输入 ftp://192.168.15.2，如图 6.37 所示。

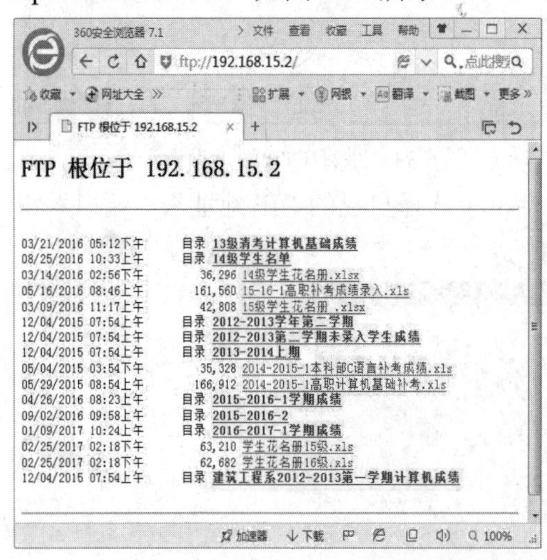

图 6.36　网页登录 FTP 服务器

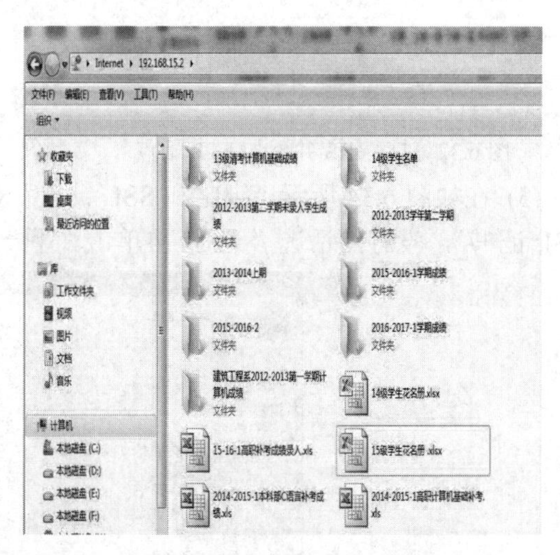

图 6.37　登录 FTP 服务器

(6) 在计算机登录到 FTP 服务器以后，根据权限就可进行文件的下载和上传。FTP 服务器除了 Win7 自带的软件之外还有 Server-U 绿色软件，读者自行设置。

4. 其他服务

Internet 除了上述服务外，还有很多其他服务，比如远程登录服务、BBS 等。

本 章 小 结

本章首先简要介绍了计算机网络的基本概念、组成以及应用；然后介绍了在 Windows 7 操作系统中如何安装相关的硬件与软件、如何接入 Internet 并使用 Internet 提供的服务等内容；重点介绍了 Internet 提供的 WWW 服务、FTP 服务、E-mail 服务等，并以实例说明了如何使用 E-mail 服务、FTP 服务及 E-mail 软件 Foxmail、FTP 软件使用方法。

上 机 实 习

实习一　电子邮件的接收与发送

1. 实验目的

(1) 学习申请邮箱，然后练习收发电子邮件。

(2) 了解电子邮件的发送和接收过程。

2. 实验内容

(1) 申请电子邮箱。

(2) 使用 Foxmail 发送和接收电子邮件。

(3) 使用 Web 发送和接收电子邮件。

邮件正文：

远程登录是 Internet 提供的基本信息服务之一，是提供远程连接服务的终端仿真协议。它可以使你的计算机登录到 Internet 上的另一台计算机上。你的计算机就成为你所登录计算机的一个终端，可以使用那台计算机上的资源，例如打印机和磁盘设备等。Telnet 提供了大量的命令，这些命令可用于建立终端与远程主机的交互式对话，可使本地用户执行远程主机的命令。

3. 操作步骤

1) 电子邮箱的申请

(1) 在浏览器地址栏中输入 www.163.com，回车。然后在网易页面的右上角找到“注册免费邮箱”，如图 6.38 所示，打开该链接，如图 6.39 所示。

图 6.38　打开“网易主页”

(2) 在图 6.39 中的三种邮箱注册方式中，选择“注册字母邮箱”，然后在邮件地址中写入所申请的邮箱地址，输入密码，确认密码、手机号码、网页验证码、短信验证码，选择同意“服务条款”和“隐私权相关政策”，最后单击“立即注册”。屏幕显示邮箱注册成功页面，如图 6.40 所示。

图 6.39　填写邮箱基本信息

图 6.40　邮箱注册成功

2) 使用 Foxmail 发送和接收电子邮件

(1) 下载安装 Foxmail 软件，第一次打开时需要将 Foxmail 软件与邮箱地址关联，如图 6.41 所示，输入邮箱地址和密码，单击“创建”，完成关联。

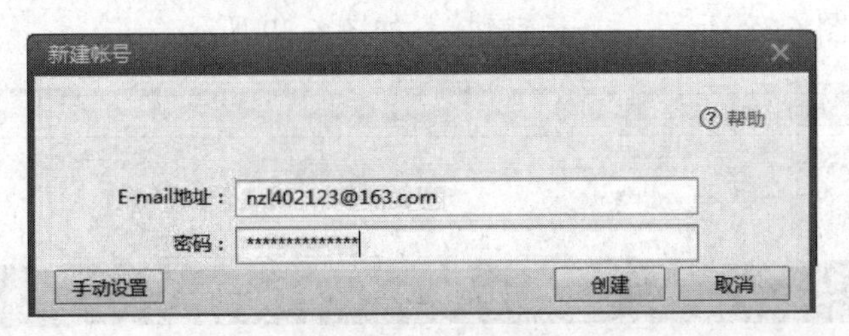

图 6.41　帐号关联

(2) 在打开的如图 6.42 所示的 Foxmail 软件界面，选择“写邮件”，打开如图 6.43 所示界面，键入收件人的邮箱地址、抄送人的邮箱地址、写入主题、邮件内容，还可添加附件。单击“发送”，即完成发送邮件。

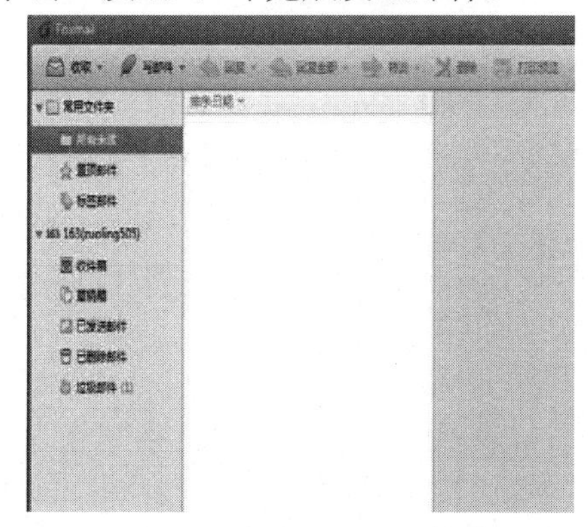

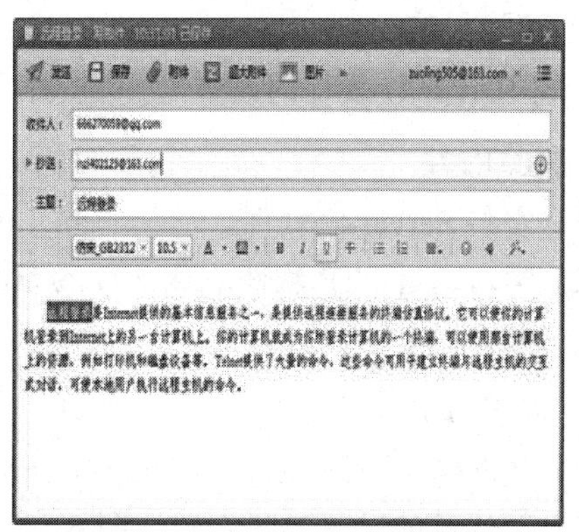

图 6.42 打开 Foxmail 软件界面

图 6.43 在 Foxmail 中写邮件

(3) 打开 Foxmail 软件界面左侧导航栏的“收件箱”，选择要查看的收件人，打开超链接可查看邮件，如图 6.44 所示。

(4) 在如图 6.38 所示“网易主页”中选择“登录”，打开如图 6.45 所示的页面，选择登录入口为帐号登录，输入用户名和密码，单击“登录”，如图 6.46 所示，在收信链接中可以查看邮件，在写信链接中可以写邮件。

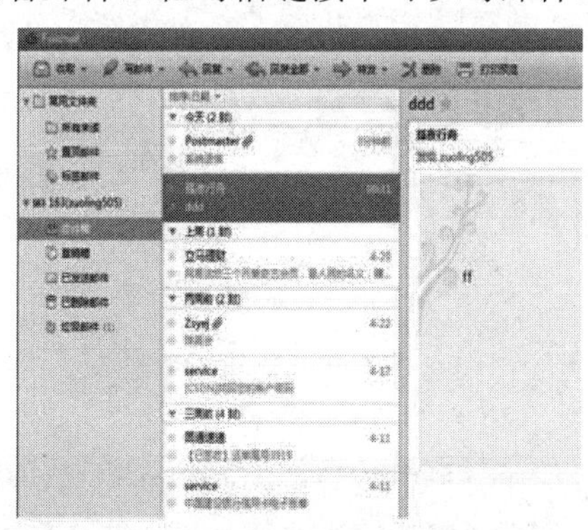

图 6.44 在 Foxmail 中查看邮件

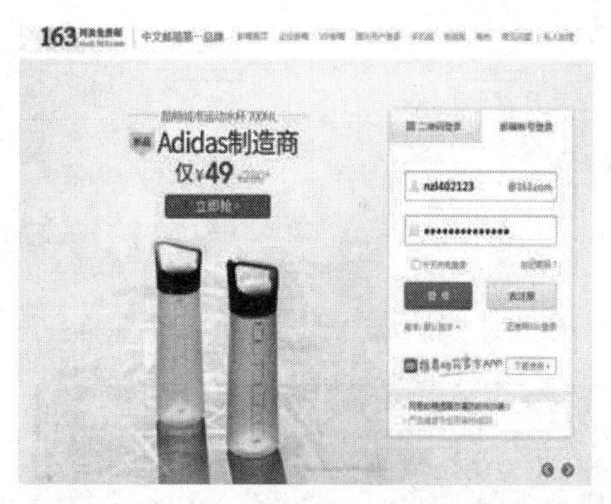

图 6.45 Web 登录界面

图 6.46 Web 登录成功界面

实习二　使用 Server-U 软件进行文件传输

1. 实验目的

学习 Server-U 软件的设置与使用。

2.实验内容

(1) 安装 Server-U 软件。

(2) 学习通过 FTP 软件下载文件的方法。

3. 操作步骤

1) 安装 Server-U 软件

(1) 从网络上下载 Serv-U-Setup11.zip。

(2) 新建域的过程如图 6.47～图 6.50 所示。

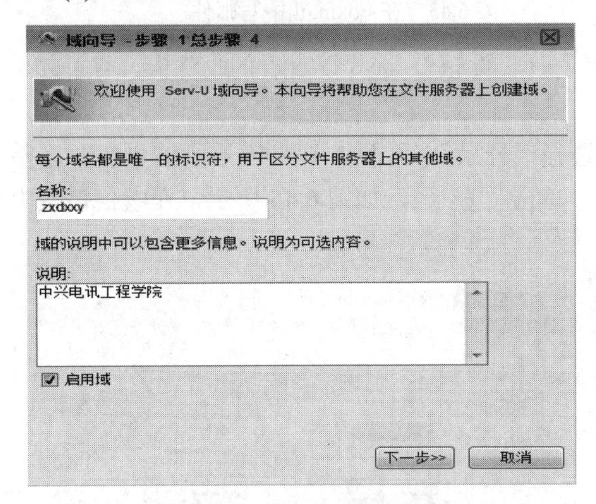

图 6.47　新建域步骤 1

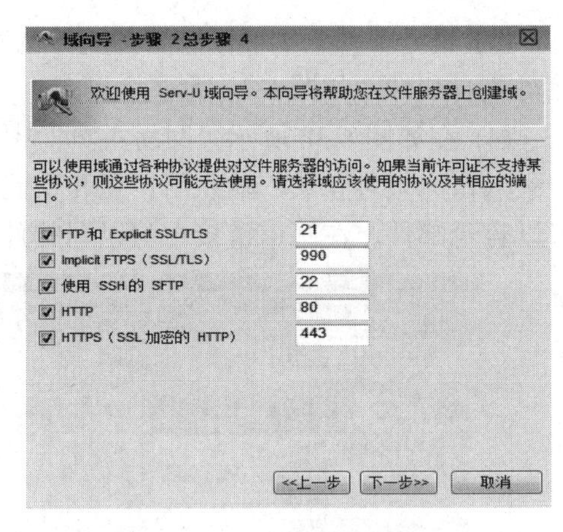

图 6.48　新建域步骤 2

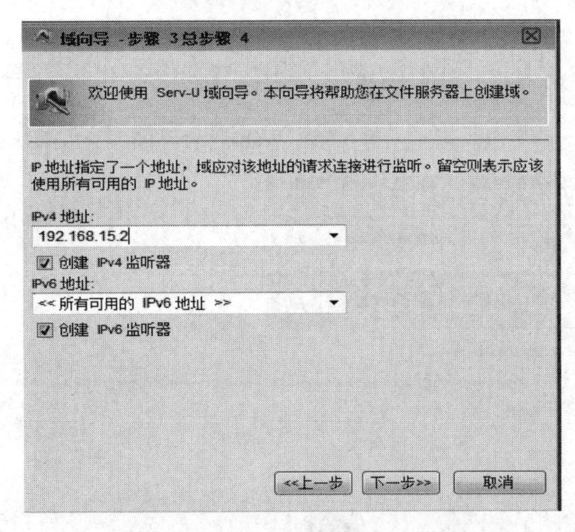

图 6.49　新建域步骤 3

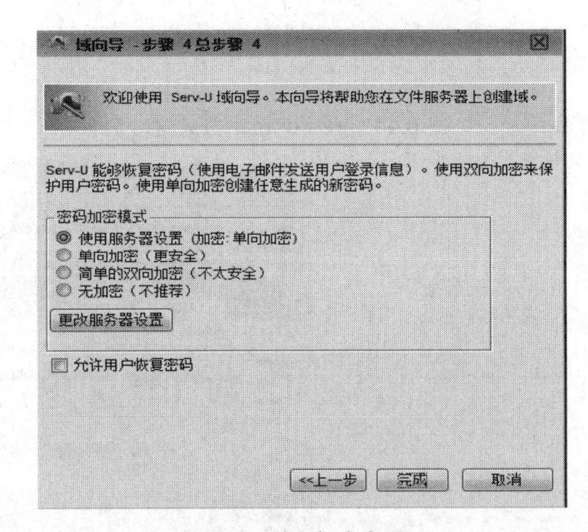

图 6.50　新建域步骤 4

(3) 新建用户的步骤如图 6.51～图 6.57 所示，用户登录界面如图 6.58 所示。

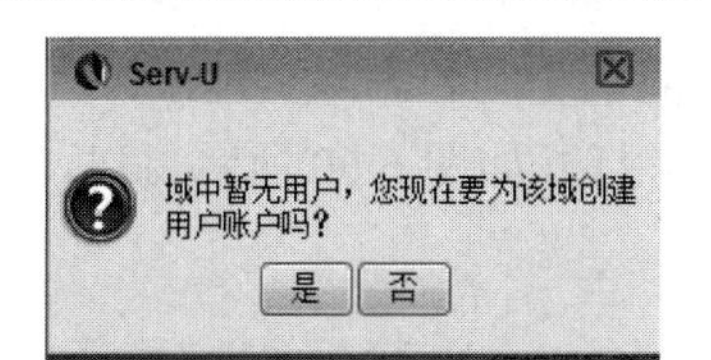

图 6.51　新建用户提示 1

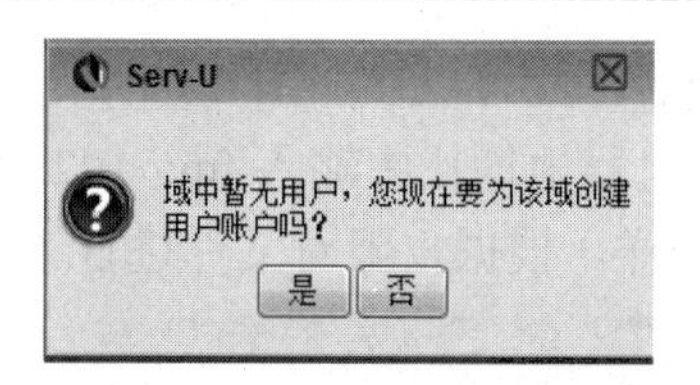

图 6.52　新建用户提示 2

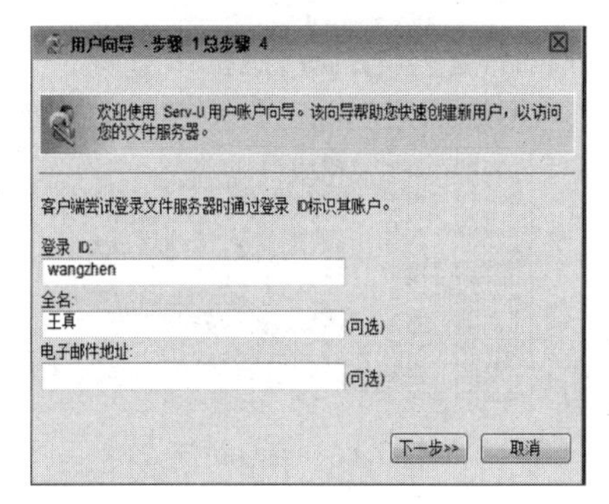

图 6.53　新建用户步骤 1

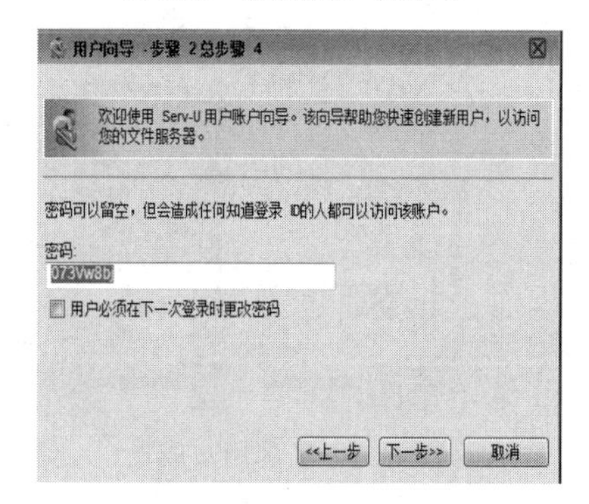

图 6.54　新建用户步骤 2

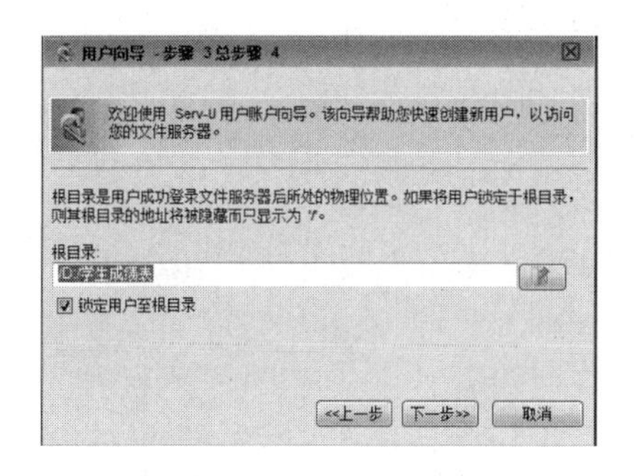

图 6.55　新建用户步骤 3

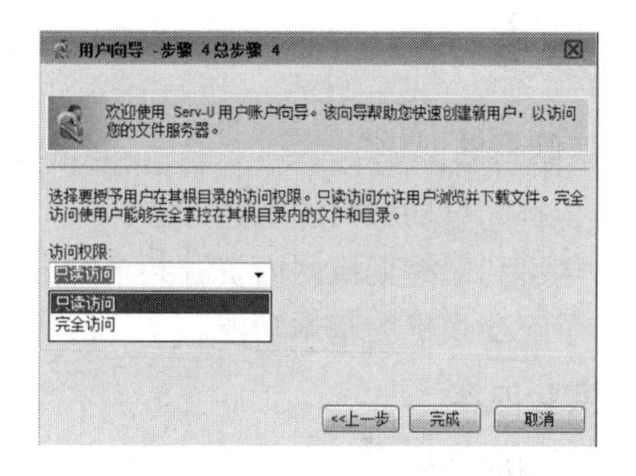

图 6.56　新建用户步骤 4

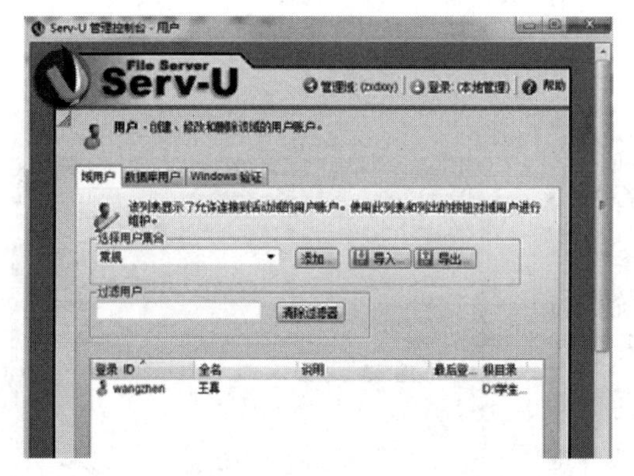

图 6.57　新建用户成功

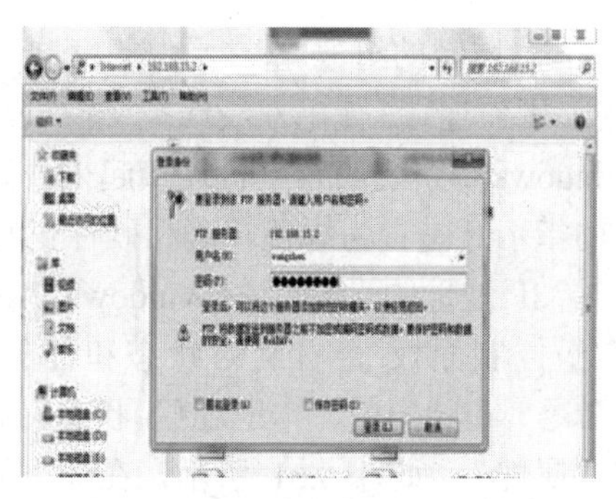

图 6.58　用户登录

2) 学习通过 FTP 软件下载文件的方法

(1) 在我的电脑的地址栏中输入 ftp://192.168.15.2,(图 6.49 中 IPV4 的地址),如图 6.58 所示输入刚才新建的用户名和密码，根据如图 6.56 分配的权限打开创建该用户时所设置的目录地址。

(2) 打开后，就可以在如图 6.59 所示的对话框中复制和删除文件了。

(3) 在浏览器地址栏中输入 ftp://192.168.15.2，打开如图 6.60 所示窗口，可以像在网页中操作文件一样，根据权限对文件进行读写操作。

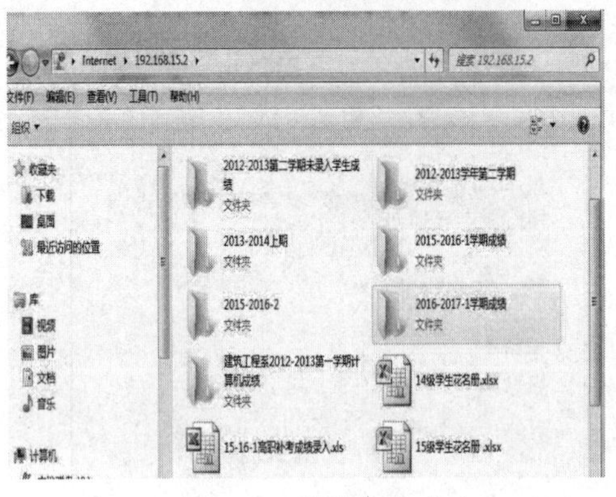

图 6.59　新建用户成功

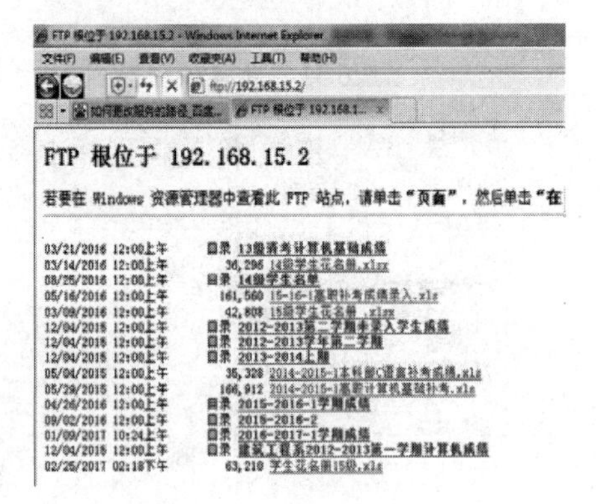

图 6.60　网页访问

实习三　小型局域网组建

1. 实验目的

(1) 了解简单局域网的组建方法。

(2) 学习和掌握局域网内资源共享的方法。

(3) 了解交换机的基本功能。

2. 实验内容

(1) 使用交换机完成简单局域网的组建。

(2) 实现局域网资源的共享。

3. 操作步骤

(1) 局域网的组建。

① 硬件连接。使用双绞线把交换机与各个安装 Windows 7 系统的客户机连接起来，查看各个端口的指示灯是否为绿色，确保硬件正常连接。

② IP 地址的设置。在 Windows 7 系统执行“开始/控制面板/查看网络状态和任务/本地连接”命令，在弹出的“本地连接 状态”对话框中单击“属性”，如图 6.61 所示，在弹出的“本地连接 属性”窗口选择“Internet 协议版本(TCP/IPv4)”，单击“确定”按钮，如图 6.62 所示。再在弹出的窗口中，如图 6.63 所示，单击“使用下面的 IP 地址”，输入自己的 IP 地址、子网掩码、默认网关、DNS 服务器地址，设置完成后单击击

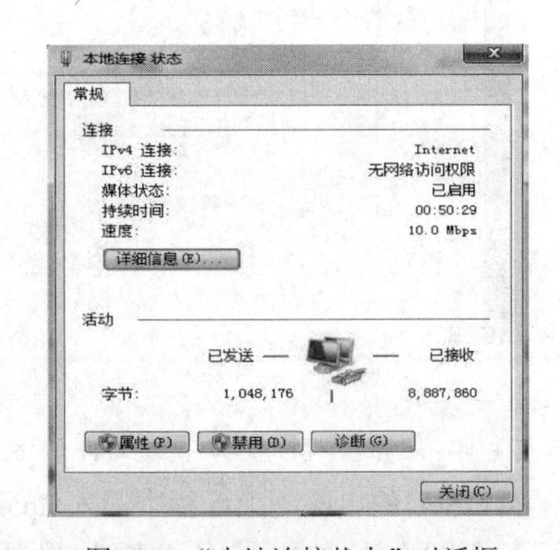

图 6.61　“本地连接状态”对话框

“确定”按钮。

图 6.62　“本地连接”的属性

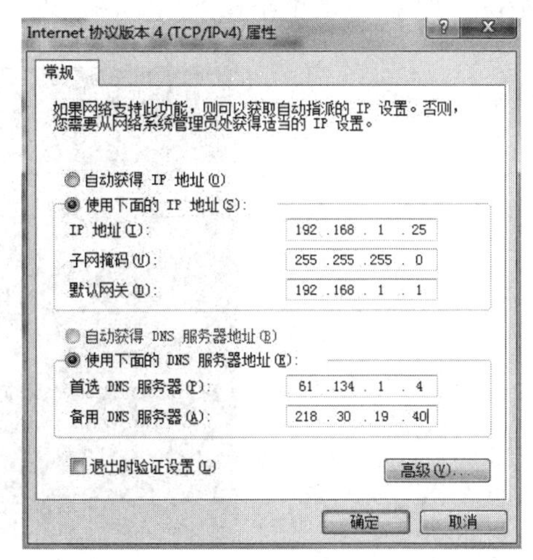

图 6.63　手动配置 IP

例如地址：192.168.y.x，其中 y 可看做是每个局域网的编号，范围为 1～254，同一个组的 y 必须一样，建议设置成班级号，比如 209、212 等；x 为机器编号，范围在 1～254 之间，同一个组的 x 必须不一样，建议设置成学号的后两位。子网掩码为：255.255.255.0；默认网关为：192.168.y.1 或者 192.168.y.254；DNS 服务器地址为：61.134.1.4。

③ 用 ping 命令测试局域网连通情况。

ping 本地的 IP 地址示例为 192.168.1.25，在“开始菜单”的命令框中输入“cmd”，在弹出的命令窗口输入 ping 192.168.1.25，检查本机的 IP 地址是否设置有误；返回结果如图 6.64 所示，表示已经 ping 通，否则为 ping 不通。

ping 本地网关，这样可检查硬件设备是否有问题，也可以检查本机与本地网络连接是否正常，例如 ping 192.168.1.1。

ping 局域网内其他计算机的 IP 地址(第二步中其他组员设置的 IP 地址)，检查本网内部的连接是否正常。如果设置正确，其他主机在本局域网，则返回结果“ping 通”，如图 6.65 所示。

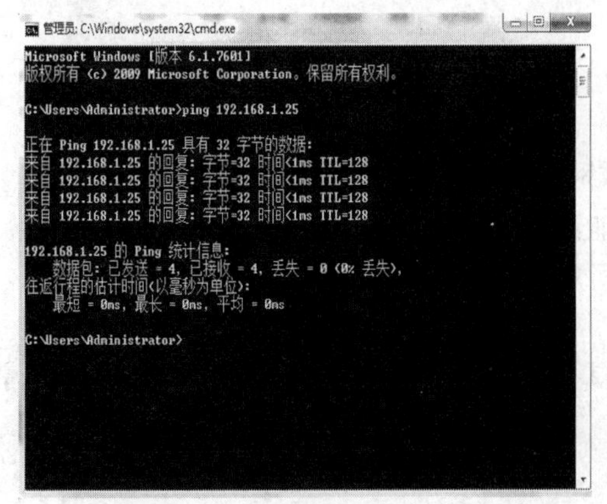

图 6.64　ping 本地主机

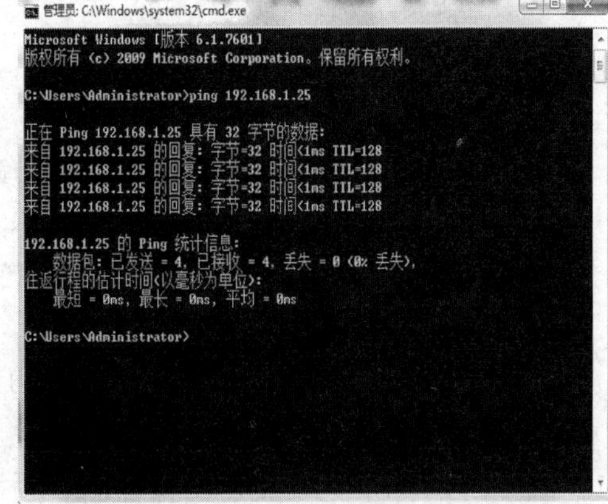

图 6.65　ping 同一网段的其他主机

④ ping 不在一个局域网的其他主机的 IP 地址，主要检查本网或本机与外部主机的连接情况，如果 IP 地址不在本局域网，返回结果“ping 不通”，如图 6.66 所示。

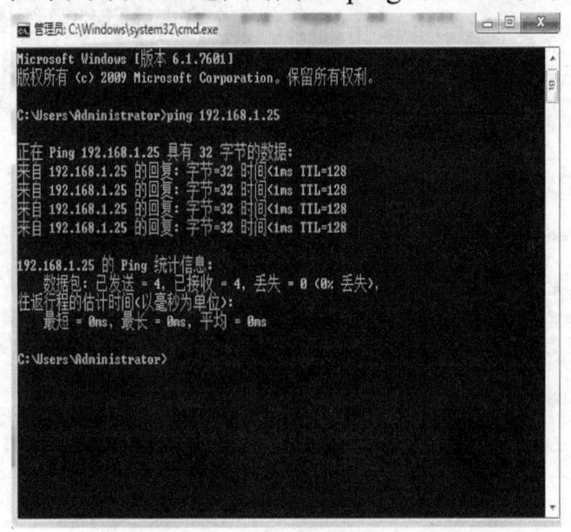

图 6.66 ping 不同网段的其他主机

结论：

① 在一个局域网中，不同主机首先要在同一工作组中。设置方法是右键单击“计算机”，在弹出的快捷菜单中选择“属性”，打开如图 6.67 所示窗口，选择“更改设置”按钮，打开如图 6.68 所示对话框查看和更改工作组。

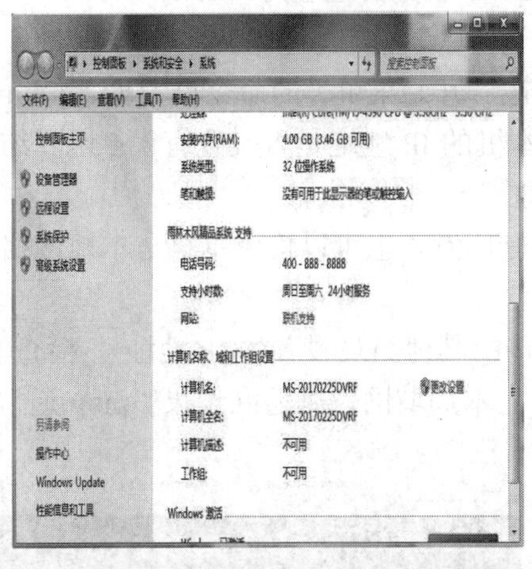

图 6.67 工作组设置

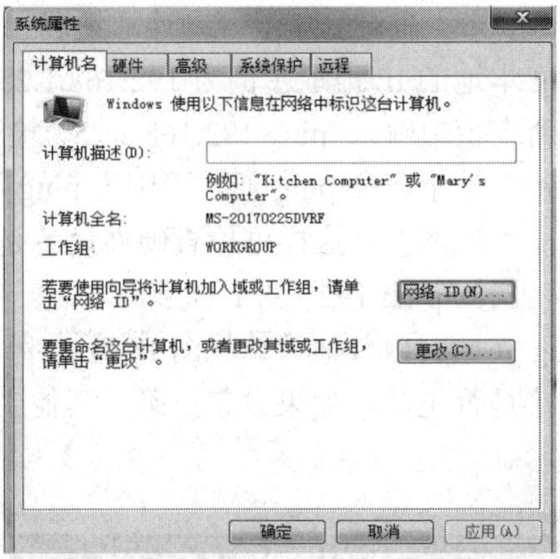

图 6.68 工作组修改

② 同一局域网中要互联互通必须将局域网中的所有主机设置为同一网段。

③ 在同一网段的众多主机的 IP 地址不能冲突。

④ 用 ping 命令测试同一网段的主机之间是不是联通。

(2) 在局域网中设置共享文件夹。

如果用户的某个文件夹想让局域网上的其他用户访问，需要把这个文件设置为共享，设置共享的过程如下：

① 在 Windows 7 系统下启动 Guest 用户，将“账号已禁用”前的勾号去掉。

② 右键单击“计算机”，选择“管理”弹出如图 6.69 所示对话框，在左窗格中依次选

择“共享文件夹/共享”，在右窗格单击鼠标右键，选择“新建/共享”，打开创建共享文件夹向导，如图 6.70～图 6.75 所示。

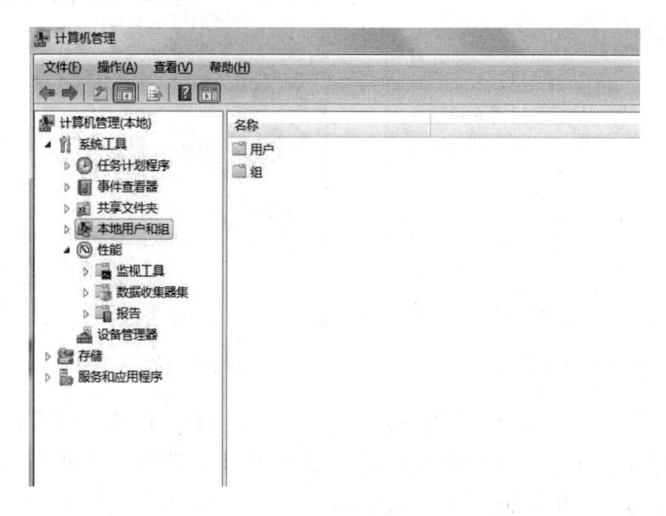

图 6.69　计算机管理对话框

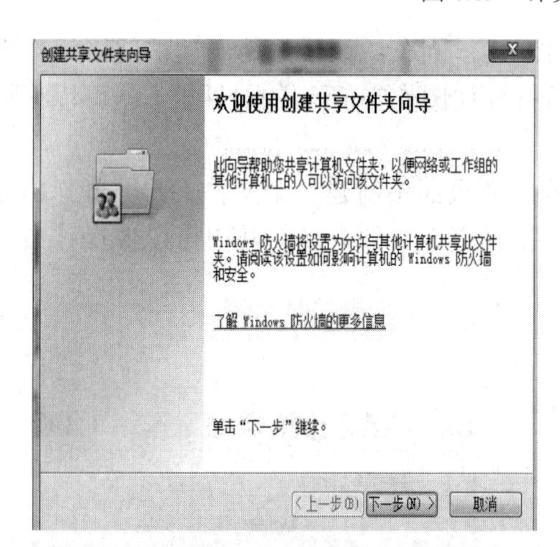

图 6.70　创建共享文件夹向导 1

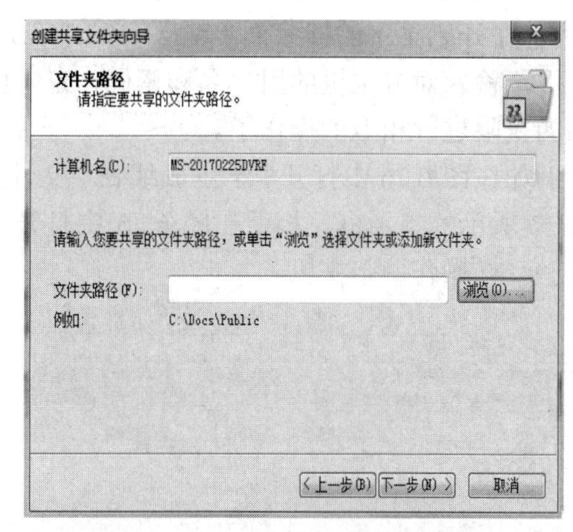

图 6.71　创建共享文件夹向导 2

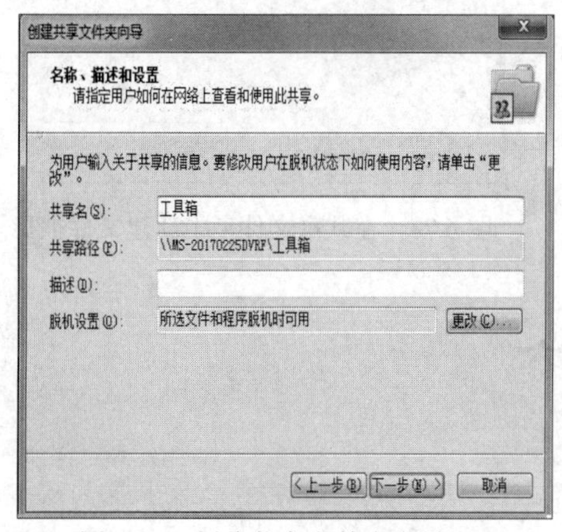

图 6.72　创建共享文件夹向导 3

图 6.73　创建共享文件夹向导 4

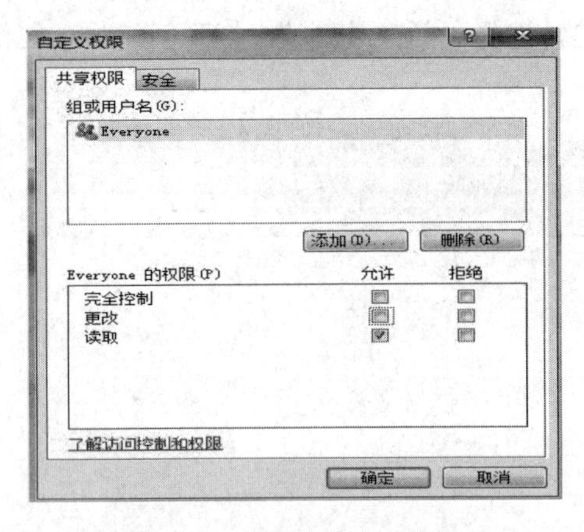

图 6.74　创建共享文件夹向导 5

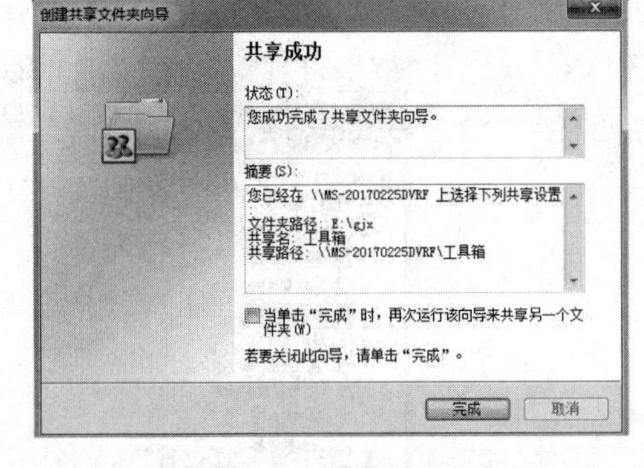

图 6.75 创建共享文件夹向导 6

其中“创建共享文件夹向导 2”中的文件夹路径，就是用来选择需要共享的文件夹，“创建共享文件夹向导 5”是用来设置访问权限和操作权限的。经过上述操作的文件夹就可以被同一网段的其他主机访问了。一般情况下在“创建共享文件夹向导 5”中会添加一个 Everyone 的账户，给他赋予一定的权限。

③ 在开始菜单的搜索框中输入\\192.168.1.15 后，回车，如果是第一次访问网络，系统会提示输入对方主机的用户名和密码，完成后打开如图 6.76 所示的对话框，就可以根据不同的权限进行相应的操作了。

例如在图 6.76 中打开“学生成绩表”文件夹，在页面中新建一个文件夹，屏幕弹出如图 6.77 所示的提示框。相反在图 6.76 中打开“工具箱”文件夹，在其中可以像操作自己的电脑一样操作网络主机。

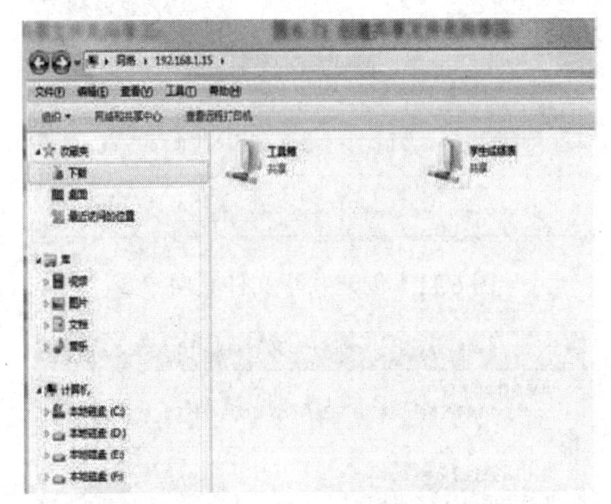

图 6.76　浏览共享的文件夹

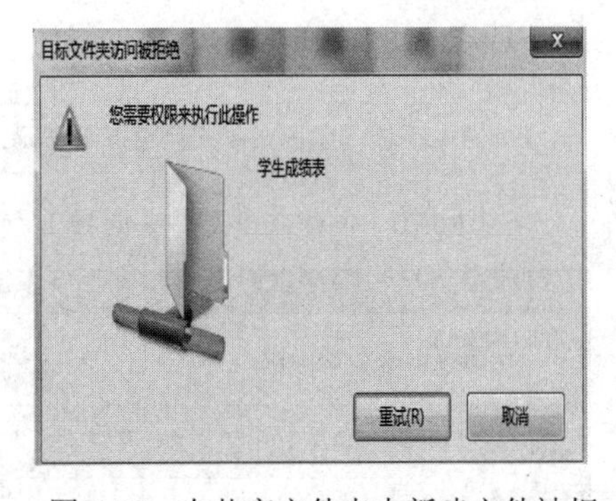

图 6.77　在共享文件夹中新建文件被拒

习 题 六

一、填空题

1. 计算机网络按地域可分为______________、______________和______________。

2. 计算机网络按拓扑结构分类，常见的有___________、___________、___________ ___________和___________。

3. 根据 ISO/OSI 参考模型，第 3 层是________，第 4 层是________，第 7 层是________。

4. 表征数据传输效率的指标是_________，表征数据传输可靠性的指标是_________。

5. 在局域网互联中常用的设备有__________、__________、__________、_________和___________。

6. Internet 针对用户的基本服务有____________、____________和____________。

7. Internet 的域名一般包括___________、___________、___________ 和___________。

8. C 类 IP 地址包括_____________、_____________和_____________。

9. 单击_____________对话框中的_____________按钮，屏幕将弹出的“Internet 协议(TCP/IP)属性”对话框。

二、选择题

1. 下面说法不正确的是(　　)。

A. 计算机网络，可以实现资源共享　　B. 计算机网络，可以实现信息传送

C. 计算机网络，可以实现负荷均衡　　D. 计算机网络唯一目的是为了通信

2. 计算机网络从逻辑功能上可分为资源子网和(　　)。

A. 总线网　　B. WAN　　C. LAN　　D. 通信子网

3. NOS 是(　　)。

A. 磁盘操作系统　　B. 用户软件

C. 网络操作系统　　D. 网络服务程序

4. 网桥的作用是(　　)。

A. 连接 WAN 和 LAN　　B. 连接 WAN 和 WAN

C. 具有不同通信协议、采用不同传输介质和寻址结构的 LAN

D. 具有相同通信协议、采用相同传输介质和寻址结构的 LAN

5. 进入 Internet 的个人计算机必须(　　)。

A. 拥有服务器的 IP 地址　　B. 拥有独立的 IP 地址

C. 拥有唯一的 IP 地址　　D. 不一定拥有 IP 地址

三、问答题

1. 什么是计算机网络？试说明计算机网络的主要功能。
2. 计算机网络从逻辑功能上可分为哪几个部分？各有什么作用？
3. 什么是网络服务器？其作用是什么？什么是网络适配器？其作用是什么？
4. 试举例说明计算机网络协议的作用与特点。
5. 什么是互联网？在互联网中，中继器/集线器、网桥和网关的作用是什么？
6. Internet 提供的基本服务有哪几种？基本功能是什么？
7. 什么是 E-mail？其传送的基本条件是什么？试说明发送 E-mail 的过程。
8. 什么是文件传送 FTP？试说明文件传送的步骤。
9. 试说明配置 TCP/IP 网络协议的步骤。